高等职业教育农业农村部“十三五”规划教材

种子检验技术

ZHONGZI JIANYAN JISHU

王立军　杨振华　主编

中国农业出版社
北　京

内容简介

本教材依据中华人民共和国国家标准《农作物种子检验规程》(GB/T 3543.1～3543.7—1995) 的规定，结合《农作物种子检验员考核大纲》的要求，按照项目教学、任务驱动的模式，把内容分为11个项目，即：种子检验与种子质量控制、扦样、种子净度分析、种子发芽试验、种子生活力测定、种子活力测定、真实性和品种纯度的室内鉴定、种子真实性和品种纯度的田间检验、种子水分测定、种子重量测定、种子健康检验。在内容编排和形式上既体现了职业教育工学结合的特点，又更加注重学生实践能力的培养。为了便于学生学习，每个项目后都附有拓展阅读、技能训练、思维导图、复习思考等内容。

本教材可作为高等职业院校种子生产与经营、作物生产与经营管理、现代农业技术、园艺技术等专业的教科书，还可供广大种子生产技术人员和管理人员学习参考。

编写人员名单

BIANXIE RENYUAN MINGDAN

主　编　王立军　杨振华

副主编　申宏波　王海萍

编　者　（以姓氏笔画为序）

王　琨（铜仁职业技术学院）

王立军（甘肃农业职业技术学院）

王海萍（湖北生物科技职业学院）

申宏波（黑龙江农业职业技术学院）

史红林（江苏农林职业技术学院）

杨振华（杨凌职业技术学院）

吴丽敏（辽宁职业学院）

张　妍（甘肃农业职业技术学院）

张亚菲（河南农业职业学院）

前 言

“国以农为本，农以种为先”“一粒种子可以改变一个世界”。种子作为一种有生命的生产资料，在农业生产中具有不可替代的重要作用。优良品种的优质种子是农作物增产的内在条件，是农产品价值链的起点。种子质量的优劣不仅直接影响到农产品的产量和品质，更关系到整个国计民生。

农业生产有季节性，而且周期较长，如果种子出现质量问题，其造成的损失难以补救。因此，控制种子质量对农业生产至关重要，在种子的生产过程中以及种子使用前对种子质量进行检验，保证农业生产使用符合标准的优质种子，杜绝使用伪劣种子，是对农业生产实现“高产、高效、优质”的有力保证。种子检验已有 140 多年的发展历史，已逐步形成了一套完整的理论与技术体系，成为种子质量控制和评定种子质量优劣的有效手段。

种子检验是应用科学、先进和标准的方法对种子样品进行正确的分析测定，判断其质量优劣，评定其种用价值的一门科学技术。种子检验是种子质量控制的有机组成部分，是种子工作中各个环节的有力保证，是质量控制与管理的主要依据。规范的种子检验技术对种子产业和国际种子贸易的发展有着巨大的推动作用。在我国，种子检验为农业行政监督、行政执法、商品种子贸易流通、种子质量纠纷解决等活动提供了多方位的技术支撑和技术服务；同时，种子检验又是种子企业质量管理体系的一个重要组成部分，是种子质量监控的重要手段之一；当前，“质量至上”已成为广大农民选购种子的重要因素，“质量兴企”已成为种子企业成长壮大的发展理念。种子检验作为质量管理和质量监控的重要手段，对我国种子质量整体提高和市场竞争力的提升发挥着重大作用，为增加农民收入、维护农村稳定做出了重要贡献。

种子检验技术是直接为农业生产服务的实际应用技术，是高等职业院校种子生产与经营、作物生产与经营管理等专业的核心课程，也是相关专业的主要学习内容。近年来，社会对种子生产与经营类专业的人才需求量不断增加，实践能力较强的技能型人才供不应求。本教材依据中华人民共和国国家标准《农作物种子检验规程》（GB/T 3543.1～3543.7—1995）的规定，结合《农作物种子检验员考核大纲》的要求，按照项目教学、任务驱动的模式，本着以就业为导向，以职业能力培养为主导，在学习基础知识的前提下，突出技能训练的指导思想，使基础知识更加系统完整，实用性强，操作性强，能更好地培养相关行业和岗位需求的人才。

本教材共11个项目，教材后还附有《种子质量标准要求》《农作物种子检验员考核大纲》等与种子检验密切相关的学习资料。编写人员和分工为：项目一、项目三由王立军编写，项目二由申宏波编写，项目四、项目八由杨振华编写，项目五由王琨编写，项目六由张妍编写，项目七由王海萍编写，项目九由吴丽敏编写，项目十由史红林编写，项目十一由张亚菲编写，附录由王立军整理，全书由王立军统稿。

本教材在编写过程中得到了各相关院校领导和老师的大力支持，在此深表谢意！

由于时间仓促，加之编者水平有限，教材中难免有疏漏或不妥之处，希望广大读者批评指正！

编　者

2021年6月

目录

项目三 种子净度分析

项目四 种子发芽试验

项目五 种子生活力测定

项目六 种子活力测定

项目七 真实性和品种纯度的室内鉴定

项目八 种子真实性和品种纯度的田间检验

项目九　种子水分测定

项目十　种子重量测定

项目十一　种子健康检验

项目一　种子检验与种子质量控制

项目导读

种子质量的高低决定了农业生产是否优质和高产，而种子质量的高低可以通过种子检验工作来评价，并且在生产中实施质量监督和管理。种子检验源自种子经营贸易对种子质量的要求，并随着种子科技的进步而发展，其检验的理论和技术也不断得到更新，其整个过程分扦样、检测和结果报告三部分。

任务一　种子检验的概念和目的

•【知识目标】

了解种子检验的概念，明确种子检验的对象和目的。

•【技能目标】

学会查阅种子检验相关资料。

一、种子检验的概念

种子检验（Seed Testing）是指应用科学、先进和标准的方法对种子样品进行正确的分析测定，判断其质量的优劣，评定其种用价值的一门科学技术。种子检验的对象是农业种子，主要包括：植物学上的种子（如大豆、棉花、洋葱、紫云英等），植物学上的果实（如水稻、小麦、玉米等颖果，向日葵等瘦果），植物的营养器官（马铃薯块茎、甘薯块根、大蒜鳞茎、甘蔗的茎节等）。因此，要根据不同农业种子的质量要求进行检验。

二、种子检验的目的

《国际种子检验规程》引言中写道：农业上最大的威胁之一是播下的种子没有生产潜力，不能使所栽培的品种获得丰收。开展种子检验工作是为了在播种前评定种子质量，使这种风险降到最低程度。

种子检验通过对种子的品种真实性、品种纯度、种子净度、发芽力、生活力、活力、健康状况、水分和千粒重等项目进行检验和测定，评定种子的种用价值，以指导农业生产、商品交换和经济贸易活动。种子检验的目的就是保证农业生产使用符合质量标准的种子，减少甚至杜绝因种子质量低劣所造成的缺苗减产的风险，降低盲目性和冒险性，控制并减少有害杂草的蔓延和危害，充分发挥栽培品种的丰产特性，为农业丰收奠定基础，确保农业生产安全。

总之，种子检验的最终目的就是要测定种子的种用价值。

任务二　种子质量的含义和标准

•【知识目标】

理解种子质量的含义，明确种子质量分级定价的依据。

•【技能目标】

学会查阅并解读相关国家标准对种子质量的要求。

一、种子质量的含义

种子质量（Seed Quality）是由种子不同特性综合而成的一种概念。农业生产上要求种子具有优良的品种特性和种子特性，通常包括品种质量和播种质量两个方面的内容。品种质量（Genetic Quality）是指与遗传特性有关的品质，可用“真、纯”两个字概括。播种质量（Sowing Quality）是指种子播种后与田间出苗有关的质量，可用“净、壮、饱、健、干、强”6个字概括。

1. 真　是指种子真实可靠的程度，可用真实性表示。如果种子失去真实性，不是原来的优良品种，小则不能获得丰收，大则延误农时，甚至导致颗粒无收。

2. 纯　是指品种典型一致的程度，可用品种纯度表示。品种纯度高的种子因具有该品种的优良特性，故可获得丰收；相反，品种纯度低的种子由于其混杂退化，因此会导致明显减产。

3. 净　是指种子清洁干净的程度，可用净度表示。种子净度高，表明种子中杂质（无生命杂质及其他作物和杂草种子）含量少，可利用的种子数量多。净度是计算种用价值的指标之一。

4. 壮　是指种子发芽出苗齐壮的程度，可用发芽力、生活力表示。发芽力、生活力高的种子发芽出苗整齐，幼苗健壮，同时可以适当减少单位面积的播种量。发芽率也是种用价值的指标之一。

5. 饱　是指种子充实饱满的程度，可用千粒重（或容重）表示。种子充实饱满表明种子中贮藏物质丰富，有利于种子发芽和幼苗生长。种子千粒重是种子活力的指标之一。

6. 健　是指种子健全完善的程度，通常用病虫感染率表示。种子病虫害直接影响种子发芽率和田间出苗率，并影响作物的生长发育和产量。

7. 干　是指种子干燥耐藏的程度，可用种子水分百分率表示。种子水分少，有利于种子安全贮藏及保持种子的发芽力和活力。因此，种子水分与种子播种质量密切相关。

8. 强　是指种子强健，抗逆性强，增产潜力大，通常用种子活力表示。活力强的种子可早播，出苗迅速整齐，成苗率高，增产潜力大，产品质量优，经济效益高。

种子检验就是对种子的品种真实性、品种纯度、种子净度、发芽力、生活力、活力、健康状况、水分和千粒重进行分析检验。在种子质量分级标准中以品种纯度、净度、发芽率和水分4项指标为主，它们是种子检验的必检指标，也是种子收购、种子贸易、种子质量分级和定价的依据。

二、种子质量标准要求

我国于1984年曾颁布过粮食、蔬菜、林木和牧草种子的质量标准，随着农业的不断发展，于1996年、2000年、2008年、2010年等重新修订和颁布了粮食作物（禾谷类与豆类）、经济作物（纤维类与油料类）、瓜菜作物等主要农作物种子质量标准，其目的是为了保护种子生产者、经营者和种子使用者的利益，以避免不合格种子用于农业生产而造成损失。为使栽培的优良品种高产、优质和高效，必须有一个统一而科学的种子质量标准进行规范。

目前我国常见农作物种子质量指标基本上都是以品种纯度、净度、发芽率和水分4项指标对种子质量进行分级定级。其中以品种纯度指标作为划分种子质量级别的依据，其他3项中若有1项达不到指标，则为不合格种子。具体标准详见以下国家标准（附录一）：

GB 4404.1—2008；GB 4404.2—2010；GB 4404.3—2010；GB 4404.4—2010；GB 18133—2012；GB 4407.1—2008；GB 4407.2—2008；GB 19176—2010；GB 16715.1—2010；GB 16715.2—2010；GB 16715.3—2010；GB 16715.4—2010；GB 16715.5—2010；GB 8080—2010。

任务三　种子检验的内容、特点、程序和质量控制

•【知识目标】

了解种子检验的内容、特点、程序，明确种子检验与种子质量的关系。

•【技能目标】

可以根据种子质量标准确定种子检验内容。

一、种子检验的内容

种子检验就是对种子质量的检验，其技术内容主要包括5个方面：

1. 物理质量的检测　包括7个检测项目，即净度分析、其他植物种子数目测定、质量测定、水分测定、小型清选测试、种子批异质性测定、X射线测定。

2. 生理质量的检测　包括发芽试验、生活力测定、活力测定。

3. 遗传质量的检测　包括品种真实性和品种纯度的测定。

4. 卫生质量的检测　即种子健康测定。

5. 种子质量若干特性的检测 包括称量重复测定、包衣种子检验等。

我国目前应用最普遍的主要是净度、水分、发芽率和品种纯度等特性。

二、种子检验的特点

1. 具有一定的连贯性和顺序性 种子检验的每个项目都按“扦样（取样）→检测→结果报告”顺序进行。如果样品没有代表性，其检验结果就不能采用。一个项目测定后的样品可能作为下一个项目的分析样品。因此，某个环节的失误将导致整个检验工作的失败，某个环节测定结果不准确，有时会影响到下一个环节的测定结果。

2. 必须严格按照技术规程进行 在国际贸易中，必须按照国际种子检验规程进行测定；在国内贸易中，必须按照国家种子检验规程进行测定；或者按贸易双方合同允许的方法进行检验。严格按照技术规程进行，其结果才可信、有效。

3. 必须借助大量先进的仪器和设备 种子检验是一项很严肃的工作，决定了种子质量等级及其使用价值，提高检验的准确性和工作效率直接关系到种子生产者和使用者的经济利益，必须借助大量先进的仪器和设备，认真对待。

三、种子检验的程序

种子检验必须按规定的程序进行操作，不能随意改变。无论田间检验还是室内检验都按规定的检验程序进行，也都遵循“扦样（取样）→检测→结果报告”这一步骤。

扦样（取样）是种子检验的第一步，由于种子检验是破坏性检验，不可能将整批种子（田）全部进行检验，只能从种子批中随机抽取一小部分相当数量的有代表性的样品供检验用。

检测就是从具有代表性的供检样品中分取试样，按照规定的程序对水分、净度、发芽率、品种纯度等种子质量特性进行测定。

结果报告是将已检测质量特性的测定结果汇总、填报和签发。

我国种子检验程序如图 1－1 所示。

四、种子检验与种子质量的关系

（一）种子检验与种子质量监督

生产优质高产的农作物的基础是要有优良品种的优质种子，种子检验在种子质量的监督检验中发挥重要的作用。《中华人民共和国种子法》规定农业行政主管部门负责种子质量的监督，农业行政主管部门可以委托种子质量检验机构对种子质量进行检验，这就明确了种子质量监督与种子检验的关系。农业行政主管部门负责种子质量的监督工作，种子质量检验机构承担种子质量监督工作的技术支持或技术服务工作。农业行政主管部门向考核合格的种子质量检验机构下达监督检验计划和任务，对其监督检验工作和检验结果进行监督、审核，并根据其监督检验的结果对不合格种子依法进行处理，对其责任者依法进行处罚。

种子质量监督工作的形式大致可以分为 3 种类型：①抽查型质量监督，如农业农村部和地方政府的监督抽查。②仲裁型质量监督，如执法部门委托的仲裁检验、争议方委托的质量仲裁。③评价型质量监督，如种子生产许可证、种子质量认证等。

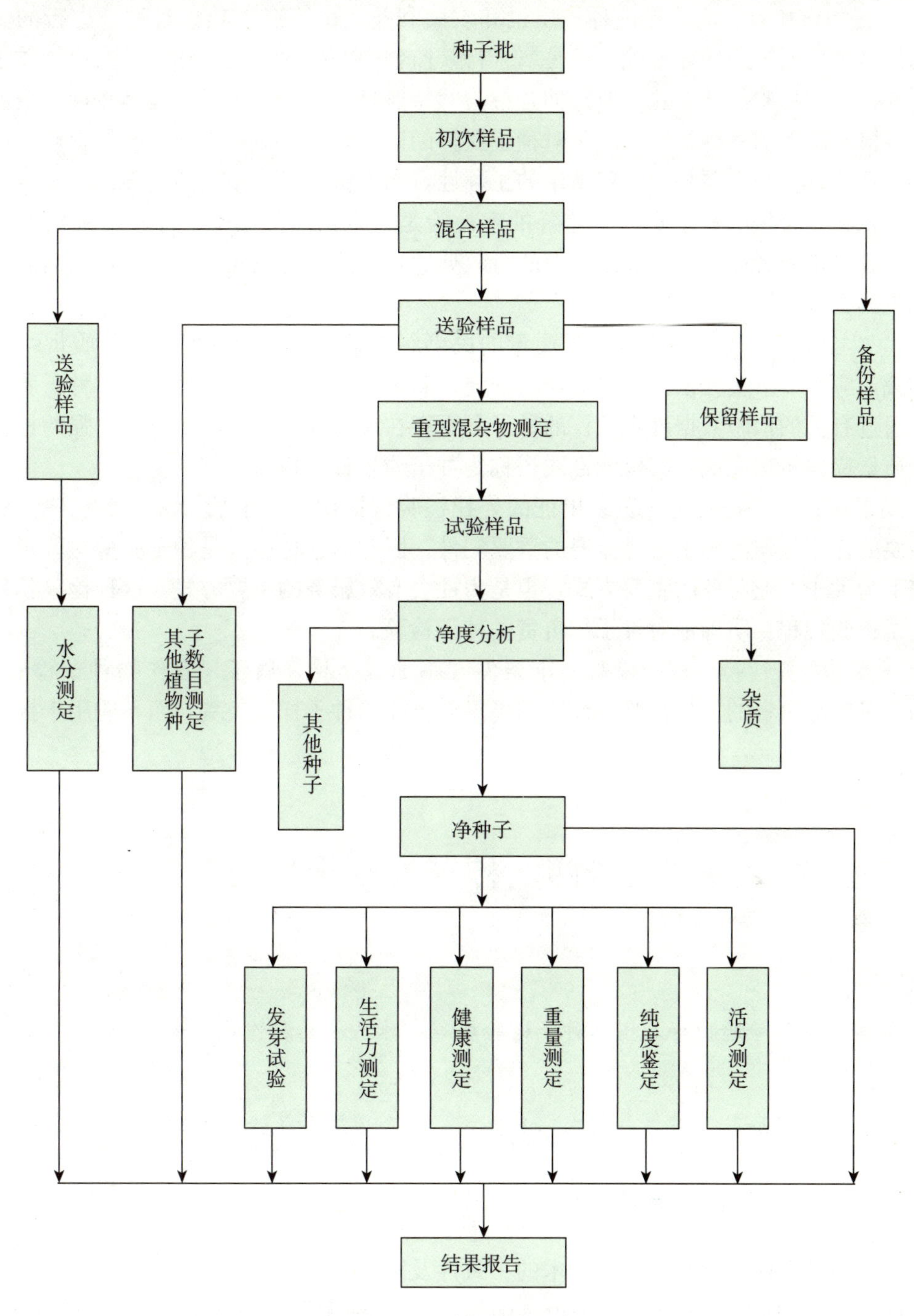

图 1-1　种子检验程序

（胡晋等，2016. 种子检验技术）

（二）种子质量委托检验的特点和要求

种子质量监督形式不同，其相应的种子检验的特点和要求也不同。在实践中，种子质量检验机构对外服务的检验都可以称为委托检验，但是委托检验在具体情况下所表现的特点是完全不同的。

1. 监督抽查检验 为了保证种子质量和农民利益，由第三方独立对种子进行的、决定监督总体是否可通过的抽样检验。这是属于行政监督中的检验，是委托完成农业行政主管部门下达的指令性检验任务。这种监督抽查检验的特点是：①监督抽查检验是在种子企业验收性抽样合格基础上的一种复检，既是对种子质量的监督，也是对种子企业质量管理工作的监督。②监督抽查检验主要关心否定结论的正确性，而不保证肯定结论的准确性，所以通过检验合格的未必是合格的种子批。③监督抽查检验是行政执法的基础，检验结果抽查不合格后，生产者或销售者往往会被处以相应的行政处罚，甚至在有关媒体上曝光，因而监督检验的结果更具有权威性。

2. 仲裁检验 人民法院审理种子质量的民事纠纷案件，仲裁机构对种子质量纠纷案件进行仲裁，应当以事实为依据，以法律为准绳，其中有一项重要内容就是要对种子质量进行检验，通过有关的检验数据确定争议的种子是否存在质量问题。这项专业性很强的检验工作由种子质量检验机构完成，其检测性质俗称为种子质量仲裁检验。

3. 贸易出证的委托检验 贸易出证的委托检验包括认证种子的检测。由于种子检验报告最主要的作用是作为种子贸易流通的重要文件，因此，这种检验是种子质量检验机构在市场经济下为种子产业服务的主要方式，也是为社会有效服务的主要方式。这种检验就是《农作物种子检验规程》明确地对种子批负责的种子检验。

4. 一般的委托检验 这种检验要求条件并不那么严格，属于《农作物种子检验规程》规定的只对样品负责的委托检验，检测结果只对委托的种子样品负责，而不能用于推论种子批的种子质量。

任务四 种子检验规程

●【知识目标】

了解国际种子检验协会及国际种子检验规程，熟悉我国农作物种子检验规程。

●【技能目标】

明确我国种子检验结果报告的内容和要求，学会填写种子检验报告。

一、国际种子检验规程

为了世界各国种子检验仪器和技术的一致性及国际种子贸易的顺利发展，国际种子检验协会（ISTA）于1931年颁布了第一个《国际种子检验规程》（International Rules for Seed Testing）。其后，随着种子检验技术的发展，不断对其进行修订，从而使种子检验技术更加完善。近些年，每年有一个修订的新版本颁布。《国际种子检验规程》共19个章节，依次为：证书、扦样、净度分析、其他种子计数测定、发芽试验、四唑测定、种子健康测定、种与品种验证、水分测定、质量测定、包衣种子检验、离体胚测定、称量重复测定、X射线测定、种子活力测定、种子大小和分级、散装容器、种子混合检验、GMO种子检验。ISTA制定的《国际种子检验规程》是种子方面唯一的国际标准，被全世界许多国家种子法所引用，作为评价种子质量的法定方法。

通过ISTA授权认可的种子检验室可以签发国际种子检验证书，该证书分2种类型：橙色国际种子批证书（扦样和检验工作由ISTA认可的同一个检验站在该国进行），蓝色国际种子样品证书（该ISTA认可检验站只负责种子样品的检验工作）。扦样和检验在两个不同国家、不同实验室进行的结果也采用橙色证书，证书上会注明实验室的名称和地址以便查询。

二、我国种子检验规程

我国于1983年颁布第一个《农作物种子检验规程》，其主要内容和技术引自苏联种子检验技术。这对当时开展种子检验工作，加强种子质量管理起到了历史性的作用。但随着我国国际种子贸易的发展和进一步的改革开放，该农作物种子检验规程显然已不能适应我国种子管理和质量监督检查工作的需要，并且与国际种子检验规程技术差异较大。根据国家标准局尽量采纳国际标准和靠拢国际标准的精神，我国等效采用《1993国际种子检验规程》，编制和颁布了《农作物种子检验规程》（GB/T 3543.1～3543.7—1995），这也是目前我国正在执行的国家标准。鉴于国内外种子检验技术和仪器的不断发展，为了与国际接轨，目前我国正在对现行《农作物种子检验规程》进行修订。

（一）我国《农作物种子检验规程》的构成及内容

农作物种子检验规程由GB/T 3543.1～3543.7共七个系列标准构成。即：

《农作物种子检验规程　总则》（GB/T 3543.1—1995）

《农作物种子检验规程　扦样》（GB/T 3543.2—1995）

《农作物种子检验规程　净度分析》（GB/T 3543.3—1995）

《农作物种子检验规程　发芽试验》（GB/T 3543.4—1995）

《农作物种子检验规程　真实性和品种纯度鉴定》（GB/T 3543.5—1995）

《农作物种子检验规程　水分测定》（GB/T 3543.6—1995）

《农作物种子检验规程　其他项目检验》（GB/T 3543.7—1995）

每一个标准分正文和附录两部分。正文部分规定了必须遵循的方法，附录部分针对正文中某些较复杂的内容进行补充和阐述。这样既继承了“国标”简明扼要和便于查阅、使用的特点，又与国际种子检验规程有所不同。

该规程的内容可分为扦样（种子批的扦样程序、实验室分样程序、样品保存）、检测（净度分析、其他植物种子数目的测定、发芽试验、真实性和品种纯度鉴定、水分测定、生活力的生化测定、重量测定、种子健康测定和包衣种子检验）和结果报告（容许误差、签发结果报告单的条件、结果报告单）三部分。其中检测部分的净度分析、发芽试验、真实性和品种纯度鉴定、水分测定为必检项目，是我国目前种子质量标准的判定依据。生活力的生化测定等其他项目检验属于非必检项目。

（二）容许误差

容许误差是指同一测定项目两次检验结果所容许的最大差距，超过此限度则足以对其结果准确性产生怀疑或认为所测定的条件存在着真正的差异。

（1）同一实验室同一送验样品重复间的容许差距。如GB/T 3543.3的表2等。

（2）从同一种子批扦取的同一或不同送验样品，经同一个或另一个检验机构检验，比较两次结果是否一致。如 GB/T 3543.3 的表 3；GB/T 3543.3 的表 6；GB/T 3543.4 的表 4 等。

（3）从同一种子批扦取的第 2 个送验样品，经同一个或另一个检验机构检验，所得结果较第一次差，如净种子质量百分率低、发芽率低、其他植物种子数目多。如 GB/T 3543.3 的表 4；GB/T 3543.3 的表 7；GB/T 3543.4 的表 5 等。

（4）抽检、统检、仲裁检验、定期检查等与种子质量标准、合同、标签等规定值比较。如 GB/T 3543.3 的表 5 和 GB/T 3543.4 的表 6 等。

（三）结果报告

种子检验报告是指按照种子检验规程进行扦样与检测而获得检验结果的一种证书表格。

1. 签发检验报告的条件 ①签发检验报告机构目前从事检测工作并且是考核合格的机构；②被检种属于规程所列举的一个种；③检验按规定的方法进行；④种子批与规程规定的要求相符合；⑤送验样品按规程要求进行扦取和处理。

报告上的检测项目所报告的结果只能从同一种子批同一送验样品所获取，供水分测定的样品需要防湿包装。上述第④条和第⑤条的规定只适用于签发种子批的检验报告；对于一般委托检验（只对样品负责）的检验报告，不做要求。

2. 检验结果报告的内容和要求 目前，农业农村部全国农作物种子质量监督检验测试中心制订了种子批检验报告和种子样品检验报告格式，检验报告共分 2 页。种子批检验报告主要内容如表 1-1 所示。

表 1-1 种子检验结果报告单

种子批检验报告

No：　　　　　　　　　　　　　　　　　　　　　　　　　　　　第 1 页，共 2 页

样品编号		作物种类		品种（组合）名称	
商标		生产日期		产地	
批号		批重		包装形式及规格	
扦样日期		扦样单位			
样品数量/g		接样日期		检验完成日期	
送检单位名称			送检单位地址		
受检单位名称			受检单位地址		
生产单位名称			生产单位地址		
任务来源			检验项目		
检验依据			判定依据		
检验结论	（盖章） 签发日期：　　年　　月　　日				

批准人：　　　　审核人：　　　　编制人：

种子批检验报告

No：　　　　　　　　　　　　　　　　　　　　　　　　　　　　　　　第2页，共2页

<table>
<tr><td rowspan="3">净度分析</td><td>净种子/%</td><td colspan="2">其他植物种子/%</td><td colspan="2">杂质/%</td></tr>
<tr><td></td><td colspan="2"></td><td colspan="2"></td></tr>
<tr><td colspan="5">其他植物种子的和数及数目：
完全/有限/简化检验
杂志的种类：</td></tr>
<tr><td rowspan="3">发芽试验</td><td>正常幼苗/%</td><td>不正常幼苗/%</td><td>硬实/%</td><td>新鲜不发芽种子/%</td><td>死种子/%</td></tr>
<tr><td></td><td></td><td></td><td></td><td></td></tr>
<tr><td colspan="5">发芽床：____________；温度：____________；
持续时间：____________；发芽前处理和方法：____________。</td></tr>
<tr><td>品种纯度</td><td colspan="5">品种纯度/%：____________；检验方法：____________。</td></tr>
<tr><td>水分</td><td colspan="5">水分/%：____________；检验方法：____________。</td></tr>
<tr><td>真实性</td><td colspan="5">通过_____个引物，采用__________电泳检测方法进行检测：
a. 与标准样品比较检测出差异位点数_____个，差异位点的引物编号为________。
b. 经与DNA指纹数据比对平台筛查并鉴定，检测样品属于_____品种，或者_____、_____其中的一个，或者与_____无明显差异。</td></tr>
<tr><td>其他测定项目</td><td colspan="5"></td></tr>
<tr><td>备注</td><td colspan="5">净度：标签标注值（标准规定值）____________；容许误差____________。
发芽率：标签标注值（标准规定值）____________；容许误差____________。
纯度：标签标注值（标准规定值）____________；容许误差____________。
水分：标签标注值（标准规定值）____________；容许误差____________。</td></tr>
</table>

CASL 标识　　　　　　　　　　　　　　　　　CMA 标识

（　　）中种检字（　　）第（　　）号　　　（　　）量认（　　）字（　　）号

资料来源：胡晋等，2016，种子检验技术。

检验报告要符合如下要求：①报告内容中的文字和数据填报，最好采用电脑打印而不用手写；②报告不能有添加、修改、替换或涂改的迹象；③在同一时间内，有效报告只能是一份（请不要混淆：检验报告一式两份，一份给予委托方，另一份与原始记录一同存档）；④报告要为用户保密，并作为档案保存6年；⑤检验报告的印刷质量要好。

检测结果要按照规程规定的计算、表示和报告要求进行填报，如果某一项目未检验

(Not tested)，填写“N”表示。

未列入规程的补充分析结果，只有在按规程规定方法测定后才可列入，并在相应栏中注明。

若在检验结束前急需了解某一测定项目的结果，可签发临时结果报告，即在结果报告上附有“最后结果报告单将在检验结束时签发”的说明。

拓展阅读

种子检验发展简史

一、国际种子检验发展简史

种子检验最早起源于欧洲。18世纪60年代，随着种子贸易的发展，欧洲各国曾发生商人贩卖伪劣种子而造成经济损失的事件。为了维护正常种子贸易的开展，种子检验应运而生。

1869年，德国诺培博士（Dr. Friedrich Nobbe）在德国的萨克森州（Saxony）建立了世界上第一个种子检验站，并进行了种的真实性、种子净度和发芽率等项目的检验工作。他通过总结前人工作经验和自己的研究成果，编写了《种子学手册》并于1876年出版。因此，诺培博士成为国际公认的种子科学和种子检验的创始人。

1876年，美国建立了北美洲第一个负责种子检验的农业研究站。1897年，美国颁布了《标准种子检验规程》。在20世纪初叶，亚洲和其他洲的许多国家也陆续建立了若干种子检验站，开展种子检验工作。1906年，第一次国际种子检验大会在德国举行。1908年，美国和加拿大两国成立了北美洲官方种子分析者协会（AOSA）。1921年，欧洲种子检验工作者在法国举行了大会，成立了欧洲种子检验协会（ESTA）。1924年，全世界种子检验工作者在英国举行第四次国际种子检验大会，正式成立了国际种子检验协会（International Seed Testing Association，ISTA）。ISTA总部设在瑞士的苏黎世。

1931年，应国际种子贸易协会的要求，ISTA制定了《国际种子检验规程》和国际种子检验证书。1953年统一了发芽和净度的定义后，其制定的《国际种子检验规程》被全世界各国广泛承认和采纳。ISTA已成为全球公认的有关种子检验的权威标准化组织。

截至2015年，ISTA已有207个实验室会员（其中127个已通过ISTA检验室认可）、43个个人会员、56个准会员，来自全球77个国家和地区。目前，ISTA下设有18个技术委员会，分别为先进技术委员会、堆装与扦样委员会、种子科学与技术编辑委员会、花卉种子检验委员会、乔木与灌木种子委员会、发芽委员会、GMO委员会、水分委员会、命名术语委员会、能力检测委员会、净度委员会、规程委员会、种子健康委员会、统计委员会、种子贮藏委员会、四唑委员会、品种委员会和活力委员会。ISTA还制定《种子检验室认可标准》，开展种子实验室能力验证项目和种子检验室认可评价工作，授权通过认可的检验室签发国际种子检验证书，也是公认的国际互认组织。

ISTA成立以来，已先后召开了30届大会，组织种子科技联合研究和技术交流，制定并不断修订国际种子检验规程，编辑出版了会刊《种子科学与技术》（Seed Science and

Technology)、新闻公报（ISTA News Bulletin)、《国际种子检验》（Seed Testing International）以及有关种子刊物和手册，如《净种子定义手册　第三版》《幼苗鉴定手册　第三版》《水分测定手册》《种子扦样手册　第三版》《活力测定方法手册　第三版》《ISTA 四唑测定手册》等。

1995 年，ISTA 决定私有检验室和种子公司可以成为其会员，1996 年启动种子检验室认可的质量保证项目，2004 年正式承认认可检验室的结果。2015 年，ISTA 宣布美国陶氏益农公司和美国杜邦先锋公司成为其首批企业会员。经济合作与发展组织（OECD）在 2005 版种子认证方案中列入了有关种子检验室认可的内容，允许在国际种子认证活动中使用认可种子检验室的结果，还允许推行种子扦样员和田间检验员认可制度。

二、我国种子检验发展简史

中华人民共和国成立前，我国根本没有专门的种子检验机构，当时的种子检验工作是粮食部和商检机构代检。1956 年，农业部种子管理局内设种子检验室，主管全国的种子检验工作。1957 年，为适应农业迅速发展的需要，农业部种子管理局组织浙江农学院等单位数名教师和检验人员在北京举办了种子检验学习班。同年又委托浙江农学院定期举办全国种子干部讲习班。同时积极引进苏联的种子检验仪器和技术，编写有关教材，1961 年，浙江农业大学种子教研组编写出版了《种子贮藏与检验》，1980 年又出版了《种子检验简明教程》，翻译出版了 1976 版、1985 版、1993 版、1996 版《国际种子检验规程》。

自从改革开放以来，特别是 1978 年国务院转发了农业部《关于加强种子工作的报告》以后，全国各地成立了种子公司并逐步健全种子检验机构，恢复和加强种子专业及技术培训。1981 年成立了中国种子协会，并建立了种子检验分会和技术委员会。1982 年成立了全国农作物种子标准化技术委员会。1983 年，国家颁布了《农作物种子检验规程》（GB 3543—1983)。1989 年，国务院颁布了《中华人民共和国种子管理条例》，明确推行“种子质量合格证”制度，同时随着《中华人民共和国标准化法》《中华人民共和国计量法》和《中华人民共和国产品质量法》的实施，种子质量监督检验工作也全面开展。1995 年，国家技术监督局发布了与 1993 版《国际种子检验规程》接轨的《农作物种子检验规程》（GB/T 3543.1～3543.7—1995)，使种子检验结果具有可比性，随后在浙江农业大学开展了学习和贯彻该规程的技术培训。由于 1996 年和 1999 年颁布的强制性标准《粮食作物种子质量标准》的规范性引用，与国际接轨的种子检验方法得到了广泛的实施，极大促进了我国种子检验技术的进步。

我国从 1995 年提出实施种子工程以来，建设了 39 个部级种子检验中心和 80 多个部级种子检验分中心，在全国范围内初步形成了种子质量监督检测网络。每年开展的市场种子质量抽检工作，有力地强化了我国农业播种种子的质量，有效地保证农业生产的丰收。

2000 年颁布的《中华人民共和国种子法》，明确了农业行政主管部门负责种子质量监督工作，实行种子质量检验机构和种子检验员考核制度，实施种子企业种子标签真实承诺与国家监督抽查相结合的制度。同时，国家还将继续投资建设种子质量监督检验网络，积极推进与国际接轨的种子标准化工作，探索种子认证试点工作。近年来，种子检验技术和仪器有了较快的发展，种子检验的科学研究水平也在不断深入。

思维导图

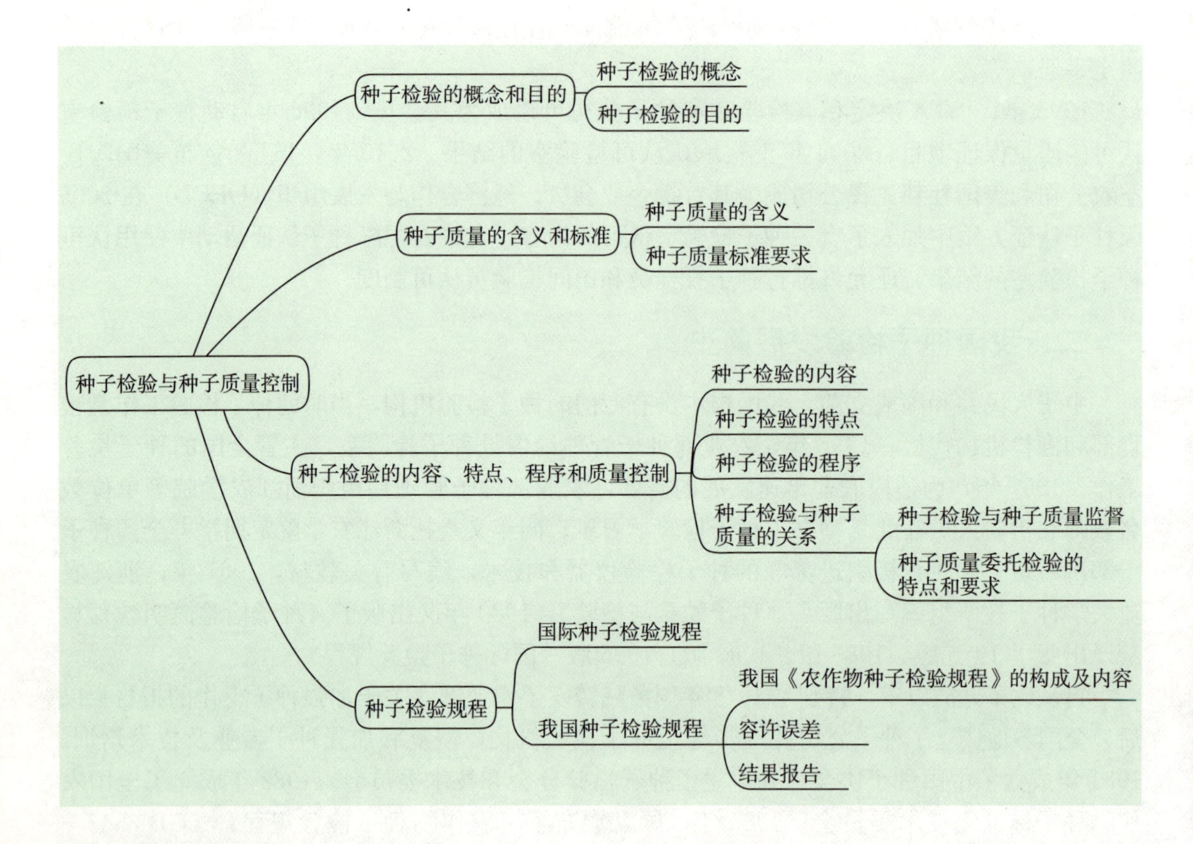

复习思考

1. 种子检验的最终目的是什么？
2. 种子质量可以用哪几个字来概括？
3. 种子检验包含哪些内容？
4. 种子检验与种子质量有何关系？
5. 种子检验有何特点？
6. 种子质量监督工作的形式可以分为哪几种类型？

项目二 扦 样

项目导读

扦样是种子检验工作的第一步，也是非常重要的一步，种子检验所扦取的样品有无代表性是决定检验结果正确与否的关键因素之一。本项目主要介绍了扦样的定义和原则、扦样的方法步骤、样品的配制与处理、包衣种子扦样；通过学习与训练让学生掌握种子批的划分、扦样的技术方法和相关仪器的规范操作，为提高学生技能实操水平和培养其严谨细致的工作态度打下一定基础。

种子检验是对扦取的有代表性的种子样品进行检测，根据检测结果估计一批种子的种用价值。扦样就是种子取样或抽样，由于抽取种子样品通常要使用扦样器，所以在种子检验上就称为扦样。扦样是种子检验的重要环节，如果扦取的样品缺乏代表性，那么无论检测多么准确，都不会获得符合实际情况的检验结果。扦样程序又分为样品的扦取、样品的制备和样品的处理 3 个步骤。

任务一 扦样的定义和原则

•【知识目标】

了解扦样的定义、种子批定义、样品定义，明确扦样的目的和原则，明确送验样品的含义及规程规定的送验样品的最小质量。

•【技能目标】

能够正确进行种子批的划分，学会对种子批进行异质性测定。

一、扦样的有关定义

（一）扦样

扦样是从大量的种子中随机取得一个质量适当、有代表性的供检样品。

扦样是种子检验工作的第一步，是做好种子检验工作的基础和首要环节。扦样是否正确，扦取的样品是否有代表性，直接影响到检验结果的可靠性。因此必须高度重视，认真取样。

（二）种子批

种子批是指同一来源、同一品种、同一年度、同一时期收获的质量基本一致、在规定数量之内的种子。

种子批有两个基本特征：一个是在规定数量之内；另一个是外观或质量一致，即均匀性。种子批的最大数量是由取样原则决定的，一批种子如果数量过大，就很难取得一个有代表性的样品。根据不同种子的千粒重，我们可以大概估算出一个种子批所包含的种子粒数。种子批还要求尽可能地达到均匀一致，只有这样才有可能按照检验规程所规定的方法扦得有代表性的样品。一批种子不得超过表 2－1 所规定的质量，其允许差距为 5%；若超过，须分成若干个种子批，分别给以批号。

（三）样品

种子扦样是一个过程，由一系列步骤组成。首先从种子批中取得若干个初次样品，然后将全部初次样品混合为混合样品，再从混合样品中分取送验样品，最后从送验样品中分取供某一检验项目测定的试验样品。扦样过程涉及一系列的样品，有关样品的定义和相互关系如下：

1. 初次样品　是指从种子批的一个扦样点上所扦取的一小部分种子。

2. 混合样品　是指由种子批内所扦取的全部初次样品合并混合而成的样品。

3. 次级样品　是指通过分样所获得的部分样品。

4. 送验样品　送到种子检验机构或检验室供检验用的样品，其数量必须满足规定的最低标准（具体标准见表 2－1）。该样品可以是整个混合样品或是从其中分取的一个次级样品。送验样品可再分成由不同包装材料包装以满足特定检验（如水分或种子健康）需要的次级样品。

5. 备份样品　是指从相同的混合样品中获得的用于送验的另外一个样品，标识为“备份样品”。

6. 试验样品　简称试样，是指不低于检验规程所规定质量的、供测定某一检验项目的样品。它可以是整个送验样品或是从其中分取的一个次级样品。

7. 封缄　把种子装在容器内，封好后如不启封，无法把种子取出。如果容器本身不具备密封性能，每一容器加正式封印或不易擦洗掉的标记或不能撕去重贴的封条。

表 2－1　农作物种子批的最大质量和样品最小质量

序号	种（变种）名	学　名	种子批的最大质量/kg	样品最小质量/g		
				送验样品	净度分析试样	其他植物种子计数试样
1	洋葱	*Allium cepa* L.	10 000	80	8	80
2	葱	*Allium fistulosum* L.	10 000	50	5	50
3	韭葱	*Allium porrum* L.	10 000	70	7	70
4	细香葱	*Allium schoenoprasum* L.	10 000	30	3	30
5	韭菜	*Allium tuberosum* Rottl. ex Spreng.	10 000	100	10	100
6	苋菜	*Amaranthus tricolor* L.	5 000	10	2	10
7	芹菜	*Apium graveolens* L.	10 000	25	1	10

（续）

序号	种（变种）名	学名	种子批的最大质量/kg	样品最小质量/g		
				送验样品	净度分析试样	其他植物种子计数试样
8	根芹菜	*Apium graveolens* L. var. *rapaceum* DC.	10 000	25	1	10
9	花生	*Arachis hypogaea* L.	25 000	1 000	1 000	1 000
10	牛蒡	*Arctium lappa* L.	10 000	50	5	50
11	石刁柏	*Asparagus officinalis* L.	20 000	1 000	100	1 000
12	紫云英	*Astragalus sinicus* L.	10 000	70	7	70
13	裸燕麦（莜麦）	*Avena nuda* L.	25 000	1 000	120	1 000
14	普通燕麦	*Avena sativa* L.	25 000	1 000	120	1 000
15	落葵	*Basella* spp. L.	10 000	200	60	200
16	冬瓜	*Benincasa hispida*（Thunb.）Cogn.	10 000	200	100	200
17	节瓜	*Benincasa hispida* Cogn. var. *chieh-qua* How.	10 000	200	100	200
18	甜菜	*Beta vulgaris* L.	20 000	500	50	500
19	叶甜菜	*Beta vulgaris* var. *cicla*	20 000	500	50	500
20	根甜菜	*Beta vulgaris* var. *rapacea*	20 000	500	50	500
21	白菜型油菜	*Brassica campestris* L.	10 000	100	10	100
22	不结球白菜（包括白菜、乌塌菜、紫菜薹、薹菜、菜薹）	*Brassica campestris* L. ssp. *chinensis*（L.）Makino.	10 000	100	10	100
23	芥菜型油菜	*Brassica juncea* Czern. et Coss.	10 000	40	4	40
24	根用芥菜	*Brassica juncea* Coss. var. *megarrhiza* Tsen et Lee	10 000	100	10	100
25	叶用芥菜	*Brassica juncea* Coss. var. *foliosa* Bailey	10 000	40	4	40
26	茎用芥菜	*Brassica juncea* Coss. var. *tsatsai* Mao	10 000	40	4	40
27	甘蓝型油菜	*Brassica napus* L. ssp. *pekinensis*（Lour.）Olsson	10 000	100	10	100
28	芥蓝	*Brassica oleracea* L. var. *alboglabra* Bailey	10 000	100	10	100
29	结球甘蓝	*Brassica oleracea* L. var. *capitata* L.	10 000	100	10	100
30	球茎甘蓝（苤蓝）	*Brassica oleracea* L. var. *caulorapa* DC.	10 000	100	10	100
31	花椰菜	*Brassica oleracea* L. var. *botrytis* L.	10 000	100	10	100
32	抱子甘蓝	*Brassica oleracea* L. var. *gemmifera* Zenk.	10 000	100	10	100
33	青花菜	*Brassica oleracea* L. var. *italica* Plench	10 000	100	10	100

（续）

序号	种（变种）名	学名	种子批的最大质量/kg	样品最小质量/g		
				送验样品	净度分析试样	其他植物种子计数试样
34	结球白菜	*Brassica campestris* L. ssp. *pekinensis* (Lour.) Olsson	10 000	100	4	40
35	芜菁	*Brassica rapa* L.	10 000	70	7	70
36	芜菁甘蓝	*Brassica napobrassica* Mill.	10 000	70	7	70
37	木豆	*Cajanus cajan* (L.) Millsp.	20 000	1 000	300	1 000
38	大刀豆	*Canavalia gladiata* (Jacq.) DC.	20 000	1 000	1 000	1 000
39	大麻	*Cannabis sativa* L.	10 000	600	60	600
40	辣椒	*Capsicum frutescens* L.	10 000	150	15	150
41	甜椒	*Capsicum frutescens* var. *grossum*	10 000	150	15	150
42	红花	*Carthamus tinctorius* L.	25 000	900	90	900
43	茼蒿	*Chrysanthemum coronarium* var. *spatisum*	5 000	30	8	30
44	西瓜	*Citrullus lanatus*. (Thunb.) Matsum. et Nakai	20 000	1 000	250	1 000
45	薏苡	*Coix lacryna-jobi* L.	5 000	600	150	600
46	圆果黄麻	*Corchorus capsularis* L.	10 000	150	15	150
47	长果黄麻	*Corchorus olitorius* L.	10 000	150	15	150
48	芫荽	*Coriandrum sativum* L.	10 000	400	40	400
49	柽麻	*Crotalaria juncea* L.	10 000	700	70	700
50	甜瓜	*Cucumis melo* L.	10 000	150	70	150
51	越瓜	*Cucumis melo* L. var. *conomon* Makino	10 000	150	70	150
52	菜瓜	*Cucumis melo* L. var. *flexuosus* Naud.	10 000	150	70	150
53	黄瓜	*Cucumis sativus* L.	10 000	150	70	150
54	笋瓜（印度南瓜）	*Cucurbita maxima* Duch. ex Lam	20 000	1 000	700	1 000
55	南瓜（中国南瓜）	*Cucurbita moschata* (Duchesne) Duchesne ex Poiret	10 000	350	180	350
56	西葫芦（美洲南瓜）	*Cucurbita pepo* L.	20 000	1 000	700	1 000
57	瓜尔豆	*Cyamopsis tetragonoloba* (L.) Taubert	20 000	1 000	100	1 000
58	胡萝卜	*Daucus carota* L.	10 000	30	3	30
59	扁豆	*Dolichos lablab* L.	20 000	1 000	600	1 000
60	龙爪稷	*Eleusine coracana* (L.) Gaertn.	10 000	60	6	60
61	甜荞	*Fagopyrum esculentum* Moench	10 000	600	60	600
62	苦荞	*Fagopyrum tataricum* (L.) Gaertn.	10 000	500	50	500
63	小茴香	*Foeniculum vulgare* Mill.	10 000	180	18	180

（续）

序号	种（变种）名	学 名	种子批的最大质量/kg	样品最小质量/g		
				送验样品	净度分析试样	其他植物种子计数试样
64	大豆	*Glycine max*（L.）Merr.	25 000	1 000	500	1 000
65	棉花	*Gossypium* spp.	25 000	1 000	350	1 000
66	向日葵	*Helianthus annuus* L.	25 000	1 000	200	1 000
67	红麻	*Hibiscus cannabinus* L.	10 000	700	70	700
68	黄秋葵	*Hibiscus esculentus* L.	20 000	1 000	140	1 000
69	大麦	*Hordeum vulgare* L.	25 000	1 000	120	1 000
70	蕹菜	*Ipomoea aquatica* Forsk.	20 000	1 000	100	1 000
71	莴苣	*Lactuca sativa* L.	10 000	30	3	30
72	瓠瓜	*Lagenaria siceraria*（Molina）Standl.	20 000	1 000	500	1 000
73	兵豆（小扁豆）	*Lens culinaris* Medi.	10 000	600	60	600
74	亚麻	*Linum usitatissimum* L.	10 000	150	15	150
75	棱角丝瓜	*Luffa acutangula*（L.）Roxb.	20 000	1 000	400	1 000
76	普通丝瓜	*Luffa cylindrica*（L.）Roem.	20 000	1 000	250	1 000
77	番茄	*Lycopersicon lycopersicum*（L.）Karsten	10 000	15	7	15
78	金花菜	*Medicago polymorpha* L.	10 000	70	7	70
79	紫花苜蓿	*Medicago sativa* L.	10 000	50	5	50
80	白香草木樨	*Melilotus albus* Desr.	10 000	50	5	50
81	黄香草木樨	*Melilotus officinalis*（L.）Pall.	10 000	50	5	50
82	苦瓜	*Momordica charantia* L.	20 000	1 000	450	1 000
83	豆瓣菜	*Nasturtium officinale* R. Br.	10 000	25	0.5	5
84	烟草	*Nicotiana tabacum* L.	10 000	25	0.5	5
85	罗勒	*Ocimum basilicum* L.	10 000	40	4	40
86	稻	*Oryza sativa* L.	25 000	400	40	400
87	豆薯	*Pachyrhizus erosus*（L.）Urb.	20 000	1 000	250	1 000
88	黍（糜子）	*Panicum miliaceum* L.	10 000	150	15	150
89	美洲防风	*Pastinaca sativa* L.	10 000	100	10	100
90	香芹	*Petroselinum crispum*（Mill.）Nyman ex A. W. Hill	10 000	40	4	40
91	多花菜豆	*Phaseolus multiflorus* Willd.	20 000	1 000	1 000	1 000
92	利马豆（莱豆）	*Phaseolus lunatus* L.	20 000	1 000	1 000	1 000
93	菜豆	*Phaseolus vulgaris* L.	25 000	1 000	700	1 000
94	酸浆	*Physalis pubescens* L.	10 000	25	2	20
95	茴芹	*Pimpinella anisum* L.	10 000	70	7	70

（续）

序号	种（变种）名	学名	种子批的最大质量/kg	样品最小质量/g		
				送验样品	净度分析试样	其他植物种子计数试样
96	豌豆	*Pisum sativum* L.	25 000	1 000	900	1 000
97	马齿苋	*Portulaca oleracea* L.	10 000	25	0.5	5
98	四棱豆	*Psophocarpus tetragonolobus*（L.）DC.	25 000	1 000	1 000	1 000
99	萝卜	*Raphanus sativus* L.	10 000	300	30	300
100	食用大黄	*Rheum rhaponticum* L.	10 000	450	45	450
101	蓖麻	*Ricinus communis* L.	20 000	1 000	500	1 000
102	鸦葱	*Scorzonera hispanica* L.	10 000	300	30	300
103	黑麦	*Secale cereale* L.	25 000	1 000	120	1 000
104	佛手瓜	*Sechium edule*（Jacp.）Swartz	20 000	1 000	1 000	1 000
105	芝麻	*Sesamum indicum* L.	10 000	70	7	70
106	田菁	*Sesbania cannabina*（Retz.）Pers.	10 000	90	9	90
107	粟	*Setaria italica*（L.）Beauv.	10 000	90	9	90
108	茄子	*Solanum melongena* L.	10 000	150	15	150
109	高粱	*Sorghum bicolor*（L.）Moench	10 000	900	90	900
110	菠菜	*Spinacia oleracea* L.	10 000	250	25	250
111	黎豆	*Stizolobium* ssp.	20 000	1 000	250	1 000
112	番杏	*Tetragonia tetragonioides*（Pall.）Kuntze	20 000	1 000	200	1 000
113	婆罗门参	*Tragopogon porrifolius* L.	10 000	400	40	400
114	小黑麦	*X Triticosecale* Wittm.	25 000	1 000	120	1 000
115	小麦	*Triticum aestivum* L.	25 000	1 000	120	1 000
116	蚕豆	*Vicia faba* L.	25 000	1 000	1 000	1 000
117	箭舌豌豆	*Vicia sativa* L.	25 000	1 000	140	1 000
118	毛叶苕子	*Vicia villosa* Roth	20 000	1 080	140	1 080
119	赤豆	*Vigna angularis*（Willd）Ohwi et Ohashi	20 000	1 000	250	1 000
120	绿豆	*Vigna radiata*（L.）Wilczek	20 000	1 000	120	1 000
121	饭豆	*Vigna umbellata*（Thunb.）Ohwi et Ohashi	20 000	1 000	250	1 000
122	长豇豆	*Vigna unguiculata* W. ssp. *sesquipedalis*（L.）Verd.	20 000	1 000	400	1 000
123	矮豇豆	*Vigna unguiculata* W. ssp. *unguiculata*（L.）Verd.	20 000	1 000	400	1 000
124	玉米	*Zea mays* L.	40 000	1 000	900	1 000

资料来源：全国农作物种子标准化技术委员会，1996，《农作物种子检验规程　扦样》（GB/T 3543.2—1995）。

二、扦样的目的和原则

（一）扦样的目的

扦样的目的是要获得一个大小适合于种子检验的送验样品，要求样品对于种子批具有真实无偏的代表性。所以，扦样的最基本原则就是扦取的样品要有代表性，即要求送验样品具有与种子批相同的组分，并且这些组分的比例与种子批中组分比例一致。若扦取的样品无代表性，即使分析检验技术再正确，其结果也不能反映该批种子的真实质量状况，由此导致对种子质量作出错误的评价，给种子生产者、经营者和用种者造成经济损失。所以对待扦样工作必须高度重视、严肃认真，扦样员必须受过专门训练，以保证获得有充分代表性的样品，为正确评价种子质量奠定基础。但是样品的代表性受到诸多因素的影响，除扦样人员的自身素质外，还受到种子自动分级和种子贮藏期间仓内温度、湿度等因素影响。种子堆放时的自动分级特点使轻重不同的种子和杂质容易分开；贮藏保管期间仓内不同部位的种子所处的条件也不同，造成各部位的种子质量存在差异。在扦样时必须考虑这些因素，严格遵循扦样的原则，认真执行规定的扦样方法。

（二）扦样的原则

为了扦取有代表性的样品，扦样工作应遵循以下原则：

（1）被扦种子批要均匀一致，不能存在异质性。

（2）按照预定的扦样方案采取适宜的扦样器具和扦样技术扦取样品。扦样方案的 3 个要素为扦样频率、扦样点分布、各个扦样点扦取相等种子数量。扦样点在种子批各个部位的分布要均匀，每个扦样点所扦取的初次样品数量要基本一致，不能有很大差别。

（3）按照对分递减或随机抽取的原则分取样品。

（4）保证样品的可溯性和原始性。

（5）由合格扦样员扦样。扦样只能由受过专门扦样训练、具有实践经验的扦样员担任，以确保按照扦样程序扦取有代表性的样品。

三、种子批异质性的测定

异质性测定是将从种子批中抽出规定数量的若干个样品所得的实际方差与随机分布的理论方差相比较，得出前者超过后者的差数。每一样品取自各个不同的容器，容器内的异质性不包括在内。适用于检查种子批是否存在显著的异质性。具体的测定程序如下。

（一）种子批的扦样

扦样的容器数应不少于表 2－2 的规定。扦样的容器应严格随机选择。从容器中取出的样品必须代表种子批的各部分，应从袋的顶部、中部和底部扦取种子。每一容器扦取的质量应不少于表 2－1 中规定的送验样品的一半。

表 2－2　扦取容器数与临界 *H* 值（1%概率）

种子批的容器数	扦取的容器数	净度和发芽测定临界 *H* 值		其他种子数目测定临界 *H* 值	
		无稃壳种子	有稃壳种子	无稃壳种子	有稃壳种子
5	5	2.55	2.78	3.25	5.10
6	6	2.22	2.42	2.83	4.44

（续）

种子批的容器数	扦取的容器数	净度和发芽测定临界 H 值		其他种子数目测定临界 H 值	
		无稃壳种子	有稃壳种子	无稃壳种子	有稃壳种子
7	7	1.98	2.17	2.52	3.98
8	8	1.80	1.97	2.30	3.61
9	9	1.66	1.81	2.11	3.32
10	10	1.55	1.69	1.97	3.10
11～15	11	1.45	1.58	1.85	2.90
16～25	15	1.19	1.31	1.51	2.40
26～35	17	1.10	1.20	1.40	2.20
36～49	18	1.07	1.16	1.36	2.13
50或以上	20	0.99	1.09	1.26	2.00

资料来源：潘显政等，2006，农作物种子检验员考核学习读本。

（二）测定方法

异质性可用下列项目表示。

1. 净度分析任一成分的质量百分率 在净度分析时，如能把某种成分分离出来（如净种子、其他植物种子或禾本科的秕粒），则可用该成分的质量百分率表示。试样的质量应估计其中含有1 000粒种子，将每个试验样品分成两部分，即分析对象部分和其余部分。

2. 种子粒数 能计数的成分可以用种子粒数来表示，如某一植物种或所有其他植物种。每份试样的质量估计含有10 000粒种子，并计算其中所挑出的那种植物种子数。

3. 发芽试验任一记载项目的百分率 在标准发芽试验中，任何可测定的种子或幼苗都可采用，如正常幼苗、不正常幼苗或硬实等。从每一袋样中同时取100粒种子按GB/T 3543.4—1995规定的条件进行发芽试验。

（三）H 值的计算

1. 净度与发芽率

$$W=\frac{\overline{X}(100-\overline{X})}{n}$$

$$\overline{X}=\frac{\sum X}{N}$$

$$V=\frac{N\sum X^2-\left(\sum X\right)^2}{N(N-1)}$$

$$H=\frac{V}{W}-1$$

式中：N——扦取袋样的数目；

n——每个样品中的种子估计粒数（如净度分析为1 000粒，发芽试验为100粒）；

X——某样品中净度分析任一成分的质量百分率或发芽率；

$\overline{X}$——从该种子批测定的全部 X 值的平均值；

W——该检验项目的样品期望（理论）方差；

V——从样品中求得的某检验项目的实际方差；

H——异质性值。

若 $N<10$，$\overline{X}$ 计算到小数点后两位；若 $N \geqslant 10$，则计算到小数点后三位。

2. 指定的其他植物种子数 以其他植物种子数目表示异质性时，$W=\overline{X}$，$\overline{X}$、V 和 H 的计算与上述公式相同。

式中：X——从每个样品挑出的该类种子数。

若 $N<10$，$\overline{X}$ 计算到小数点后一位；若 $N \geqslant 10$，则计算到小数点后两位。

（四）结果报告

表 2-2 表明，当种子批的成分呈随机分布时，测定结果只有 1%概率超过 H 值。

若求得的 H 值超过表 2-2 的临界 H 值，则该种子批存在显著的异质性；若求得的 H 值小于或等于临界 H 值，则该种子批无异质现象；若求得的 H 值为负值，则填报“0”。

异质性的测定结果应填报如下：

$\overline{X}$、N、该种子批袋数、H 及一项说明“这个 H 值表明有（无）显著的异质性”。

如果 $\overline{X}$ 超出下列限度，则不必计算或填报 H 值。

净度分析任一成分的质量百分率应高于 99.8%或低于 0.2%；发芽率应高于 99%或低于 1%；指定的其他植物种子数应小于两粒。

任务二　扦样的方法步骤

•【知识目标】

了解扦样器的使用方法，掌握不同堆放方式种子初次样品的扦样方法。

•【技能目标】

能够正确选择并熟练使用扦样器，能正确扦取初次样品。

一、扦样前的准备工作

（一）准备扦样工具

根据被扦作物种类，准备好各种扦样必需的仪器用品，如扦样器、样品盛放容器、送验样品袋、供水分测定的样品容器、扦样单、封口蜡、标签、封条、天平等。根据被扦样品的种类、籽粒大小和包装方式选用扦样器（图 2-1）。袋装种子用单管扦样器或双管扦样器；散装种子用长柄短筒圆锥形扦样器、双管扦样器或圆锥形扦样器。此外，带稃壳种子或不易自由流动的种子还可以采用徒手扦样。

（二）检查种子批

在扦样前，扦样员应向被扦单位了解种子批的基本情况，并对被扦的种子批进行检查，确定种子批是否符合《农作物种子检验规程》（GB/T 3543.1～3543.7—1995）的规定。具体包

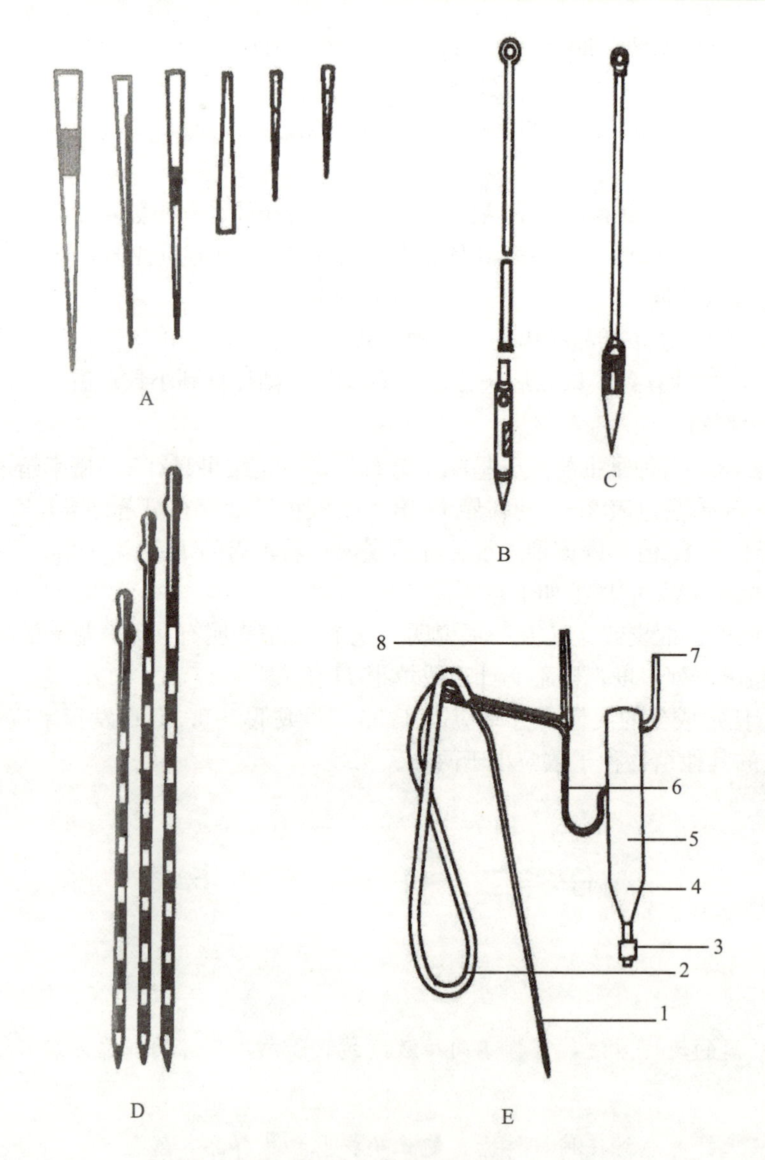

图 2-1 种子扦样器种类

A. 单管扦样器 B. 长柄短筒圆锥形扦样器 C. 圆锥形扦样器 D. 双管扦样器 E. 气吸式扦样器
1. 扦样管 2. 皮管 3. 玻质观察管 4. 样品收集室 5. 减压室 6. 曲管 7. 排气管 8. 支持杆
（霍志军，2012. 种子生产与管理）

括：①种子的来源、产地、品种、繁育次数、田间纯度、有无检疫性病虫及杂草种子；②种子贮藏期间的仓库管理情况，如入库前处理、入库后是否熏蒸、翻仓、受潮、受冻等。同时，还要观察仓库环境、库房建设、虫、鼠以及种子堆放和品质情况，供划分种子批时参考。

1. 种子批大小 种子批大小与数量有很大的关系，一批种子数量越大，其均匀程度就越差，要取得一个有代表性的送验样品就越难，因此，种子批有数量方面的限制。

检查种子批的袋数和每袋的质量，从而确定其总质量，再与表 2-1 所规定的质量进行比较，每一批种子不得超过表 2-1 规定的质量，其容许差距为 5%。如果种子批质量超过规定要求，就必须分成两个或若干个种子批，并分别扦样。如水稻种子，其种子批的最大质量是 25 t，样品的最小质量规定为：送验样品 400 g，净度分析试样 40 g，其他植物种子计数试样 400 g。

2. 种子批均匀度 扦样时要求种子批尽可能一致，但实际上是不可能完全均匀一致的。因此，被扦的种子批应在扦样前进行适当混合、掺匀和机械加工处理，尽可能达到均匀一致，不能有异质性的文件记录或迹象，然后设计可行的扦样技术扦取有代表性的种子批样品。如对种子批的均匀度发生怀疑，可按规定的异质性测定方法进行测定。

3. 种子批和容器的封缄与标识 封缄是指封口，即将种子批的容器的开口采用一种方式封好后，除非损及原来的封缄或者遗留启封的痕迹，否则不能把它们打开接触到种子。种子批的被扦包装物（如袋、容器）都必须封口，并有统一编号的批号或其他标识，有了标识才能保证样品能溯源到种子批。此标识必须记录在扦样单或样品袋上，否则检验结果都只能代表样品，不能代表种子批。

4. 种子批处于易扦取状态 种子批应进行适当的排列，处于易扦取状态，使扦样员至少能接触到种子批的两个面，否则必须移动，使其处于易扦取状态。

二、扦取初次样品的方法

种子批划分以后，根据种子批大小及堆放形式决定扦样的点数和扦样部位，样点在种子批中的分布要符合随机、均匀的原则，根据送验样品所需数量和扦样点数计算出每点至少应扦取的样品数量。每个初次样品要单独放置在一个容器中。由于种子的种类和堆放方式不同，扦样的方法各不相同。

（一）袋装种子扦样法

袋装种子是指在一定量值范围内的定量包装，其质量的量值范围规定在 15～100 kg。对于袋装种子，可依据种子批袋数的多少确定扦样袋数，表 2-3 规定的扦样频率是最低要求。扦样前先了解被扦种子批的总袋数，然后按表 2-3 规定来确定至少应扦取的袋数。袋装（或容器）种子堆垛存放时，应随机选定取样的袋，从上、中、下各部位均匀设立扦样点，每个容器只需扦取一个部位。不是堆垛存放时，可平均分配，间隔一定袋数扦取。在各个扦样点取相等的种子数量。

表 2-3 袋装种子的最低扦样频率

种子批的袋数（容器数）	扦取的最低袋数（容器数）
1～5	每袋都扦取，至少扦取 5 个初次样品
6～14	不少于 5 袋
15～30	每 3 袋至少扦取 1 袋
31～49	不少于 10 袋
50～400	每 5 袋至少扦取 1 袋
401～560	不少于 80 袋
561 及以上	每 7 袋至少扦取 1 袋

资料来源：全国农作物种子标准化技术委员会，1996，《农作物种子检验规程　扦样》（GB/T 3543.2—1995）。

根据扦样要求，用合适的扦样器扦取初次样品。单管扦样器适用于扦取中小粒种子样品，扦样时先用扦样器的尖端拨开包装物的线孔，扦样器凹槽向下，自袋角处与水平成30°角向上倾斜地插入袋内，直至到达袋的中心，然后将扦样器旋转180°，使凹槽反转向上，慢慢拔出扦样器，将样品装入容器中。双管扦样器适用于较大粒种子，使用时需对角插入袋内或容器中，扦样器插入前应关闭孔口，插入后打开孔口，转动两次或轻轻摇动，使扦样器完全装满种子，再关闭孔口，抽出袋外，将样品装入容器中。

扦样所造成的孔洞，可用扦样器尖端对着孔洞相对方向拨几下，使麻线合并在一起。若为塑料编织袋，可用胶布将洞孔粘贴好。

（二）散装种子扦样法

散装种子是指大于100 kg的种子批（如集装箱）或正在装入容器的种子流。对于散装种子或种子流，应根据散装种子数量确定扦样点数，并随机从种子批不同部位及深度扦取初次样品。每个部位扦取的种子数量应大体相等。表2－4规定的散装种子扦样点数是最低标准。

表2－4 散装种子的扦样点数

种子批大小/kg	扦样点数
≤50	≥3
51～1 500	≥5
1 501～3 000	每300 kg至少扦取1点
3 001～5 000	≥10
5 001～20 000	每500 kg至少扦取1点
20 001～28 000	≥40
28 001～40 000	每700 kg至少扦取1点

资料来源：全国农作物种子标准化技术委员会，1996，《农作物种子检验规程　扦样》（GB/T 3543.2—1995）。

根据扦样点既要有水平分布，又要有垂直分布的原则，将这些扦样点均匀地设在种子堆的不同部位（注意顶层10～15 cm、底层10～15 cm不扦，扦样点距离墙壁应30～50 cm）。按照扦样点的位置和层次逐点逐层进行，先扦上层，次扦中层，后扦下层。这样可避免先扦下层时使上层种子混入下层，影响扦样的正确性。

长柄短筒圆锥形扦样器由长柄与扦样筒组成。扦样筒由圆锥体、套筒、进种门、活动塞、定位销等部分构成。使用时先将扦样器清理干净，旋紧螺丝，关闭进种门，再以30°的倾斜角度插入种子堆内，到达一定深度后，用力向上一拉，使活动塞离开进种门，略微震动，使种子掉入，然后抽出扦样器。扦取水稻种子时，每次大约25 g，麦类约30 g。这种扦样器的优点是扦头小，容易插入，省力，同时因柄长，可扦取深层的种子。

圆锥形扦样器为垂直或略微倾斜插入种子堆中，压紧铁轴，使套筒盖盖住套筒，达到一定深度后，拉上铁轴，使套筒盖升起，略微震动，使种子掉入套筒内，然后抽出扦样器。这种扦样器适用于玉米、稻、麦等大中粒散装种子的扦样。每次扦取水稻约100 g，小麦约150 g。这种扦样器的优点是每次扦样的数量比较多。

任务三 样品的配制与处理

•【知识目标】

了解分样器的使用方法，掌握送验样品的配制与处理方法。

•【技能目标】

能够熟练使用各种分样器，能够熟练完成四分法分样，能够正确分取送验样品并对样品进行合理的保存。

一、混合样品的配制

将扦取的初次样品放入样品盛放器中组成混合样品。在将初次样品混合之前，先将它们分别倒在样品布上或样品盘内，仔细观察，比较这些初次样品在形态、颜色、光泽、水分及其他品质方面有无显著差异，无显著差异的初次样品才能合并成混合样品。若发现有些初次样品的品质有显著差异，应把这部分种子从该批种子中分出，作为另一个种子批单独扦取混合样品；如不能将品质有差异的种子从这一批种子中分出，则需要把整批种子经过必要的处理（如清选、干燥或翻仓等）后扦样。

二、送验样品的配制与处理

（一）送验样品的配制

送验样品是在混合样品的基础上配制而成的。当混合样品的数量与送验样品规定的数量相等时，即可将混合样品作为送验样品。当混合样品数量较多时，需从中分出规定数量的送验样品。

1. 送验样品的最低质量 针对不同的检验项目，送验样品的数量不同，在种子检验规程中规定了以下 3 种情况下的送验样品的最低质量。

（1）水分测定时，需磨碎的种类送验样品不得低于 100 g，不需要磨碎的种类为 50 g。

（2）品种纯度测定按照表 2－5 的规定。

表 2－5 品种纯度测定的送验样品质量

种类	限于实验室测定/g	田间小区及实验室测定/g
豌豆属、菜豆属、蚕豆属、玉米属、大豆属及种子大小类似的其他属	1 000	2 000
水稻属、大麦属、燕麦属、小麦属、黑麦属及种子大小类似的其他属	500	1 000
甜菜属及种子大小类似的其他属	250	500
所有其他属	100	250

资料来源：全国农作物种子标准化技术委员会，1996，《农作物种子检验规程 真实性和品种纯度鉴定》（GB/T 3543.5—1995）。

（3）所有其他项目测定，按表 2－1 送验样品规定的最小质量。但大田作物和蔬菜种子的特殊品种、杂交种等的种子批允许用较小的送验样品数量。如果不进行其他植物种子的数目测定，送验样品应至少达到表 2－1 净度分析所规定的试验样品的质量，并在结果报告单上加以说明。

2. 送验样品的分取 当混合样品数量较多时，应使用分样器或分样板经多次对分法或抽取递减法分取供各项测定用的试验样品，其质量必须与规定质量一致。对重复样品须独立分取，在分取第一份试样后，第二份试样或半试样须在送验样品一分为二的另一部分中分取。常用的分样器有钟鼎式分样器、横格式分样器和离心式分样器等（图 2－2）。

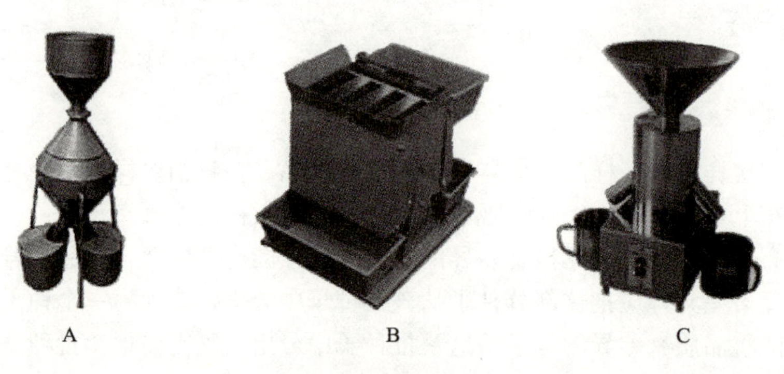

A　　B　　C

图 2－2　常见分样器

A. 钟鼎式分样器　B. 横格式分样器　C. 离心式分样器

（杨念福，2016. 种子检验技术）

使用钟鼎式分样器分样时，应先将分样器清理干净，关好活门，将样品倒入漏斗内并摊平，出口处正对盛接器，用手很快拨开漏斗下面的活门，使样品迅速下落，再将两个盛样器的样品同时倒入漏斗，继续混合 2～3 次，然后取其中一个盛样器按上述方法继续分取，直到达到规定质量为止。

使用横格式分样器分样时，先将盛接槽、倾倒槽等清理干净，并将其放在合适的位置，分样时先将种子倒入倾倒槽内并摊平，迅速翻转倾倒槽，使种子落入漏斗内，经过两组格子分两路落入盛接槽，即将样品一分为二。

离心式分样器应用离心力混合散布种子在分离面上。在这种分样器中，种子向下流动，经过漏斗到达浅橡皮杯或旋转器内，由马达带动旋转器，种子即由于离心力抛出落下。种子落下的圆周或面积由固定的隔板分成相等的两部分，因此，大约一半种子流到一出口，其余一半流到另一出口。

（二）送验样品的处理

为防止样品在运输过程中损坏，必须包装好。样品必须由扦样员（检验员）尽快送到种子检验机构，不得延误。在下列两种情况下，样品应装入防湿容器内：一是供水分测定用的送验样品；二是种子批水分较低，并已装入防湿容器内。在其他情况下，与发芽试验有关的送验样品不应装入密闭防湿容器内，可用布袋或纸袋包装。经过化学处理的种子，须将处理药剂的名称写清送交种子检验机构。每个送验样品须有记号，并附有扦样证明书（表 2－6）。

所有送验样品包装袋都必须严格封缄以防止调换，并给予特别的标识或编号，以能清楚地表明样品与其所代表的种子批之间的对应关系。同时，送验样品还应附有其他必要的信息，包括扦样者和被扦者名称、种子批号、扦样日期、植物种和品种名称、种子批质量和容器数目、待检验项目以及其他与扦样有关的情况说明。

送验样品送到检验室后，首先要进行验收，检查样品包装、封缄是否完整，质量是否符合标准等。验收合格后进行登记。

三、样品的保存

收到样品后，应从速进行检验，因为样品在实验室保存条件下，种子含水量可能会在贮藏期间随着室内温度、湿度的变化而发生改变；另外，贮藏也可能引起种子休眠特性发生变化。如果不能及时检验，须将样品保存在凉爽和通风良好的样品贮藏室内，尽量使种子质量的变化降到最低限度。为了便于复检，检验后的样品应当在能控制温度、湿度的专用房间存放一段时间，通常是1年。

表2-6 种子扦样证明书

受检单位名称	名 称		
	地 址		
	电 话		
生产单位			
种子存放地点			
作物种类		种子批号	
品种名称		批重	
种子级别		批件数	
种子存放方式		送验样品编号	
扦样日期		送验样品质量	
收获年份			
检验项目			
备注或说明			

扦样人员： 保管员：

检验部门（盖章） 受检单位（盖章）

任务四 包衣种子扦样

●【知识目标】

了解包衣种子的定义，掌握包衣种子种子批的划分及送验样品的大小。

●【技能目标】

能够正确对包衣种子进行种子批的划分，能够完成包衣种子的扦样和送验样品的分取。

一、种子批大小

（一）包衣种子的定义

包衣种子是泛指经过各种处理（采用某种方法将其他非种子材料包裹在种子外面）的种子。包括丸化种子、包膜种子、种子带和种子毯等。由于包衣种子难以按农作物种子检验规程所规定的方法直接进行测定，为了获得包衣种子有重演性播种价值的结果，就此作出相应的规定。

1. 丸化种子 为了精量播种，整批种子通常做成在大小和形状上没有明显差异的单粒球状种子单位。丸化种子添加的丸粒物质可能含有杀虫剂、染料或其他添加剂。

2. 包膜种子 种子形状类似于原来的种子单位，其大小和质量变化范围可大可小。包衣物质可能含有杀虫剂、杀菌剂、染料或其他添加剂。

3. 种子毯 种子随机呈条状、簇状或散布在整片宽而薄的毯状材料（如纸或其他低级材料）上。

4. 种子带 种子随机呈簇状或单行排列在狭带的材料（如纸或其他低级材料）上。

（二）包衣种子种子批大小

如果包衣种子种子批无异质性，种子批的最大质量可与表 2－1 中所规定的最大质量相同，种子批质量（包括各种丸衣材料或薄膜）不得超过 42 t（即 40 t 再加上 5％的容许差距）。种子粒数最大为 10 亿粒（即 1 万个单位，每个单位为 10 万粒种子）。以单位粒数划分种子批大小的，应注明种子批质量。

二、样品的大小

送验样品不得少于表 2－7 和表 2－8 所规定的丸化粒数或种子粒数。种子带按 GB/T 3543.2—1995 所规定的方法随机扦取若干包或剪取若干片段。如果成卷的种子带所含种子达到 200 万粒，就可组合成一个基本单位（即视为一个容器）。如果样品较少，应在报告上注明。

三、样品的分取

由于包衣种子送验样品所含的种子数比没有包衣种子的相同样品要少一些，所以在扦样时必须特别注意所扦取的样品能保证代表种子批。在扦样、处理及运输过程中，必须注意避免包衣材料的脱落，并且必须将样品装在适当容器内寄送。

包衣种子在进行试验样品的分取时，试验样品不应少于表 2－7 和表 2－8 所规定的丸化粒数或种子数。如果样品较少，则应在报告上注明。

丸化种子可用上述的分样器（图 2－2）进行分样，但种子落下距离绝不能超过 250 mm。

表 2－7 丸化与包膜种子的样品大小

项目	送验样品/粒	试验样品/粒
净度分析	≥7 500	≥2 500
质量测定	≥7 500	净丸化种子
发芽试验	≥7 500	≥400

（续）

项目	送验样品/粒	试验样品/粒
其他植物种子数目测定		
丸化种子	≥10 000	≥7 500
包膜种子	≥25 000	≥25 000
大小分级	≥10 000	≥2 000

资料来源：全国农作物种子标准化技术委员会，1996，《农作物种子检验规程 其他项目检验》(GB/T 3543.7—1995)。

表 2-8 种子带的样品大小

项目	送验样品/粒	试验样品/粒
种的鉴定	≥2 500	≥100
发芽试验	≥2 500	≥400
净度分析	≥2 500	≥2 500
其他植物种子数目测定	≥10 000	≥7 500

资料来源：全国农作物种子标准化技术委员会，1996，《农作物种子检验规程 其他项目检验》(GB/T 3543.7—1995)。

拓展阅读

农作物薄膜包衣种子技术条件

一、薄膜包衣种子

薄膜包衣种子（Film Coating Seed）是指在包衣机械的作用下，将种衣剂均匀地包裹在种子表面并形成一层膜衣的种子。

薄膜包衣种子的纯度、净度、水分和发芽率质量指标执行 GB 4404.1—2008、GB 4404.2—2010、GB 4407.1—2008 规定。薄膜包衣种子所使用的种衣剂产品应具有农药登记证号和生产批准证号，其农药有效成分含量和薄膜包衣种子药种比应符合种衣剂产品说明中的规定，包衣合格率质量指标见表 2-9。

表 2-9 薄膜包衣种子包衣合格率质量指标

项目	小麦	玉米（杂交种）	高粱（杂交种）	谷子	大豆	水稻（杂交种）	棉花
包衣合格率/%	≥95	≥95	≥95	≥85	≥94	≥88	≥94

资料来源：全国农作物种子标准化技术委员会，2009，《农作物薄膜包衣种子技术条件》(GB/T 15671—2009)。

二、包衣合格率检验

从混合样品中随机取试样 3 份，每份 200 粒，用放大镜目测观察每粒种子。凡表面膜衣覆盖面积不小于 80%者为合格薄膜包衣种子，数出合格薄膜包衣种子粒数，按下式计算，将结果记入表 2-10。

$$H = (h/200) \times 100\%$$

式中：H——薄膜包衣种子合格率（%）；

h——样品中合格薄膜包衣种子粒数。

表 2-10 薄膜包衣种子包衣合格率测定结果

<table>
<tr><th rowspan="2">项目</th><th colspan="4">取样次数</th></tr>
<tr><th>1</th><th>2</th><th>3</th><th>平均</th></tr>
<tr><td>合格籽粒/粒</td><td></td><td></td><td></td><td></td></tr>
<tr><td>合格率/%</td><td></td><td></td><td></td><td></td></tr>
</table>

检测人＿＿＿＿＿＿检测日期＿＿＿＿＿＿

资料来源：全国农作物种子标准化技术委员会，2009，《农作物薄膜包衣种子技术条件》（GB/T 15671—2009）。

扦样单和薄膜包衣种子检验结果报告单如表 2-11 和表 2-12 所示。

表 2-11 扦样单

字第　　号

<table>
<tr><td>受检单位名称</td><td colspan="3"></td></tr>
<tr><td>种子存放地点</td><td></td><td>作物种类</td><td></td></tr>
<tr><td>品种名称</td><td></td><td>批号</td><td></td></tr>
<tr><td>批量</td><td></td><td>批件数</td><td></td></tr>
<tr><td>扦样质量/g</td><td></td><td>样品编号</td><td></td></tr>
<tr><td>种衣剂生产企业名称</td><td></td><td>药种比</td><td></td></tr>
<tr><td>种衣剂剂型</td><td></td><td>包衣时间</td><td></td></tr>
<tr><td>种衣剂有效成分含量/%</td><td></td><td>需检验项目</td><td></td></tr>
<tr><td>备注或说明</td><td colspan="3"></td></tr>
</table>

扦样员：　　　　　　　　　　　　负责人：

检验部门（盖章）：　　　　　　　受检单位（盖章）：

年　月　日

资料来源：全国农作物种子标准化技术委员会，2009，《农作物薄膜包衣种子技术条件》（GB/T 15671—2009）。

表 2-12 薄膜包衣种子检验结果报告单

字第　　号

<table>
<tr><td colspan="2">送检单位</td><td></td><td>样品编号</td><td></td></tr>
<tr><td colspan="2">作物及品种名称</td><td></td><td>送样日期</td><td></td></tr>
<tr><td colspan="2">种衣剂生产企业名称</td><td></td><td>种衣剂剂型</td><td></td></tr>
<tr><td colspan="2">剂型有效成分含量/%</td><td></td><td>药种比</td><td></td></tr>
<tr><td rowspan="3">检验结果</td><td>纯度/%</td><td></td><td>包衣合格率/%</td><td></td></tr>
<tr><td>净度/%</td><td></td><td>发芽率/%</td><td></td></tr>
<tr><td>水分/%</td><td></td><td></td><td></td></tr>
<tr><td>备注</td><td colspan="4"></td></tr>
</table>

检验部门（盖章）：　　　　　　　检验员（签字）：

检验日期：　　　年　　月　　日

资料来源：全国农作物种子标准化技术委员会，2009，《农作物薄膜包衣种子技术条件》（GB/T 15671—2009）。

技能训练

技能训练1 扦样技术

一、实训目的

能够根据种子堆放方式、种子的形状、大小正确选用扦样器，能够根据种子批大小及堆放方式决定扦样的点数和扦样部位，掌握不同堆放方式种子的扦样技术。

二、材料用具

1. 材料 袋装作物种子。

2. 用具 扦样器（单管、双管等）、样品袋、标签、手套等。

三、方法步骤

1. 袋装种子扦样法 参考项目二任务二扦取初次样品方法里的袋装种子扦样法。

2. 小包装种子扦样法 小包装种子是指在一定量值范围内，装在小容器（如金属罐、纸盒）中的定量包装，其质量的量值范围规定等于或小于15 kg。

扦样采用以100 kg质量的种子作为扦样的基本单位。小容器合并组成基本单位，基本单位总质量不超过100 kg。将每个基本单位视为一个“袋装”，然后按表2-3确定扦样频率。

对于装在小型或防潮容器中的种子，应在种子装入容器前扦取，否则应把规定数量的容器打开或穿孔取得初次样品。

对于质量只有200 g、100 g、50 g或更小的种子，则可直接取一个小包装作为初次样品，并根据表2-1规定的送验样品数量来确定袋数，随机从种子批中抽取。

3. 散装种子扦样法 参考项目二任务二扦取初次样品方法里的散装种子扦样法。

4. 包衣种子扦样法 丸化种子和包膜种子的扦样按表2-3，种子带如果是散装按表2-4，如果以包或卷（即种子带片段）的形式包装，则将含有200万粒（即20个单位，每单位10万粒种子）种子的种子带凑成一个基本单位，即视为一个“容器”再按表2-3抽取。

5. 徒手扦样法 合拢手指，紧握种子，以免种子漏掉；棉花、花生等种子可采用倒包徒手扦样，其方法是：拆开袋缝线，两手掀起袋底两角，袋身倾斜45°角，徐徐后退1 m，将全部种子倒在清洁的塑料布或帆布上，使种子保持原袋中的层次，然后在上、中、下三点徒手扦取初次样品。

6. 种子流扦样法 利用自动扦样器可定时从种子流动带的加工线上扦取样品，并可调节数量和间隔时间，其程序为：

（1）采用自动扦样器扦样，种子流须是一致的和连续的。

（2）不同种子批的扦样器必须清洁，必要时应重装。

（3）扦样员定期对扦样器进行校准和确认。

手工方法的程序为：

(1) 从种子流中取得初次样品，放入一个横截面宽于种子流的容器，不允许种子进入扦样器后反弹出来。

(2) 确定扦样器和盛样器干净。

(3) 在进行种子取样时以相同的间隔扦取初次样品，确保种子样品有代表性。

种子扦样数量见表 2-13 和表 2-14。

表 2-13 容量为 15～100 kg 的多容器种子批最低扦样频率

容器数目	扦取初次样品的最低数目
1～4 个容器	每个容器扦取 3 个初次样品
5～8 个容器	每个容器扦取 2 个初次样品
9～15 个容器	每个容器扦取 1 个初次样品
16～30 个容器	种子批中扦取 15 个初次样品
31～59 个容器	种子批中扦取 20 个初次样品
60 个或更多容器	种子批中扦取 30 个初次样品

资料来源：杨念福，2016，种子检验技术。

表 2-14 从大于 100 kg 容器的种子批或正在装入容器的种子流中取样的最低扦样频率

种子批大小/kg	扦取初次样品的数目
≤500	至少扦取 5 个初次样品
501～3 000	每 300 kg 扦取 1 个初次样品，但不得少于 5 个
3 001～20 000	每 500 kg 扦取 1 个初次样品，但不得少于 10 个
≥20 001	每 700 kg 扦取 1 个初次样品，但不得少于 40 个

资料来源：杨念福，2016，种子检验技术。

四、作业

(1) 分小组对某一种子批进行扦样。

(2) 填写表 2-6 种子扦样证明书，并完成实训报告。

五、考核标准

能否正确选择扦样器，扦样点分布及扦样频率是否正确，扦样器使用情况，扦取的初次样品情况。

技能训练 2 分样技术

一、实训目的

在明确不同作物送验样品、试验样品最低质量的基础上，掌握分样器分样技术和徒手分样技术。

二、材料用具

1. 材料 从某一种子批扦取的初次样品。

2. 用具 分样器、分样板、样品袋、胶布、磨口瓶（或密封纸袋）、凡士林、标签、手套等。

三、方法步骤

确认所要分样的作物种子送验样品和试验样品的最低质量。先比较各初次样品在形态、光泽、水分及其他品质方面有无明显差异，无明显差异则将其混合成混合样品。

1. 分样器分样法 检查分样器是否清理干净、放置是否平稳。把两个盛接器放在合适的位置，关好活门，将混合样品倒入分样器，拨开活门，使种子迅速下落至两个盛接器中，再将两个盛接器的样品同时倒入分样器，继续混合 2～3 次，然后取其中一个盛接器按上述方法继续分取，直到达到规定送验样品的质量为止。

2. 徒手分样法 利用四分法分样时，将样品倒在光滑的桌上或玻璃板上，用分样板将样品先纵向混合，再横向混合，重复混合 4～5 次，然后将种子摊平成四方形，厚度为小粒种子不超过1 cm,大粒种子不超过 5 cm。用分样板划两条对角线，使样品分成 4 个三角形，再取两个对顶三角形内的样品继续按上述方法分取，直到两个三角形内的样品接近两份试验样品的质量为止。

将送验样品（或试验样品）放入样品袋并封口，正确填写样品袋上的标签和标识信息。

四、作业

（1）分小组对从某一种子批扦取的初次样品混合成的混合样品进行正确分样。

（2）分小组对某一种子批的送验样品进行分样。

五、考核标准

能正确确认不同作物试验样品的最低质量；能正确使用分样器具且操作规范；徒手分样时程序正确，操作规范；能正确将分得的试验样品（或送验样品）装入样品袋，并封口；能准确填写样品袋上的标签和标识信息。

思维导图

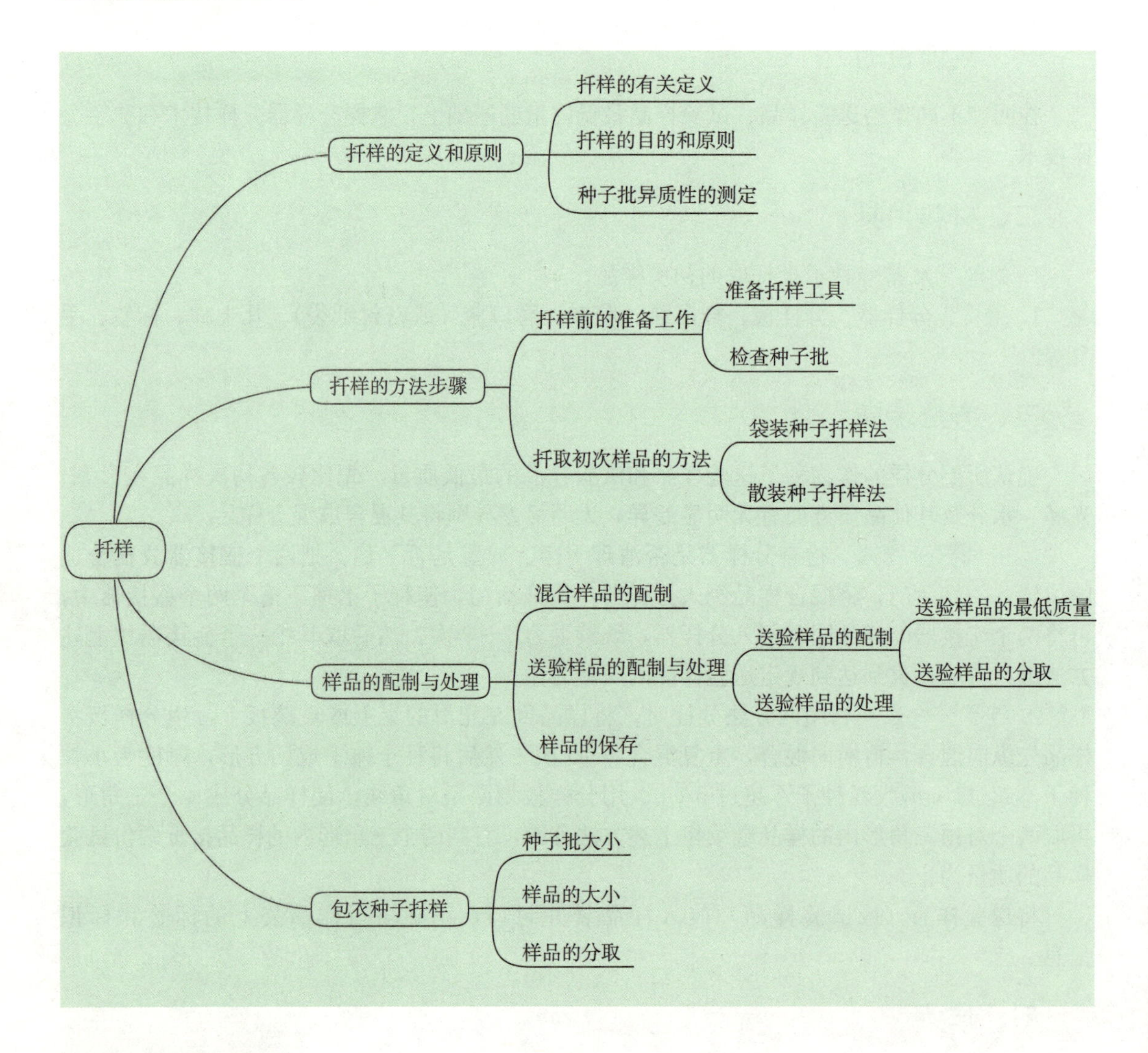

复习思考

1. 扦样的意义有哪些？如何才能扦取到有代表性的样品？
2. 袋装种子和散装种子扦样时有哪些异同？
3. 怎样配制混合样品？
4. 如何进行送验样品的分取？
5. 送验样品应怎样包装？
6. 同一种子批的种子应具备什么条件？
7. 为何扦取的样点要随机？
8. 扦样的条件是什么？

项目三　种子净度分析

项目导读

种子净度为种子质量必检项目，是种子质量四大指标之一。本项目主要介绍了种子净度分析的目的和意义、净度分析的方法步骤、其他植物种子数目的测定、包衣种子净度分析；通过学习与训练让学生掌握种子净度分析的方法和相关仪器的规范操作方法。

任务一　种子净度分析的目的和意义

- 【知识目标】

理解种子净度的概念、净度分析的目的和意义。

- 【技能目标】

掌握种子净度分析的方法。

一、净度分析的目的

种子净度是指种子清洁干净的程度，即种子样品中除去杂质和其他植物种子后，留下的本作物的净种子的质量占分析样品总质量的百分率。种子净度是衡量种子质量的一项重要指标。

净度分析的目的是通过对样品中净种子、其他植物种子、杂质的分析，了解种子批中洁净可利用种子的真实质量，以及其他植物种子、杂质的种类和含量，为种子精选、质量分级提供依据。同时，分离出的净种子为种子质量的进一步分析提供样品。

二、净度分析的意义

种子批内所含杂草、杂质的种类及数量，不仅影响作物的生长发育、种子的安全贮藏，还影响人畜的健康。比如杂草种子、异作物种子在田间与农作物争肥争光；许多杂草还是病虫的中间寄主，致使病虫滋生蔓延，从而影响作物生长发育、降低作物产量和质量；有些有毒杂草种子及植株含有有毒物质，人畜食后会中毒，如毒麦、野豌豆等。通过净度分析可了解种子批的利用价值，避免有害、有毒、检疫性杂草危害农业生产，为进一步精选加工提供依据，提高种子利用率。因此，开展种子净度分析对种子质量评价和利用具有重要意义。

任务二　净度分析的方法步骤

•【知识目标】

理解净种子、其他植物种子、杂质、重型混杂物的概念，明确净度分析的方法、标准与步骤。

•【技能目标】

能够正确识别净种子、其他植物种子、杂质和重型混杂物；能够按种子检验规程的要求完成种子净度分析、结果计算与报告；学会相关仪器的操作方法。

一、净度分析的方法与标准

净度分析结果是否正确可信，关键在于能否正确掌握鉴别净种子、其他植物种子和杂质的标准。由于对样品中各成分，特别是净种子的鉴别标准不同，其分析效果和分析效率就有很大不同。种子净度分析有精确法和快速法两种。

精确法又称严法，它将试样分为好种子、废种子、有生命杂质和无生命杂质，且对好种子的要求较严格，只有从外观上判断有可能发芽的种子才列为好种子。此法的特点是技术复杂、主观性大、分析费时、对好种子的标准把握较难、分析结果误差大。

快速法又称宽法，它将试样分为净种子、其他植物种子和杂质 3 种成分。特点是对净种子的区分界限明确、技术简单、主观性小、分析省时、分析结果误差小。我国现行的《农作物种子检验规程》（GB/T 3543.1～3543.7—1995）就采用此法作为标准。

（一）净种子

净种子是指送验者所叙述的种，包括该种的全部植物学变种和栽培品种，符合净种子定义要求的种子单位或构造。

下列构造凡能明确地鉴别出它们属于所分析的种，即使是未成熟的、瘦小的、皱缩的、带病的或发过芽的种子单位都应作为净种子（已变成菌核、黑穗病孢子团或者线虫瘿除外）。

1. 完整的种子单位　种子单位即通常所见的传播单位，包括真种子、瘦果、类似的果实、分果和小花。各个属或种按表 3－1 净种子的定义来确定。禾本科中复粒种子单位如果是小花，则须带有 1 个明显含有胚乳的颖果或裸粒颖果（缺少内外稃）。

2. 破损率＜1/2 的种子　破损率＜1/2 的种子，即使无胚也是净种子；破损率≥1/2，即使有胚也为杂质。

3. 特殊情况　根据上述原则，在个别的属或种中有一些例外，如下面几种情况。

（1）豆科、十字花科、松科、柏科，其种皮完全脱落的种子单位应列为杂质。

（2）即使有胚芽和胚根的胚中轴，并超过原来大小一半的附属种皮，豆科种子单位的分离子叶也列为杂质。

（3）甜菜属复胚种子超过一定大小的种子单位列为净种子，但单胚品种除外。

（4）在燕麦属和高粱属中，附着的不育小花不需除去而列为净种子。

表 3-1 主要作物的净种子鉴定标准（定义）

序号	属名	净种子标准（定义）
1	大麻属、茼蒿属、菠菜属	（1）瘦果，但明显没有种子的除外。 （2）破损率≤1/2 瘦果，但明显没有种子的除外。 （3）果皮/种皮部分或全部脱落的种子。 （4）破损率≤1/2，果皮/种皮部分或全部脱落的种子
2	荞麦属、大黄属	（1）有或无花被的瘦果，但明显没有种子的除外。 （2）破损率≤1/2 瘦果，但明显没有种子的除外。 （3）果皮/种皮部分或全部脱落的种子。 （4）破损率≤1/2，果皮/种皮部分或全部脱落的种子
3	红花属、向日葵属、莴苣属、鸦葱属、婆罗门参属	（1）有或无喙（冠毛或喙和冠毛）的瘦果（向日葵仅指有或无冠毛），但明显没有种子的除外。 （2）破损率≤1/2 瘦果，但明显没有种子的除外。 （3）果皮/种皮部分或全部脱落的种子。 （4）破损率≤1/2，果皮/种皮部分或全部脱落的种子
4	葱属、苋属、花生属、石刁柏属、黄芪属（紫云英属）、冬瓜属、芸薹属、木豆属、刀豆属、辣椒属、西瓜属、黄麻属、猪屎豆属、甜瓜属、南瓜属、扁豆属、大豆属、木槿属、甘薯属、葫芦属、亚麻属、丝瓜属、番茄属、苜蓿属、草木樨属、苦瓜属、豆瓣菜属、烟草属、菜豆属、酸浆属、豌豆属、马齿苋属、萝卜属、芝麻属、田菁属、茄属、巢菜属、豇豆属	（1）有或无种皮的种子。 （2）破损率≤1/2，有或无种皮的种子。 （3）豆科、十字花科，其种皮完全脱落的种子单位应列为杂质。 （4）即使有胚中轴、破损率≤1/2 的附属种皮，豆科种子单位的分离子叶也列为杂质
5	棉属	（1）有或无种皮、有或无茸毛的种子。 （2）破损率≤1/2，有或无种皮的种子
6	蓖麻属	（1）有或无种皮、有或无种阜的种子。 （2）破损率≤1/2，有或无种皮的种子
7	芹属、芫荽属、胡萝卜属、茴香属、欧防风属、欧芹属、茴芹属	（1）有或无花梗的分果/分果爿，但明显没有种子的除外。 （2）破损率≤1/2 分果爿，但明显没有种子的除外。 （3）果皮部分或全部脱落的种子。 （4）破损率≤1/2，果皮部分或全部脱落的种子
8	大麦属	（1）有内外稃包着颖果的小花，当芒长超过小花长度时，须将芒除去。 （2）破损率≤1/2，含有颖果的小花。 （3）颖果。 （4）破损率≤1/2 颖果
9	黍属、狗尾草属	（1）有颖片、内外稃包着颖果的小穗，并附有不孕外稃。 （2）有内外稃包着颖果的小花。 （3）颖果。 （4）破损率≤1/2 颖果

（续）

序号	属名	净种子标准（定义）
10	稻属	（1）有颖片、内外稃包着颖果的小穗，当芒长超过小花长度时，须将芒除去。 （2）有或无不孕外稃、有内外稃包着颖果的小花，当芒长超过小花长度时，须将芒除去。 （3）有内外稃包着稃果的小花，当芒长超过小花长度时，须将芒除去。 （4）颖果。 （5）破损率≤1/2 颖果
11	黑麦属、小麦属、小黑麦属、玉米属	（1）颖果。 （2）破损率≤1/2 颖果
12	燕麦属	（1）有内外稃包着颖果的小穗，有或无芒，可附有不育小花。 （2）有内外稃包着颖果的小花，有或无芒。 （3）颖果。 （4）破损率≤1/2 颖果。 注：①由两个可育小花构成的小穗，要把它们分开；②当外部不育小花的外稃部分地包着内部可育小花时，这样的单位不必分开；③从着生点除去小柄；④把仅含有子房的单个小花列为杂质
13	高粱属	（1）有颖片、透明状的外稃或内稃（内外稃也可缺乏）包着颖果的小穗，有穗轴节片、花梗、芒，附有不育或可育小花。 （2）有内外稃的小花，有或无芒。 （3）颖果。 （4）破损率≤1/2 颖果
14	甜菜属	（1）复胚种子：用筛孔为 1.5 mm×20 mm 的 200 mm×300 mm 的长方形筛子筛理 1 min 后留在筛上的种球或破损种球（包括从种球突出长度不超过种球宽度的附着断柄），不管其中有无种子。 （2）遗传单胚：种球或破损种球（包括从种球突出长度不超过种球宽度的附着断柄），但明显没有种子的除外。 （3）果皮/种皮部分或全部脱落的种子。 （4）破损率≤1/2，果皮/种皮部分或全部脱落的种子。 注：当断柄突出长度超过种球的宽度时，须将整个断柄除去
15	薏苡属	（1）包在珠状小总苞中的小穗（一个可育，两个不育）。 （2）颖果。 （3）破损率≤1/2 颖果
16	罗勒属	（1）小坚果，但明显无种子的除外。 （2）破损率≤1/2 小坚果，但明显无种子的除外。 （3）果皮/种皮部分或完全脱落的种子。 （4）破损率≤1/2，果皮/种皮部分或完全脱落的种子
17	番杏属	（1）包有花被的类似坚果的果实，但明显无种子的除外。 （2）破损率≤1/2 果实，但明显无种子的除外。 （3）果皮/种皮部分或完全脱落的种子。 （4）破损率≤1/2，果皮/种皮部分或完全脱落的种子

资料来源：全国农作物种子标准化技术委员会，1996，《农作物种子检验规程　净度分析》（GB/T 3543.3—1995）。

（二）其他植物种子

其他植物种子是指净种子以外的任何植物种类的种子单位（包括其他作物种子和杂草种子），其鉴别标准与净种子的标准基本相同。但甜菜属种子单位作为其他植物种子时不必筛选，可用遗传单胚的净种子定义。

（三）杂质

杂质是指除净种子和其他植物种子以外的所有种子单位、其他物质及构造。如以下情况：

（1）明显不含真种子的种子单位。

（2）甜菜属复胚种子单位大小未达到净种子定义规定的最低大小的。

（3）破裂或受损伤种子单位的碎片小于等于原来大小的 1/2。

（4）按净种子的定义，不将这些附属物作为净种子部分或定义中尚未提及的附属物。

（5）种皮完全脱落的豆科、十字花科的种子。

（6）脆而易碎，呈灰白、乳白色的菟丝子种子。

（7）脱下的不育小花、空的颖片、内外稃、稃壳、茎叶、球果、鳞片、果翅、树皮碎片、花、线虫瘿、真菌体（如麦角、菌核、黑穗病孢子团）、泥土、砂粒、石砾及所有其他非种子物质。

二、净度分析的步骤

（一）重型混杂物的检查

在送验样品（或至少是净度分析试样质量的 10 倍）中，若有与供检种子在大小或质量上明显不同且严重影响结果的混杂物（如土块、小石块或小粒种子中混有大粒种子等），应先挑出这些重型混杂物并称量，再将重型混杂物分离为其他植物种子和杂质。

（二）试样分取

净度分析试验样品应按规定方法从送验样品中分取。试验样品应估计至少含有 2 500 个种子单位的质量或不少于规定的质量（表 2－1）。净度分析可用规定质量的一份试样或两份半试样（半试样即试样质量的一半）进行分析。试验样品须称量，以克表示，精确至表 3－2 所规定的小数位数，以满足计算各种成分的百分率达到 1 位小数的要求。

表 3－2　试样称量的精确度

试样或半试样及其成分质量/g	称量精度至下列小数位数
<1.000 0	4
1.000～9.999	3
10.00～99.99	2
100.0～999.9	1
≥1 000	0

资料来源：全国农作物种子标准化技术委员会，1996，《农作物种子检验规程　净度分析》（GB/T 3543.3—1995）。

（三）试样分析

试样称量后，应借助一定的仪器将样品分为净种子、其他植物种子和杂质。通常使用的仪器有放大镜、筛子和吹风机等。也可用镊子施压，在不损伤发芽力的基础上进行检查。放大镜和双目解剖镜可用于鉴定和分离小粒种子单位和碎片。反射光可用于禾本科可育小花和不育小花的分离以及线虫瘿和真菌体的检查。筛子可用于分离样品中的茎叶碎片、土壤和其他细小颗粒，一般由上、下两层组成，上层为大孔筛，下层为小孔筛。种子吹风机可用于从较重的种子中分离出较轻的杂质，如皮壳及禾本科牧草的空小花。吹风机仅用于处理少量样品（质量 1～5 g）。为得到精确的结果，吹风机气流应均匀一致；吹风机还可以调节不同的风力，能很快调节到大致所需的压力，可准确定时。

样品分析时最好用电动筛选器筛选 2 min（规定用吹风机测定的除外），细小的泥土、砂粒、碎屑等杂质及细小植物种子等落入小孔筛；留在上层筛内的有茎、叶、稃壳及较大的其他植物种子等。筛理后按净种子的定义对各层筛上物仔细分析，将净种子、其他植物种子、杂质分别放入相应的容器。当不同植物种之间区别困难或不可能区别时，则填报属名，该属的全部种子均为净种子，并附加说明。当分析瘦果、分果、分果爿等果实和种子时（禾本科除外），只从表面加以检查，不用施压，也不用放大镜、透视仪或其他特殊的仪器。从表面发现其中明显无种子的，则把它列入杂质。对于损伤种子，如果没有明显地伤及种皮或果皮，则不管是空瘪或充实，均作为净种子或其他植物种子；若种皮或果皮有一裂口，必须判断留下的部分是否超过原来大小的一半，如果不能迅速做出决定，则将种子单位列为净种子或其他植物种子。分离后各成分分别称量。

(四) 结果计算与报告

1. 结果计算 分析结束后将净种子、其他植物种子和杂质分别称量。称量精确度与试样称量时相同。然后将各成分质量之和与原试样质量进行比较，核对分析期间物质有无增失。如果增失超过原试样质量的 5%，必须重做；如果增失小于等于原试样质量的 5%，则计算净种子百分率（P_1）、其他植物种子百分率（OS_1）、杂质百分率（I_1）。计算时应注意 3 点：①各成分百分率的计算应以分析后各种成分的质量之和为分母，而不以试样原来的质量为分母；②若分析的是全试样，各成分质量百分率应计算到 1 位小数，若分析的是半试样，各成分的质量百分率应计算到 2 位小数；③净度分析结果的平均值是加权平均值。送验样品有重型混杂物时，最后净度分析结果应按如下公式计算：

$$m = m_1 + m_2$$

净种子：
$$P_2 = P_1 \times \frac{M-m}{M}$$

其他植物种子：
$$OS_2 = OS_1 \times \frac{M-m}{M} + \frac{m_1}{M} \times 100\%$$

杂质：
$$I_2 = I_1 \times \frac{M-m}{M} + \frac{m_2}{M} \times 100\%$$

式中：M——送验样品的质量（g）；

m——重型混杂物的质量（g）；

m_1——重型混杂物中其他植物种子的质量（g）；

m_2——重型混杂物中杂质的质量（g）；

P_1——除去重型混杂物后的净种子含量（%）；

I_1——除去重型混杂物后的杂质含量（%）；

OS_1——除去重型混杂物后的其他植物种子含量（%）。

如果净度分析为2份半试样或2份全试样，P_1、I_1和OS_1分别为两重复百分率的平均值。

最后应检查：$P_2+I_2+OS_2=100.0\%$。

2. 容许差距

（1）半试样。如果分析是两份半试样，分析后任一成分的相差不得超过表3-3第3列或第4列中所示的重复分析间的容许差距。若所有成分的实际差距都在容许范围内，则计算各成分的平均值。如果差距超过容许范围，则按下列程序处理：①再重新分析成对样品，直到1对数值在容许范围内为止（但全部分析不必超过4对）；②凡1对间的相差超过容许差距的两倍，均略去不计；③各种成分百分率的最后记录，应用全部保留的几对加权平均数计算。

（2）全试样。如在某种情况下有必要分析第2份试样时，两份试样各成分的实际差距不得超过表3-3第5列或第6列中的容许差距。若所有成分都在容许范围内，取其平均值。如超过则再分析一份试样，若分析后的最高值和最低值差异没有大于容许误差的两倍，填报三者的平均值。如果这些结果中的一次或几次显然是由于差错而不是由于随机差异所引起的，需将不准确的结果除去。

（3）最终结果的修正。各种成分的最终结果应保留1位小数，其和应为100.0%，否则应在最大的百分率上加上或减去不足或超过的数（修正值），使最终各成分之和为100%。如果其和是99.9%或100.1%，则从最大值（通常是净种子部分）增减0.1%。如果修约值大于0.1%，则应检查计算有无差错。

3. 结果报告　净种子、其他植物种子和杂质的百分率必须填在检验证书规定的空格内。若一种成分的结果为零，须在适当空格内用“—0.0—”表示。若一种成分少于0.05%，则填报“微量”。

若需将净度分析结果（x）与规定值（α）相比较，其容许差距见表3-4。

如果$|\alpha-x|\geqslant$容许差距，则结果不符合规定结果。

若进行核对检查，则用表3-5。

表3-3　同一实验室内同一送验样品净度分析的容许差距

（5%显著水平的两尾测定）

两次分析结果平均		不同测定之间的容许差距			
		半试样		试样	
≥50%	<50%	无稃壳种子	有稃壳种子	无稃壳种子	有稃壳种子
99.95～100.00	0.00～0.04	0.20	0.23	0.1	0.2
99.90～99.94	0.05～0.09	0.33	0.34	0.2	0.2
99.85～99.89	0.10～0.14	0.40	0.42	0.3	0.3
99.80～99.84	0.15～0.19	0.47	0.49	0.3	0.4
99.75～99.79	0.20～0.24	0.51	0.55	0.4	0.4
99.70～99.74	0.25～0.29	0.55	0.59	0.4	0.4
99.65～99.69	0.30～0.34	0.61	0.65	0.4	0.5
99.60～99.64	0.35～0.39	0.65	0.69	0.5	0.5

（续）

两次分析结果平均		不同测定之间的容许差距			
		半 试 样		试 样	
≥50%	<50%	无稃壳种子	有稃壳种子	无稃壳种子	有稃壳种子
99.55～99.59	0.40～0.44	0.68	0.74	0.5	0.5
99.50～99.54	0.45～0.49	0.72	0.76	0.5	0.5
99.40～99.49	0.50～0.59	0.76	0.80	0.5	0.6
99.30～99.39	0.60～0.69	0.83	0.89	0.6	0.6
99.20～99.29	0.70～0.79	0.89	0.95	0.6	0.7
99.10～99.19	0.80～0.89	0.95	1.00	0.7	0.7
99.00～99.09	0.90～0.99	1.00	1.06	0.7	0.8
98.75～98.99	1.00～1.24	1.07	1.15	0.8	0.8
98.50～98.74	1.25～1.49	1.19	1.26	0.8	0.9
99.25～98.49	1.50～1.74	1.29	1.37	0.9	1.0
98.00～98.24	1.75～1.99	1.37	1.47	1.0	1.0
97.75～97.99	2.00～2.24	1.44	1.54	1.0	1.1
97.50～97.74	2.25～2.49	1.53	1.63	1.1	1.2
97.25～97.49	2.50～2.74	1.60	1.70	1.1	1.2
97.00～97.24	2.75～2.99	1.67	1.78	1.2	1.3
96.50～96.99	3.00～3.49	1.77	1.88	1.3	1.3
96.00～96.49	3.50～3.99	1.88	1.99	1.3	1.4
95.50～95.99	4.00～4.49	1.99	2.12	1.4	1.5
95.00～95.49	4.50～4.99	2.09	2.22	1.5	1.6
94.00～94.99	5.00～5.99	2.25	2.38	1.6	1.7
93.00～93.99	6.00～6.99	2.43	2.56	1.7	1.8
92.00～92.99	7.00～7.99	2.59	2.73	1.8	1.9
91.00～91.99	8.00～8.99	2.74	2.90	1.9	2.1
90.00～90.99	9.00～9.99	2.88	3.04	2.0	2.2
88.00～89.99	10.00～11.99	3.08	3.25	2.2	2.3
86.00～87.99	12.00～13.99	3.31	3.49	2.3	2.5
84.00～85.99	14.00～15.99	3.52	3.71	2.5	2.6
82.00～83.99	16.00～17.99	3.69	3.90	2.6	2.8
80.00～81.99	18.00～19.99	3.86	4.07	2.7	2.9
78.00～79.99	20.00～21.99	4.00	4.23	2.8	3.0
76.00～77.99	22.00～23.99	4.14	4.37	2.9	3.1
74.00～75.99	24.00～25.99	4.26	4.50	3.0	3.2
72.00～73.99	26.00～27.99	4.37	4.61	3.1	3.3
70.00～71.99	28.00～29.99	4.47	4.71	3.2	3.3

（续）

两次分析结果平均		不同测定之间的容许差距			
		半 试 样		试 样	
≥50%	<50%	无稃壳种子	有稃壳种子	无稃壳种子	有稃壳种子
65.00～69.99	30.00～34.99	4.61	4.86	3.3	3.4
60.00～64.99	35.00～39.99	4.77	5.02	3.4	3.6
50.00～59.99	40.00～49.99	4.89	5.16	3.5	3.7

资料来源：全国农作物种子标准化技术委员会，1996，《农作物种子检验规程 净度分析》(GB/T 3543.3—1995)。

表 3-4 净度分析与标准规定值比较的容许差距

（5%显著水平的一尾测定）

标准规定值		容许差距	
≥50%	<50%	无稃壳种子	有稃壳种子
99.95～100.00	0.00～0.04	0.10	0.11
99.90～99.94	0.05～0.09	0.14	0.16
99.85～99.89	0.10～0.14	0.18	0.21
99.80～99.84	0.15～0.19	0.21	0.24
99.75～99.79	0.20～0.24	0.23	0.27
99.70～99.74	0.25～0.29	0.25	0.30
99.65～99.69	0.30～0.34	0.27	0.32
99.60～99.64	0.35～0.39	0.29	0.34
99.55～99.59	0.40～0.44	0.30	0.35
99.50～99.54	0.45～0.49	0.32	0.38
99.40～99.49	0.50～0.59	0.34	0.41
99.30～99.39	0.60～0.69	0.37	0.44
99.20～99.29	0.70～0.79	0.40	0.47
99.10～99.19	0.80～0.89	0.42	0.50
99.00～99.09	0.90～0.99	0.44	0.52
98.75～98.99	1.00～1.24	0.48	0.57
98.50～98.74	1.25～1.49	0.52	0.62
99.25～98.49	1.50～1.74	0.57	0.67
98.00～98.24	1.75～1.99	0.61	0.72
97.75～97.99	2.00～2.24	0.63	0.75
97.50～97.74	2.25～2.49	0.67	0.79
97.25～97.49	2.50～2.74	0.70	0.83
97.00～97.24	2.75～2.99	0.73	0.86
96.50～96.99	3.00～3.49	0.77	0.91
96.00～96.49	3.50～3.99	0.82	0.97
95.50～95.99	4.00～4.49	0.87	1.02

（续）

标准规定值		容许差距	
≥50%	<50%	无稃壳种子	有稃壳种子
95.00～95.49	4.50～4.99	0.90	1.07
94.00～94.99	5.00～5.99	0.97	1.15
93.00～93.99	6.00～6.99	1.05	1.23
92.00～92.99	7.00～7.99	1.12	1.31
91.00～91.99	8.00～8.99	1.18	1.39
90.00～90.99	9.00～9.99	1.24	1.46
88.00～89.99	10.00～11.99	1.33	1.56
86.00～87.99	12.00～13.99	1.43	1.67
84.00～85.99	14.00～15.99	1.51	1.78
82.00～83.99	16.00～17.99	1.59	1.87
80.00～81.99	18.00～19.99	1.66	1.95
78.00～79.99	20.00～21.99	1.73	2.03
76.00～77.99	22.00～23.99	1.78	2.10
74.00～75.99	24.00～25.99	1.84	2.16
72.00～73.99	26.00～27.99	1.83	2.21
70.00～71.99	28.00～29.99	1.92	2.26
65.00～69.99	30.00～34.99	1.99	2.33
60.00～64.99	35.00～39.99	2.05	2.41
50.00～59.99	40.00～49.99	2.11	2.48

资料来源：全国农作物种子标准化技术委员会，1996，《农作物种子检验规程　净度分析》（GB/T 3543.3—1995）。

表 3-5　同一或不同实验室内进行第二次检验时，两个不同送验样品间净度分析的容许差距

（1%显著水平的两尾测定）

两次结果平均		容许差距	
≥50%	<50%	无稃壳种子	有稃壳种子
99.95～100.00	0.00～0.04	0.18	0.21
99.90～99.94	0.05～0.09	0.28	0.32
99.85～99.89	0.10～0.14	0.34	0.40
99.80～99.84	0.15～0.19	0.40	0.47
99.75～99.79	0.20～0.24	0.44	0.53
99.70～99.74	0.25～0.29	0.49	0.57
99.65～99.69	0.30～0.34	0.53	0.62
99.60～99.64	0.35～0.39	0.57	0.66
99.55～99.59	0.40～0.44	0.60	0.70
99.50～99.54	0.45～0.49	0.63	0.73
99.40～99.49	0.50～0.59	0.68	0.79

（续）

两次结果平均		容许差距	
≥50%	<50%	无稃壳种子	有稃壳种子
99.30～99.39	0.60～0.69	0.73	0.85
99.20～99.29	0.70～0.79	0.78	0.91
99.10～99.19	0.80～0.89	0.83	0.96
99.00～99.09	0.90～0.99	0.87	1.01
98.75～98.99	1.00～1.24	0.94	1.10
98.50～98.74	1.25～1.49	1.04	1.21
99.25～98.49	1.50～1.74	1.12	1.31
98.00～98.24	1.75～1.99	1.20	1.40
97.75～97.99	2.00～2.24	1.26	1.47
97.50～97.74	2.25～2.49	1.33	1.55
97.25～97.49	2.50～2.74	1.39	1.63
97.00～97.24	2.75～2.99	1.46	1.70
96.50～96.99	3.00～3.49	1.54	1.80
96.00～96.49	3.50～3.99	1.64	1.92
95.50～95.99	4.00～4.49	1.74	2.04
95.00～95.49	4.50～4.99	1.83	2.15
94.00～94.99	5.00～5.99	1.95	2.29
93.00～93.99	6.00～6.99	2.10	2.46
92.00～92.99	7.00～7.99	2.23	2.62
91.00～91.99	8.00～8.99	2.36	2.76
90.00～90.99	9.00～9.99	2.48	2.92
88.00～89.99	10.00～11.99	2.65	3.11
86.00～87.99	12.00～13.99	2.85	3.35
84.00～85.99	14.00～15.99	3.02	3.55
82.00～83.99	16.00～17.99	3.18	3.74
80.00～81.99	18.00～19.99	3.32	3.90
78.00～79.99	20.00～21.99	3.45	4.05
76.00～77.99	22.00～23.99	3.56	4.19
74.00～75.99	24.00～25.99	3.67	4.31
72.00～73.99	26.00～27.99	3.76	4.42
70.00～71.99	28.00～29.99	3.84	4.51
65.00～69.99	30.00～34.99	3.97	4.66
60.00～64.99	35.00～39.99	4.10	4.82
50.00～59.99	40.00～49.99	4.21	4.95

资料来源：全国农作物种子标准化技术委员会，1996，《农作物种子检验规程　净度分析》(GB/T 3543.3—1995)。

实例分析

现进行油菜种子净度分析，送验样品为 100 g，检出重型混杂物（玉米种子 3 粒）0.52 g。然后分取试样 2 份，第 1 份试样质量为 10.15 g，经分析后，称得净种子、其他植物种子、杂质分别为 9.88 g、0.15 g、0.11 g；第 2 份试样质量为 10.05 g，经分析后，称得净种子、其他植物种子、杂质分别为 9.74 g、0.17 g、0.13 g。计算该油菜种子的净度及其他各成分的百分率。

解析如下：

重型混杂物检查：M（送验样品）=100 g，m（重型混杂物）=0.52 g，m_1=0.52 g，m_2=0 g							
		净种子	其他植物种子	杂质	质量合计	样品原重	质量差值及百分率
第 1 份［半］试样	质量/g	9.88	0.15	0.11	10.14	10.15	0.01
	百分率/%	97.44	1.48	1.08	100.00	/	0.098 5 (<5)
第 2 份［半］试样	质量/g	9.74	0.17	0.13	10.04	10.05	0.01
	百分率/%	97.02*	1.69	1.29	99.99	/	0.099 5 (<5)
样品间百分率差值/%		0.42	0.21	0.21	/	/	/
平均百分率/%		97.22*	1.59	1.19	100.01	/	/
容许差距/%		1.2	0.9	0.8	/	/	/

注：* 表示修约后的数值。

经查表 3-3，3 种成分在重复间的百分率差值均在容许差距范围内，故计算最后的结果如下：

重型混杂物中的其他植物种子的百分率为：

$$D_1 = \frac{m_1}{M} \times 100\% = \frac{0.52}{100} \times 100\% = 0.52\%$$

重型混杂物中的杂质的百分率为：

$$D_2 = \frac{m_2}{M} \times 100\% = \frac{0}{100} \times 100\% = 0$$

净种子、其他植物种子、杂质的最终结果为：

$$P_2 = P_1 \times \frac{M-m}{M} = 97.22\% \times \frac{100-0.52}{100} = 97.22\% \times 0.994\,8 = 96.7\%$$

$$OS_2 = OS_1 \times \frac{M-m}{M} + \frac{m_1}{M} \times 100\% = 1.59\% \times 0.994\,8 + 0.52\% = 2.1\%$$

$$I_2 = I_1 \times \frac{M-m}{M} + \frac{m_2}{M} \times 100\% = 1.19\% \times 0.994\,8 + 0 = 1.2\%$$

最后检查：$P_2 + OS_2 + I_2 = 96.7\% + 2.1\% + 1.2\% = 100.0\%$，无需修约。

答：该油菜种子的净度为 96.7%，其他植物种子和杂质分别为 2.1%和 1.2%。并将最后结果填入净度分析结果报告单。

任务三 其他植物种子数目的测定

●【知识目标】

了解其他植物种子的含义、其他植物种子数目测定的目的，明确其他植物种子数目测定的方法与步骤。

●【技能目标】

学会按照规程进行其他植物种子数目的测定、结果计算与报告。

一、测定目的与方法

1. 测定目的 其他植物种子是指样品中除净种子以外的任何植物种类的种子单位，包括杂草和其他作物种子两类。测定的目的是估测送验人所指定的其他植物种子的数目，包括泛指的种（如所有的其他植物的种）、专指某一类（如在一个国家列为有害种）、特定的植物种（如匍匐冰草）。在国际贸易中这项分析主要用于测定有害或不受欢迎种子存在的情况。

2. 测定方法 根据送验者的不同要求，其他植物种子数目测定可分为完全检验、有限检验、简化检验和简化有限检验 4 种。完全检验是指从整个试验样品中找出所有其他植物种子的测定方法；有限检验是指从整个试验样品中只限于找出指定种的测定方法；简化检验是指用规定的质量较小的部分样品的试验样品检验全部种类的测定方法；简化有限检验是指用规定的质量较小的部分样品的试验样品检验指定种的测定方法。

二、测定步骤

1. 试样质量 供测定其他植物种子的试样通常为净度分析试样质量的 10 倍，即大约 25 000 个种子单位的质量，或与送验样品质量相同。但当送验者所指定的种较难鉴定时，可减少至规定试样量的 1/5。

2. 分析测定 分析时可借助放大镜和光照设备。根据送验人的要求对试样逐粒观察，挑出所有其他植物的种子或某些指定种的种子，并数出每个种的种子数。当发现有的种子不能准确鉴定到所属的种时，可鉴定到属。如为有限检验，则只需找出与送验人要求相符合的一个或全部指定种的种子后，即可停止分析。

3. 结果计算 结果用实际测定试样质量中所发现的种子数表示。但通常折算为样品单位质量（kg）所含的其他植物种子数，以便比较。

$$\text{其他植物种子含量(粒/kg)} = \frac{\text{其他植物种子数}}{\text{试验样品质量(g)}} \times 1\,000$$

4. 容许差距 当需要判断同一检验室或不同检验室对同一批种子的两个测定结果之间是否有明显差异时，可查其他植物种子计数的容许差距表（表 3-6）。先根据两个测定结果计算出平均数，再按平均数从表中找出相应的容许差距。进行比较时，两个样品的质量须大体相等。

表 3-6　其他植物种子数目测定的容许差距

（5%显著水平的两尾测定）

两次测定结果的平均值	容许差距	两次测定结果的平均值	容许差距
3	5	152～160	35
4	6	161～169	36
5～6	7	170～178	37
7～8	8	179～188	38
9～10	9	189～198	39
11～13	10	199～209	40
14～15	11	210～219	41
16～18	12	220～230	42
19～22	13	231～241	43
23～25	14	242～252	44
26～29	15	253～264	45
30～33	16	265～276	46
34～37	17	277～288	47
38～42	18	289～300	48
43～47	19	301～313	49
48～52	20	314～326	50
53～57	21	327～339	51
58～63	22	340～353	52
64～69	23	354～366	53
70～75	24	367～380	54
76～81	25	381～394	55
82～88	26	395～409	56
89～95	27	410～424	57
96～102	28	425～439	58
103～110	29	440～454	59
111～117	30	455～469	60
118～125	31	470～485	61
126～133	32	486～501	62
134～142	33	502～518	63
143～151	34	519～534	64

资料来源：全国农作物种子标准化技术委员会，1996，《农作物种子检验规程　净度分析》（GB/T 3543.3—1995）。

任务四　包衣种子净度分析

●【知识目标】

了解包衣种子的概念，明确丸化种子的净度分析标准。

●【技能目标】

能够正确区分净丸化种子、未丸化种子和杂质，学会对包衣种子进行净度分析及包衣种子其他植物种子数目的测定。

一、包衣种子净度分析

严格地说，包膜种子、丸化种子和种子带（毯）里种子的净度分析并不是规定要做的。但如果送验者提出要求，则可按以下净度分析方法进行。包衣种子净度分析最常见的是丸化种子的净度分析，可将试样分为3种成分：净丸化种子、未丸化种子和杂质，并分别测定各种成分的含量。

（一）丸化种子的净度分析标准

1. 净丸化种子

（1）含有或不含有种子的完整丸粒。

（2）破损丸粒种子表面覆盖的丸衣物质占种子表面1/2以上，但明显不是送验者所述的植物种子或不含种子的除外。

2. 未丸化种子

（1）任何植物种的未丸化种子。

（2）可以看出其中含有一粒非送验者所述植物种子的破损丸化种子。

（3）可以看出其中含有送验者所述种，但未能包括在净丸化种子中的破损丸粒。

3. 杂质

（1）脱下的丸衣物质。

（2）明显没有种子的丸衣碎块。

（3）按常规种子检验净度分析规定作为杂质的任何其他物质。

（二）净度分析

1. 净度分析　丸化种子净度分析可取表2－7规定的丸化粒数的1个全试样或2个其一半质量的半试样。全试样或半试样需称量，以克表示。用分样器分取样品时，丸化种子的下落高度不可超过250 mm。分取的样品按照丸化种子的净度分析标准，分析计算净丸化种子、未丸化种子和杂质3种成分的含量，并按常规净度分析的格式填报结果（可参考表3－9）。

如果送验人要求对脱去丸化物的种子进行净度分析，从试样取2 500粒丸化种子放入细空筛浸入水中振荡，除去丸化物质。然后按照净度分析步骤分析净种子、其他植物种子、杂质的含量（不考虑丸化物质）。

2. 种的鉴定　为了核实丸化种子中所含种子是否确实属于送验者所述的种，必须从经净度分析的净丸化种子中或剥离（或溶化）种子带中取出 100 粒，除去丸化物质，测定每粒种子所属的植物种。

二、包衣种子其他植物种子的测定

1. 除去包衣材料 从试样中取 2 500 粒丸化种子放入细空筛浸入水中振荡，以溶化和除去丸化物质。所用筛孔建议上层筛孔 1.00 mm，下层筛孔 0.50 mm。然后将脱去丸化物质的种子放在纸上干燥过夜，再放在 35～40 ℃烘箱里干燥备用，也可不进行干燥。种子带或种子毯需小心剪去包装物。若种子外面包裹水溶性薄膜，则把种子浸湿，使薄膜自行脱落。湿润的种子也要按上述方法干燥，以备测定其他植物种子。

2. 测定其他植物种子数目 试验样品应分为两个半试样，从半试样中找出所有其他植物种子或按送验者要求找出某个所述种的种子。将测定种子的实际质量、学名和该质量中找到的各个种的种子数填写在结果报告单上，并注明采用哪种测定方法（完全检验、有限检验、简化检验、简化有限检验）。此外，还要计算单位质量（kg）、单位长度（m）、单位面积（m^2）的粒数。

拓展阅读

有稃壳种子的构造和种类

有稃壳的种子是由下列构造或成分组成的传播单位：

（1）易于相互粘连或粘在其他物体上（如包装袋、扦样器和分样器）。

（2）可被其他植物种子粘连，反过来也可粘连其他植物种子。

（3）不易被清选、混合或扦样。

如果稃壳构造（包括稃壳杂质）占一个样品的 1/3 或更多，则认为是有稃壳的种子。

表 3－1 中，有稃壳种子的种类包括芹属、花生属、燕麦属、甜菜属、茼蒿属、薏苡属、胡萝卜属、荞麦属、茴香属、棉属、大麦属、莴苣属、番茄属、稻属、黍属、欧防风属、欧芹属、茴芹属、大黄属、鸦葱属、狗尾草属、高粱属、菠菜属。

技能训练

种子净度分析技术

一、实训目的

正确识别净种子、其他植物种子、杂质，掌握种子净度的分析技术；练习其他植物种子数目的测定方法和结果计算。

二、材料用具

1. 材料 送验样品一份。

2. 用具 检验桌、分样器、套筛、天平或相应的电子天平（感量 0.1 g、0.01 g、0.001 g）、小碟或小盘、放大镜、木盘、电动筛选机、净度分析工作台等。

三、方法步骤

1. 送验样品的称量和重型混杂物的检查

（1）将送验样品准确称量，得出送验样品质量（M）。注意精确位数的要求。

（2）将送验样品倒在光滑的木盘中，挑出重型混杂物，并称量，得出重型混杂物的质量（m）；将重型混杂物中的其他植物种子和杂质分别检出并称量，记为 m_1 和 m_2，m_1 与 m_2 质量之和应等于 m。

2. 试验样品的分取

（1）将除去重型混杂物的送验样品混匀，用分样器（或在无分样器的情况下采用徒手分样，如四分法分样）分取试验样品 1 份或半试样 2 份。注意试样最低质量的要求。

（2）用天平称出试样或半试样的质量（按称量精确度的要求选择适宜的天平称量）。

3. 试样的分析分离

（1）选用筛孔适当的两层套筛，要求小孔筛的孔径小于所分析的种子，而大孔筛的孔径大于所分析的种子。使用时将小孔筛套在大孔筛的下面，再把筛底盒套在小孔筛的下面，倒入试样、加盖，置于电动筛选机上或手工筛动 2 min。

（2）筛后将各层筛及底盒中的分离物分别倒在净度分析工作台上进行分析鉴定，区分出净种子、其他植物种子、杂质，并分别放入小碟内。

4. 各种成分称量 将每份试样的净种子、其他植物种子、杂质分别称量，其称量精确度与试样称量相同。其中，其他植物种子还应分种类计数。

5. 结果计算

（1）核查每一重复各成分的质量之和与样品原来的质量之差是否超过 5%。

（2）计算每一重复净种子的百分率（P）、其他植物种子的百分率（OS）、杂质的百分率（I）。

先求出第 1 份试样或半试样的 3 种成分的百分率；再用同样方法求出第 2 份试样或半试样的 3 种成分的百分率，同时检查 3 种成分的百分率之和是否等于 100%。若不等于 100%，进行矫正或修约。

注意：若为全试样，保留 1 位小数；若为半试样，保留 2 位小数。两份重复的平均值即为 P_1、OS_1、I_1。

（3）求出 2 份试样或半试样间 3 种成分的各平均百分率（即 P_1、OS_1、I_1）及重复间相应百分率差值，并查表 3-3 核对容许差距。3 种成分在重复间的百分率差值均在容许差距范围内时，则计算最后的结果。

（4）含重型混杂物，最后结果按 P_2、OS_2、I_2 公式计算，保留 1 位小数。

（5）百分率的修约。各成分的百分率相加应为 100.0%，如为 99.9%或 100.1%，则在最大的百分率上加上或减去不足或超过之数。如果此修约值大于 0.1%，则应该检查计算过程有无差错。

6. 其他植物种子数目的测定

（1）将取出试样后剩余的送验样品按要求取出相应的数量或全部倒在检验桌上或样品盘

内，逐粒进行观察，找出所有的其他植物种子或指定种的种子并数出每个种的种子数，再加上试样中相应的种子数。

（2）结果计算。可直接用找出的种子粒数来表示，也可折算为每单位试样质量内所含种子数来表示。

7. 填写净度分析结果报告单 净度分析结果以 3 种成分的质量百分率表示，各种成分的百分率总和必须为 100%，结果精确到 1 位小数。如果一种成分的百分率低于 0.05%，则填为“微量”，如果一种成分结果为零，则须填报“—0.0—”。

四、作业

（1）分小组或单独按照方法步骤完成实训，将每一步的数据及时填入表 3-7 至表 3-9，并完成实训报告。

（2）对实训结果进行分析并寻找原因。

五、考核标准

学生单独进行操作，要求每人都学会种子净度分析技术。

表 3-7 净度分析结果记载

重型混杂物检查：M（送验样品）＝ g，m（重型混杂物）＝ g，m_1（其他植物种子）＝ g，m_2（杂质）＝ g							
		净种子	其他植物种子	杂质	质量合计	样品原重	质量差值及百分率
第 1 份［半］试样	质量/g						
	百分率/%						
第 2 份［半］试样	质量/g						
	百分率/%						
样品间百分率差值/%							
平均百分率/%							
容许差距							

表 3-8 其他植物种子数目测定记载

其他植物种子数目测定	其他植物种子种类和数目							
	名称	粒数	名称	粒数	名称	粒数	名称	粒数
净度［半］试样Ⅰ中								
净度［半］试样Ⅱ中								
剩余部分中								
合 计								
折成每千克粒数								

表 3-9 净度分析结果报告单

样品编号__________

作物名称：	学名：		
成 分	净种子	其他植物种子	杂质
百分率/%			
其他植物种子名称及数目或每千克含量（注明学名）			
备 注			

思维导图

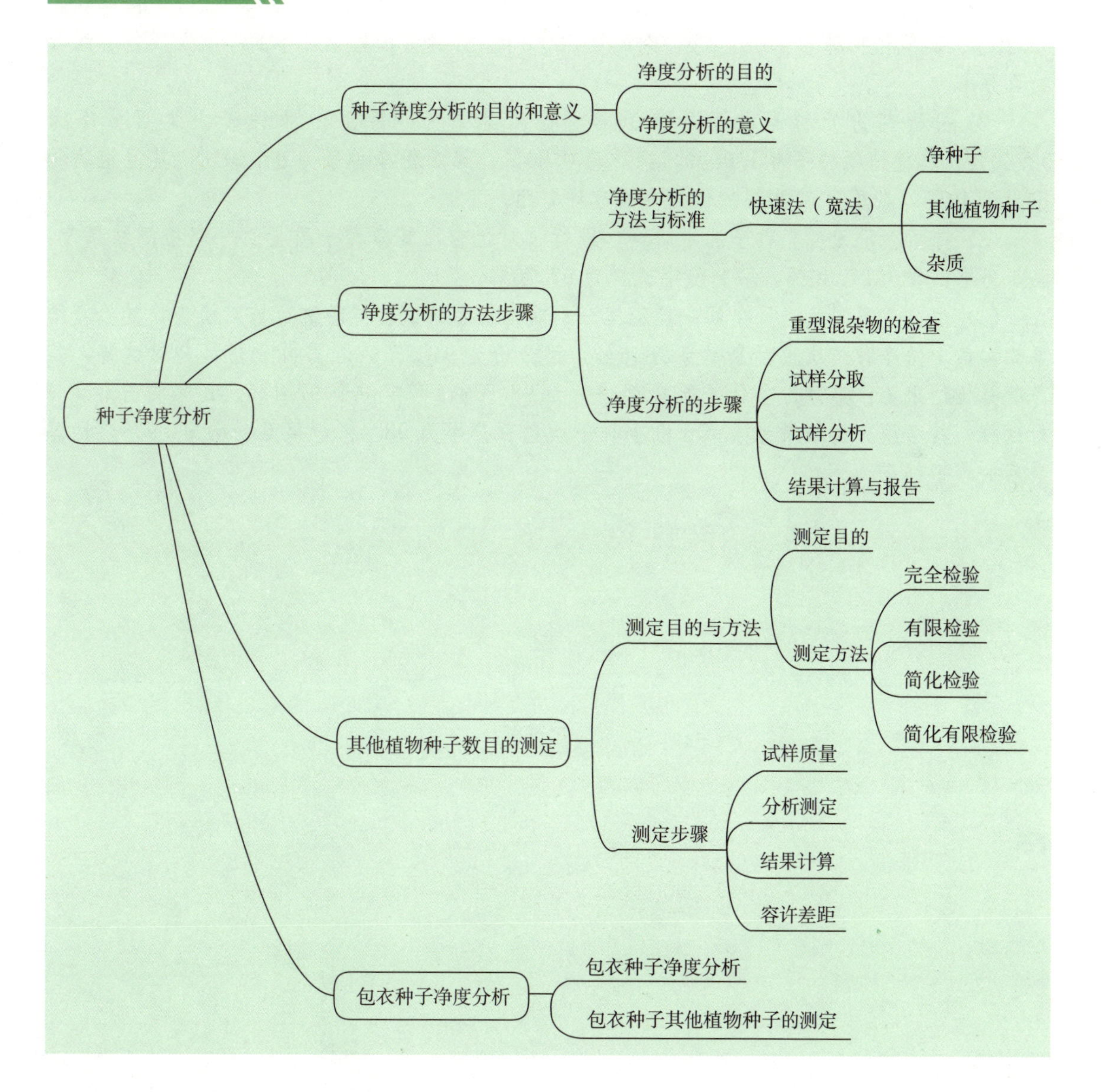

复习思考

1. 种子净度对种子质量有何影响？

2. 净度分析的目的是什么？

3. 什么是净种子、其他植物种子、杂质？

4. 种子净度分析有哪些步骤？

5. 如何做好净度分析中结果处理和计算工作？

6. 计算题

(1) 对某批蕹菜种子送验样品 1 030 g 进行净度分析，测得重型混杂物中其他植物种子 1.430 g、杂质 4.720 g。然后分取得到 2 份半试样，第 1 份半试样为 64.65 g，测得净种子 64.22 g、其他植物种子 0.051 0 g、杂质 0.370 0 g；第 2 份半试样为 62.52 g，测得净种子 62.15 g、其他植物种子 0.021 2 g、杂质 0.320 3 g。计算该批蕹菜种子的净度及其他各组分的百分率。

(2) 分析两份无稃壳种子的半试样，检测结果为：第 1 份净种子质量百分率为 98.50%，其他植物种子为 1.00%，杂质为 0.50%；第 2 份净种子为 98.30%，其他植物种子为 1.40%，杂质为 0.30%。试检查其容许差距。

(3) 分析两份无稃壳种子的半试样，进行核对检查，其净种子质量百分率检测结果为：第 1 份半试样为 97.30%，第 2 份半试样为 97.70%。

(4) 由 2 个不同检验员在同一检验室分别对两份水稻试验样品进行核对检查，其检测结果为：第 1 份净种子质量百分率为 98.6%，第 2 份为 94.9%。若需再分析第 2 对试样，其净度分析结果为：第 3 份净种子质量百分率为 98.7%，第 4 份为 97.1%。还需再分析第 3 对试样，其净度分析结果为：第 5 份净种子质量百分率为 98.4%，第 6 份为 98.9%。计算最后的填报结果。

项目四　种子发芽试验

项目导读

种子发芽率是种子质量检验必检项目之一，也是判断种子质量的重要指标之一。正确测定种子发芽率，可以测定出种子批的最大发芽潜力，据此可比较不同种子批的质量，也可估测田间播种价值，从而为种子营销以及农业生产提供可靠的科学依据。本项目主要介绍种子发芽试验的概念及幼苗鉴定标准、标准发芽试验方法、包衣种子发芽试验。通过学习与训练，使学生能够理解种子发芽及其相关概念，掌握主要作物种子标准发芽技术规定、发芽方法、幼苗鉴定标准和结果计算，并能规范操作试验设备。

任务一　种子发芽的概念及幼苗鉴定标准

•【知识目标】

正确理解种子发芽相关概念和术语，明确种子发芽试验的目的和意义，熟悉幼苗构造与幼苗生长习性，掌握正常幼苗与不正常幼苗的鉴定标准。

•【技能目标】

能够根据幼苗鉴定标准正确区分正常幼苗和不正常幼苗。

发芽试验通常是在实验室条件下进行的，这是因为在田间条件下试验，其结果没有可靠的重演性，而在实验室的可控制并且适宜的标准化条件下，发芽结果最为良好，其结果更加准确可靠。

一、种子发芽的概念及意义

（一）种子发芽的概念

1. 发芽　指在实验室内幼苗出现和生长达到一定阶段，其幼苗的主要构造表明在田间的适宜条件下能进一步生长成为正常的植株。

2. 发芽力　指种子在适宜条件下发芽并长成正常植株的能力，通常用发芽势和发芽率表示。

3. 发芽势 指在种子发芽试验初期（规定的条件下和日期内）长成的全部正常幼苗数占供检种子数的百分率。种子发芽势高，表示种子活力强，发芽整齐，出苗一致，增产潜力大。

4. 发芽率 指在种子发芽试验末期（规定的条件下和日期内）长成的全部正常幼苗数占供检种子数的百分率。种子发芽率高，表示有生活力的种子多，播种后出苗数多。

（二）发芽试验的目的和意义

种子发芽试验的目的是测定种子批的最大发芽潜力。发芽率是种子批质量的重要衡量指标之一，也可用于估测田间播种价值。

种子发芽试验对种子经营和农业生产具有极为重要的意义。种子收购入库时做好发芽试验，可正确地进行种子分级和定价；种子贮藏期间做好发芽试验，可掌握贮藏期间种子发芽力的变化情况，以便及时改进贮藏条件，确保种子安全贮藏；种子经营时做好发芽试验，避免销售发芽率低的种子造成经济损失，可防止盲目调运发芽力低的种子，节约人力和财力；播种前做好发芽试验，可以选用发芽率高的种子播种，保证齐苗、壮苗和密度，同时可以计算实际播种量，做到精细播种，节约用种。承担种子质量监督职责的农业行政主管部门实施种子质量监督抽查时做好发芽试验，对保证农业生产的安全用种有重要意义。

（三）相关概念和术语

1. 正常幼苗 在适宜的水分、温度和光照条件下，能够继续生长发育成为正常植株的幼苗。

2. 不正常幼苗 在适宜的水分、温度和光照条件下，不能继续生长发育成为正常植株的幼苗。

3. 复胚种子单位 能够产生1株以上幼苗的种子单位，如伞形科未分离的分果、甜菜的种球等。

4. 未发芽的种子 在规定的条件下，试验末期仍不能发芽的种子，包括硬实、新鲜不发芽种子、死种子（通常变软、变色、发霉并且没有幼苗生长的迹象）和其他类型种子（如空的、无胚或虫蛀的种子）。

5. 硬实 指那些种皮不透水的种子，如某些棉花种子、豆科的苜蓿种子及紫云英种子等。

6. 新鲜不发芽种子 由生理休眠所引起，试验期间保持清洁和一定硬度，有生长成为正常幼苗潜力的种子。

7. 胚 在种子中的幼小植株体，通常主要由胚根、胚轴、胚芽和子叶（或盾片）等组成。

8. 子叶 胚和幼苗的第1片叶或第1对叶。

9. 盾片 在禾本科某些属中特有的变态子叶，是从胚乳中吸收养分输送到胚部的一种盾形构造。

10. 胚根 在子叶或盾片节下面胚轴尖端的部分，种子发芽时伸长，长出初生根或种子根。

11. 胚芽 在子叶或盾片节上面胚轴的顶端部分，它是植株正常生长发育的分生组织。

12. 胚轴 胚中连接胚芽和胚根的部分。

13. 芽鞘 有些单子叶植物（如禾本科）中，胚或幼苗中包裹着初生叶和顶端分生组织的管状保护构造。

14. 幼苗 从种子中的胚发育生长而成的幼龄植株。

15. 幼苗的主要构造 因种而异，由根系、幼苗中轴（上胚轴、下胚轴或中胚轴）、顶芽、子叶和芽鞘等构造组成。

16. 初生根 由胚根发育而来的幼苗主根。

17. 次生根 除初生根外的其他根。

18. 不定根 除根部以外其他任何部位生长的根（如着生在茎上的根）。

19. 种子根 在禾谷类植物中，从初生根和胚中轴上长出的数条次生根所形成的幼苗根系。

20. 上胚轴 子叶以上至第 1 片真叶或第 1 对真叶以下的部分苗轴。

21. 中胚轴 在禾本科一些高度分化的属中，盾片着生点至胚芽之间的部分苗轴。

22. 下胚轴 初生根以上至子叶着生点以下的部分苗轴。

23. 中轴 指幼苗的中心构造。双子叶植物包括顶芽、上胚轴、下胚轴和初生根；单子叶植物包括顶芽、中胚轴和初生根。

24. 初生叶 在子叶后所出现的第 1 片叶或第 1 对叶。

25. 鳞叶 通常紧缩在轴上（如石刁柏、豌豆属）的一种退化叶片。

26. 苗端 幼苗茎顶端轴的主要生长点，通常由几片叶和顶芽组成。

27. 顶芽 由数片分化程度不同的叶片所包裹着的幼苗顶端。

28. 残缺根 不管根的长度如何，缺少根尖或根尖有缺陷的根。

29. 粗短根 虽根尖完整，但根缩短呈棒状，是幼苗中毒症状所特有的根。

30. 停滞根 通常具有完整根尖，但异常短小而细弱，与幼苗的其他构造相比失去均衡。

31. 扭曲构造 沿着幼苗伸长的主轴、下胚轴、芽鞘等幼苗构造发生扭曲状。包括轻度扭曲和严重扭曲。

32. 环状构造 改变了原来的直线形，下胚轴、芽鞘等幼苗构造完全形成环状或圆圈形。

33. 腐烂 由于微生物的存在而引起的有机组织溃烂。

34. 变色 颜色改变或褪色。

35. 向地性 植物生长对重力的反应，包括向地下生长的正向地性生长和向上生长的负向地性生长。

36. 感染 病原菌侵入活体（如幼苗主要构造）并蔓延，引起病症和腐烂，包括初生感染（种子本身携带病原菌）和次生感染（其他种子或幼苗病菌蔓延而被感染）。

37. 50%规则（50%-rule） 如果整个子叶组织或初生叶有一半或一半以上的面积具有功能，则这种幼苗可列为正常幼苗；如果一半以上的组织不具备功能，如发生缺失、坏死、变色或腐烂，则为不正常幼苗。当从子叶着生点到下胚轴有损伤和腐烂的迹象时，不能采用50%规则。在鉴定有缺陷的初生叶时可以应用 50%规则；但初生叶形状正常，只是叶片面积较小时则不能应用 50%规则。

38. 出土型发芽 由于下胚轴伸长而使子叶和幼苗中轴伸出地面的一种发芽习性。

39. 留土型发芽 子叶或变态子叶（盾片）留在土壤和种子内的一种发芽习性。

二、幼苗构造与幼苗生长习性

(一) 幼苗构造

幼苗的所有主要构造是由种胚在发育期间分化出来的组织衍生而来。幼苗构造因作物种类不同而有明显差异。

1. 双子叶植物幼苗的主要构造 双子叶植物幼苗包括子叶出土型和子叶留土型两类。子叶出土型幼苗（如棉花、大豆及各种瓜类等）的主要构造包括初生根、次生根、下胚轴或上胚轴、子叶、初生叶和顶芽等；子叶留土型幼苗（如豌豆、蚕豆、柑橘等）的主要构造包括初生根、次生根、上胚轴、子叶、初生叶、鳞叶和顶芽等（图 4-1）。

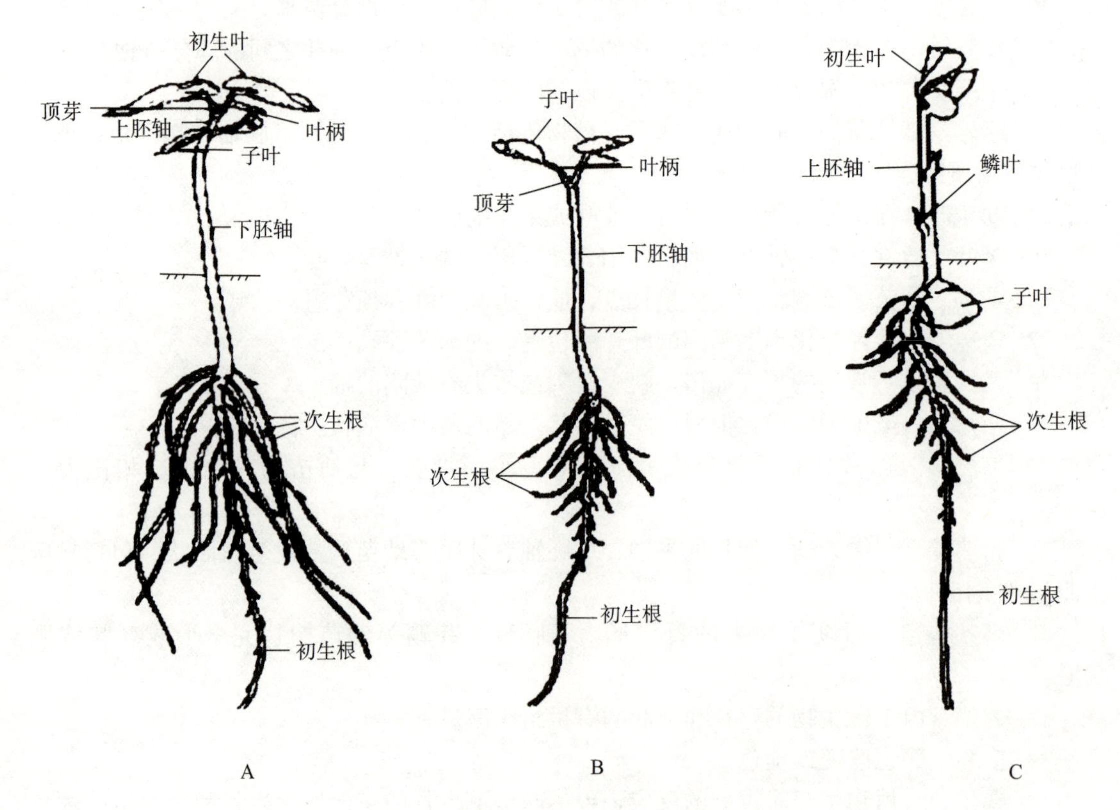

图 4-1 双子叶植物幼苗的主要构造

A. 菜豆幼苗（子叶出土型） B. 芸薹属幼苗（子叶出土型） C. 豌豆幼苗（子叶留土型）

（杨念福，2016. 种子检验技术）

2. 单子叶植物幼苗的主要构造 单子叶植物幼苗的主要构造通常高度特化和专一化，也分为子叶出土型和子叶留土型两类。子叶出土型幼苗（如洋葱等）主要由初生根、不定根和管状子叶等组成；子叶留土型幼苗（如玉米、水稻等）的主要构造有初生根（种子根）、次生根、不定根、中胚轴、胚芽鞘和初生叶等（图 4-2）。

3. 多子叶植物幼苗的主要构造 一般林木种子的针叶树种类（如松科等）的幼苗具有多枚针状子叶，称为多子叶植物。其幼苗构造由初生根、下胚轴、子叶和顶芽组成（图 4-3）。

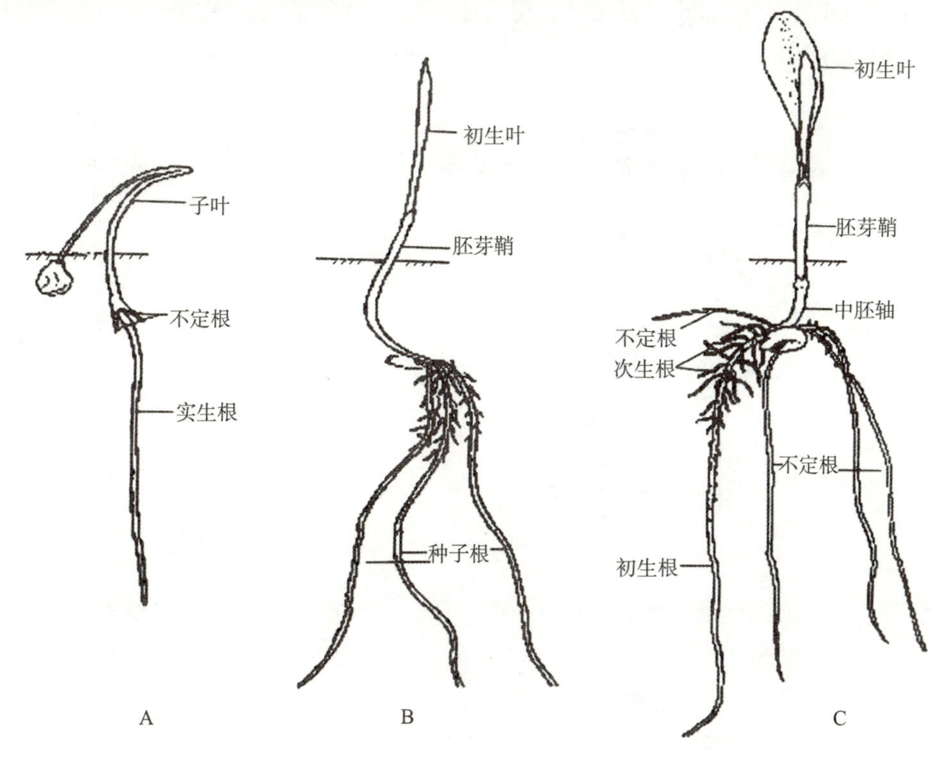

图 4-2 单子叶植物幼苗的主要构造

A. 葱属幼苗（子叶出土型） B. 小麦幼苗（子叶留土型） C. 玉米幼苗（子叶留土型）

（杨念福，2016. 种子检验技术）

（二）幼苗生长习性

种子萌发过程大致可以分为 4 个阶段：①吸收水分；②细胞的活化，基本代谢活动开始；③细胞延长和分裂；④发芽出土，建成完整的植株体。种子萌发后，幼苗顶出土壤。按子叶表现不同，可分为子叶出土型和子叶留土型两类。

1. 子叶出土型 农作物、园艺作物和木本植物的许多种为子叶出土型。初生根伸出后，下胚轴伸长，初期弯曲成弧形，拱出土面后逐渐伸直，最后将子叶和幼鞘带出土面，子叶变绿，展开并形成幼苗的第 1 个光合作用器官，接着上胚轴和顶芽伸长生长。如菜豆种子发芽过程（图 4-4）。

2. 子叶留土型 单子叶多数植物（如禾本科）、豆科的一些大粒种子（如蚕豆和豌豆种子）和一些树种（如栎属）属于子叶留土型。发芽期间下胚轴几乎不伸长，子叶留在土壤中的种皮内，直至内部养料耗尽而逐渐解体。禾本科种子发芽时，胚芽鞘和中胚轴

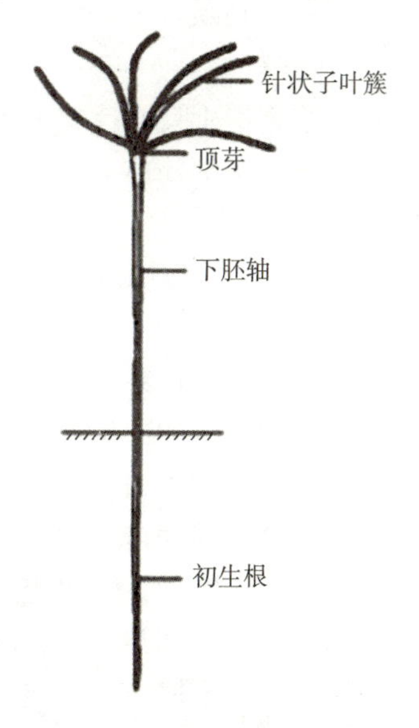

图 4-3 多子叶（多子叶松属）幼苗的主要构造

（张春庆等，2006. 种子检验学）

伸长，几乎看不到上胚轴伸长，首先进行光合作用的是初生叶或胚芽中长出的第 1 片真叶。如豌豆种子发芽过程（图 4-5）。

图 4-4　菜豆种子发芽过程
（张春庆等，2006. 种子检验学）

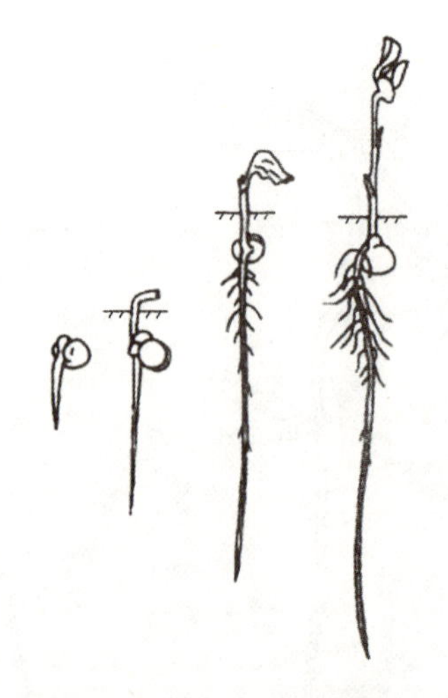

图 4-5　豌豆种子发芽过程
（张春庆等，2006. 种子检验学）

三、幼苗鉴定标准

在检查发芽种子数时，正确鉴定幼苗是一个十分重要的问题，直接关系到试验结果的正确性，因为计算发芽时仅将正常幼苗（即具有正常主要构造的幼苗或轻微损伤的幼苗）作为已发芽种子。因此在计算发芽种子数时，必须将正常幼苗和不正常幼苗鉴别开来。为了幼苗鉴定的一致性，必须有一个统一的幼苗鉴定标准。

（一）正常幼苗鉴定标准

正常幼苗是指生长在适宜的土壤、温度、水分和光照条件下，具有生长和发育成正常植株能力的幼苗。正常幼苗分为完整幼苗、带有轻微缺陷的幼苗和次生感染的幼苗。凡符合之一者为正常幼苗。

1. 完整幼苗　幼苗主要构造生长良好、完全、匀称和健康。因种不同，应具有下列一些构造。

（1）发育良好的根系。其组成如下：①细长的初生根，通常长满根毛，末端细尖；②在规定试验时期内产生的次生根；③在燕麦属、大麦属、黑麦属、小麦属和小黑麦属中，由数条种子根代替一条初生根。

（2）发育良好的幼苗中轴。其组成如下：①出土型发芽的幼苗，应具有一个直立、细长并有伸长能力的下胚轴；②留土型发芽的幼苗，应具有一个发育良好的上胚轴；③在有些出土型发芽的一些属（如菜豆属、花生属）中，应同时具有伸长的上胚轴和下胚轴；④在禾本科的一些属（如玉米属、高粱属）中，应具有伸长的中胚轴。

（3）具有特定数目的子叶。单子叶植物具有 1 片子叶，子叶为绿色、呈圆管形（葱属），或变形而全部或部分遗留在种子内（如石刁柏、禾本科）。双子叶植物具有 2 片子叶，在出土型发芽的幼苗中，子叶为绿色，展开呈叶状；在留土型发芽的幼苗中，子叶为半球形和肉质状，并保留在种皮内。

(4) 具有展开、绿色的初生叶。在互生叶幼苗中有 1 片初生叶，有时先发生少数鳞状叶，如豌豆属、石刁柏属、巢菜属。在对生叶幼苗中有 2 片初生叶，如菜豆属。

(5) 具有一个顶芽或苗端。在禾本科植物中有一个发育良好、直立的芽鞘，其中包着 1 片绿叶延伸到顶端，最后从芽鞘中伸出。

2. 带有轻微缺陷的幼苗 幼苗主要构造出现某种轻微缺陷，但在其他方面能均衡生长，并与同一试验中的完整幼苗相当。

(1) 初生根。①局部损伤或生长稍迟缓；②有缺陷但次生根发育良好，特别是豆科中一些大粒种子的属（如菜豆属、豌豆属、巢菜属、花生属、豇豆属和扁豆属）、禾本科中的一些属（如玉米属、高粱属和稻属）、葫芦科所有属（如甜瓜属、南瓜属和西瓜属）和锦葵科所有属（如棉属）；③燕麦属、大麦属、黑麦属、小麦属和小黑麦属中只有一条强壮的种子根。

(2) 下胚轴、上胚轴或中胚轴。局部损伤。

(3) 子叶（采用“50%规则”）。①子叶局部损伤，但子叶组织总面积≥1/2 仍保持着正常的功能，并且幼苗顶端或其周围组织没有明显的损伤或腐烂；②双子叶植物仅有一片正常子叶，但其幼苗顶端或其周围组织没有明显的损伤或腐烂。

(4) 初生叶。①初生叶局部损伤，但其组织总面积≥1/2 仍保持着正常的功能（采用“50%规则”）；②顶芽没有明显的损伤或腐烂，有一片正常的初生叶，如菜豆属；③菜豆属的初生叶形状正常，大于正常大小的 1/4；④具有 3 片初生叶而不是 2 片，如菜豆属（采用“50%规则”）。

(5) 芽鞘。①芽鞘局部损伤；②芽鞘从顶端开裂，但其裂缝长度不超过芽鞘的 1/3；③受内外稃或果皮的阻挡，芽鞘轻度扭曲或形成环状；④芽鞘内的绿叶没有延伸到芽鞘顶端，但至少要达到芽鞘的一半。

3. 次生感染的幼苗 由真菌或细菌感染引起，使幼苗主要构造发病和腐烂，但有证据表明病源不来自种子本身。

（二）不正常幼苗鉴定标准

不正常幼苗分为受损伤的幼苗、畸形或不匀称的幼苗和腐烂幼苗。

1. 受损伤的幼苗 由机械处理、加热干燥、冻害、化学处理、昆虫损害等外部因素引起，使幼苗构造残缺不全或受到严重损伤，以至于不能均衡生长的幼苗。

2. 畸形或不匀称的幼苗 由于内部因素引起生理紊乱，使幼苗生长细弱，或存在生理障碍，或主要构造畸形，或不匀称的幼苗。

3. 腐烂的幼苗 由初生感染（病源来自种子本身）引起，使幼苗主要构造发病和腐烂，并妨碍其正常生长的幼苗。

在实际应用中，不正常幼苗只占少数，所以关键是要能够鉴别不正常幼苗，凡幼苗带有下列一种或一种以上的缺陷则列为不正常幼苗。

(1) 初生根残缺、短粗、停滞、缺失、破裂、从顶端开裂、缩缢、纤细、卷缩在种皮内、负向地性生长、水肿状、由初生感染所引起的腐烂，种子没有或仅有一条生长力弱的种子根（图 4-6）。

注意：次生根或种子根带有上述一种或数种缺陷者列为不正常幼苗，但是对具有数条次生根或至少具有一条强壮种子根的幼苗应列入正常幼苗。

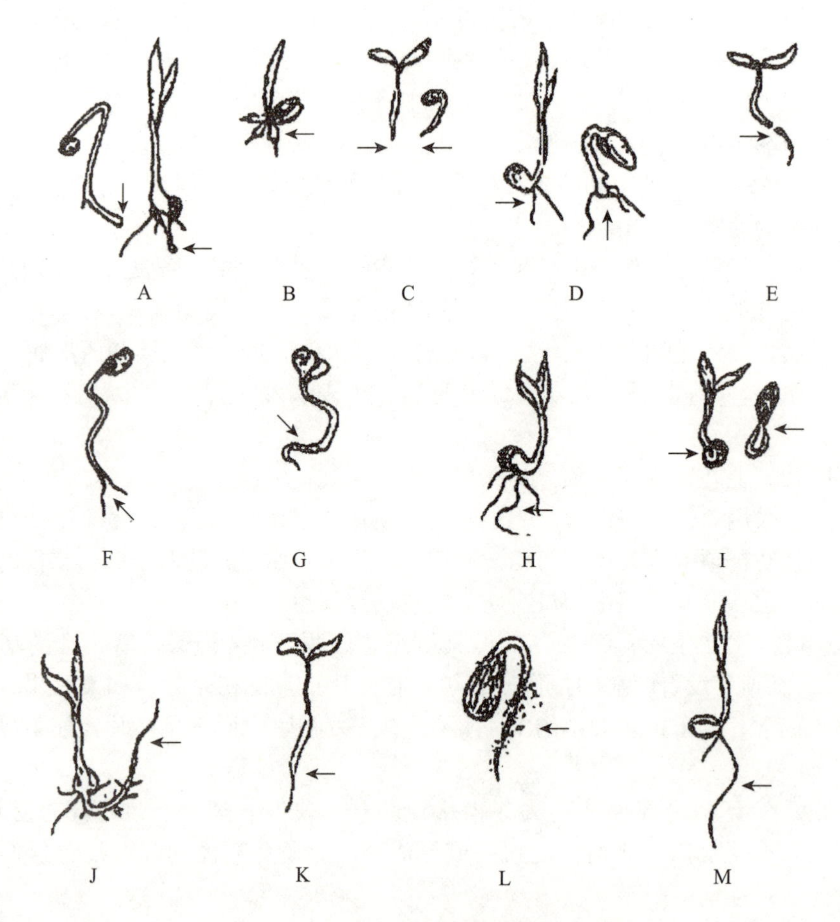

图 4-6 初生根和种子根不正常幼苗类型

A. 残缺 B. 短粗 C. 停滞 D. 缺失 E. 破裂 F. 从顶端开裂 G. 缩缢 H. 纤细 I. 卷缩在种皮内 J. 负向地性生长 K. 水肿状 L. 由初生感染所引起的腐烂 M. 没有或仅有一条生长力弱的种子根

（荆宇等，2011. 种子检验）

（2）下胚轴、中胚轴或上胚轴缩短而变粗、深度横裂或破裂、纵向裂缝（开裂）、缺失、缩缢、严重扭曲、过度弯曲、形成环状或螺旋状、纤细、水肿状、由初生感染所引起的腐烂（图 4-7）。

（3）子叶（采用“50%规则”）。

①除葱属外所有属的子叶缺陷。肿胀卷曲、畸形、断裂或其他损伤、分离或缺失、变色、坏死、水肿状、由初生感染所引起的腐烂（图 4-8）。

注意：在子叶与苗轴着生点或与苗端附近处发生损伤或腐烂的幼苗应列入不正常幼苗，这时不考虑“50%规则”。

②葱属子叶的特有缺陷。缩短而变粗、缩缢、过度弯曲、形成环状或螺旋状、无明显的“膝”、纤细（图 4-9）。

（4）初生叶（采用“50%规则”）。畸形、变色、损伤、缺失、坏死、由初生感染所引起的腐烂，虽形状正常，但小于正常叶片大小的 1/4（图 4-10）。

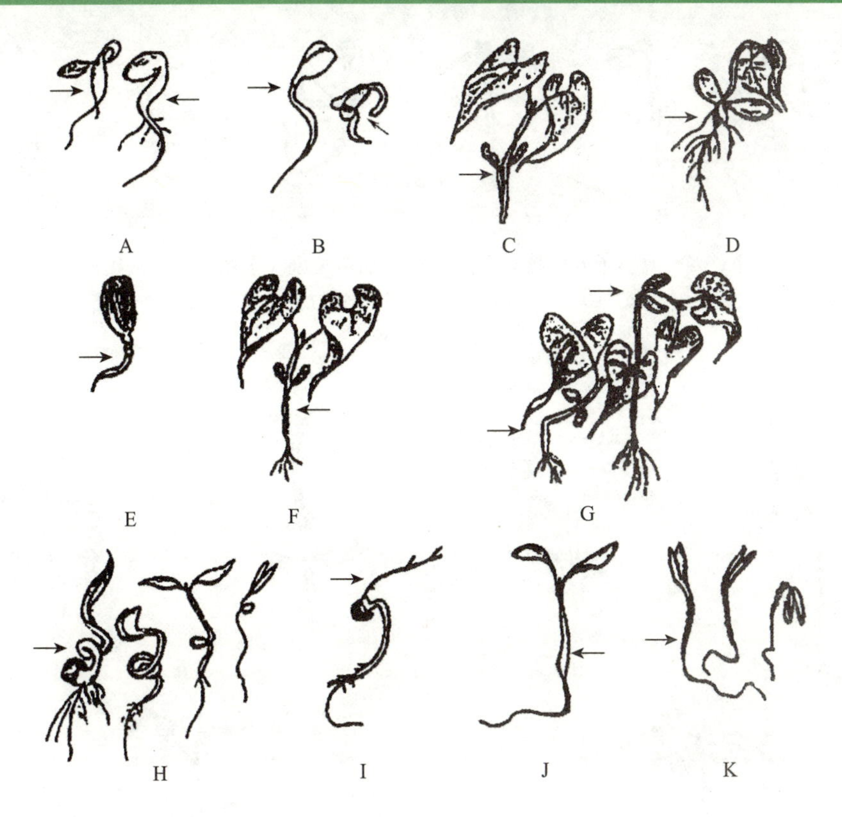

图 4-7　下胚轴、上胚轴或中胚轴不正常幼苗类型

A. 缩短而变粗　B. 深度横裂或破裂　C. 纵向裂缝（开裂）　D. 缺失　E. 缩缢　F. 严重扭曲　G. 过度弯曲　H. 形成环状或螺旋状　I. 纤细　J. 水肿状　K. 由初生感染所引起的腐烂

（荆宇等，2011. 种子检验）

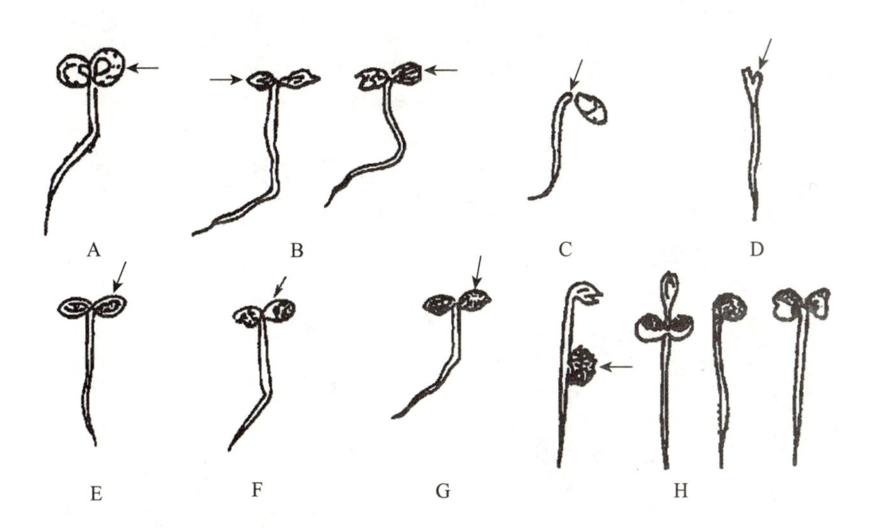

图 4-8　除葱属外所有属的子叶缺陷不正常幼苗类型（采用“50%规则”）

A. 肿胀卷曲　B. 畸形　C. 断裂或其他损伤　D. 分离或缺失　E. 变色　F. 坏死　G. 水肿状　H. 由初生感染所引起的腐烂

（荆宇等，2011. 种子检验）

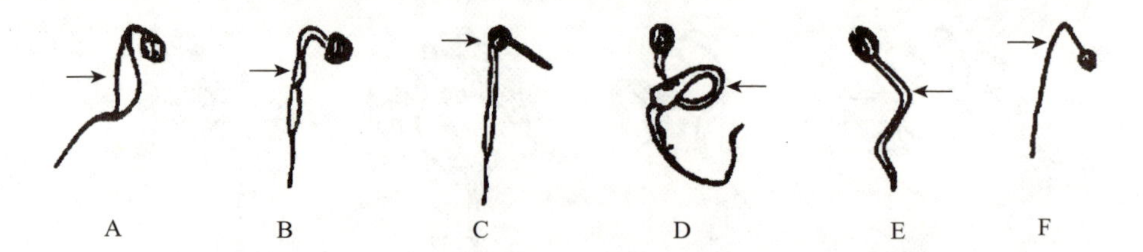

图 4-9　葱属子叶的特有缺陷不正常幼苗类型（采用“50%规则”）

A. 缩短而变粗　B. 缩缢　C. 过度弯曲　D. 形成环状或螺旋状　E. 无明显的“膝”　F. 纤细

（荆宇等，2011. 种子检验）

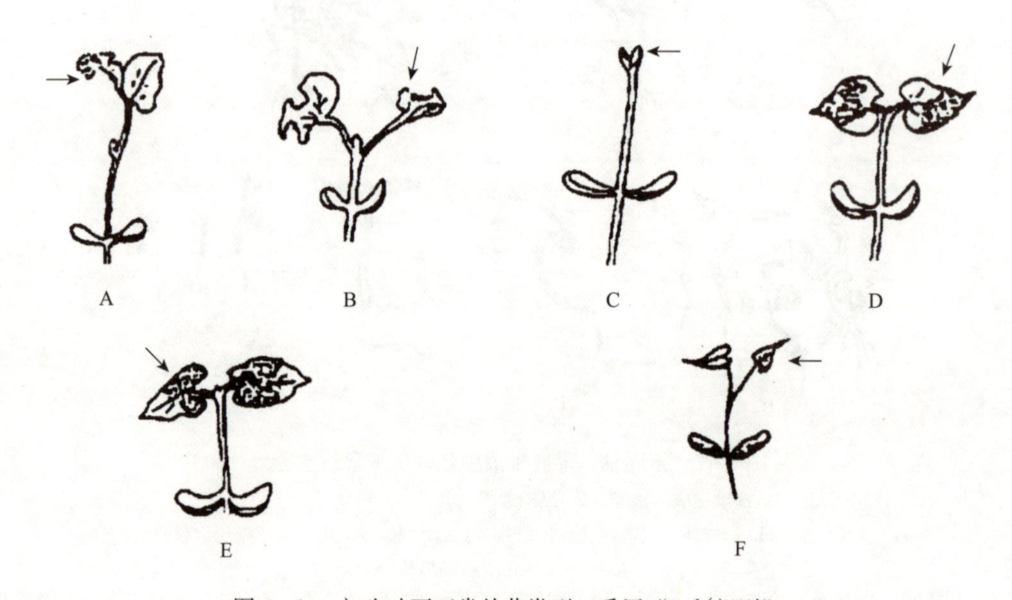

图 4-10　初生叶不正常幼苗类型（采用“50%规则”）

A. 畸形　B. 损伤　C. 缺失　D. 变色、坏死　E. 由初生感染所引起的腐烂

F. 虽形状正常但小于正常叶片大小的 1/4

（荆宇等，2011. 种子检验）

（5）顶芽及周围组织畸形、损伤、缺失、由初生感染所引起的腐烂（图 4-11）。

注意：假如顶芽有缺陷或缺失，即使有一个或两个已发育的腋芽（如菜豆属）或幼梢（如豌豆属），也列为不正常幼苗。

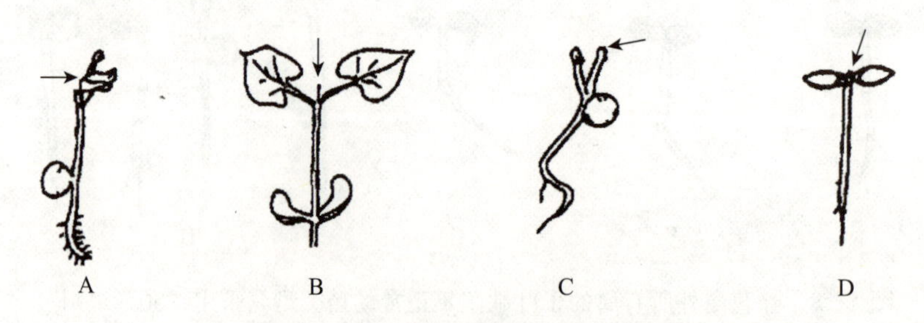

图 4-11　顶芽及周围组织不正常幼苗

A. 畸形　B. 损伤　C. 缺失　E. 由初生感染所引起的腐烂

（荆宇等，2011. 种子检验）

（6）胚芽鞘和第 1 片叶（禾本科）。

①胚芽鞘。畸形、损伤、缺失、顶端损伤或缺失、严重过度弯曲、形成环状或螺旋状、严重扭曲、裂缝长度超过从顶端量起的 1/3、基部开裂、纤细、由初生感染所引起的腐烂（图 4－12）。

②第 1 片叶。延伸长度不到胚芽鞘的一半、缺失、撕裂或其他畸形（图 4－12）。

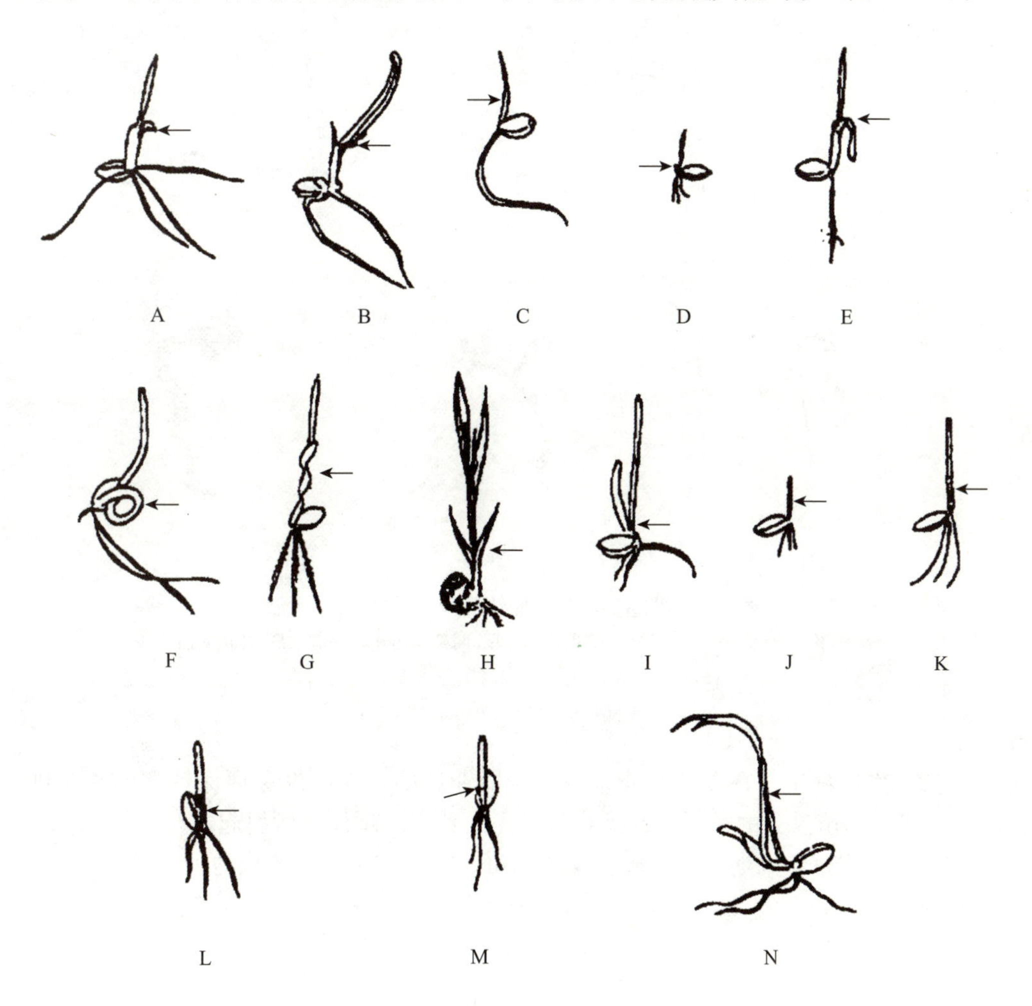

图 4－12　胚芽鞘及第一片叶不正常幼苗

A. 畸形　B. 损伤　C. 缺失　D. 顶端损伤或缺失　E. 严重过度弯曲　F. 形成环状或螺旋状　G. 严重扭曲　H. 裂缝长度超过从顶端量起的 1/3　I. 基部开裂　J. 纤细　K. 由初生感染所引起的腐烂　L. 延伸长度不到胚芽鞘的一半　M. 缺失　N. 撕裂或其他畸形

（荆宇等，2011. 种子检验）

（7）整个幼苗畸形、断裂、子叶比根先长出、两株幼苗连在一起、黄化或白化、纤细、水肿状、由初生感染所引起的腐烂（图 4－13）。

（三）不发芽种子

在发芽试验末期仍不发芽的种子，可分为以下几种情况。

1. 硬实　由于不能吸水而在试验末期仍保持坚硬的种子。

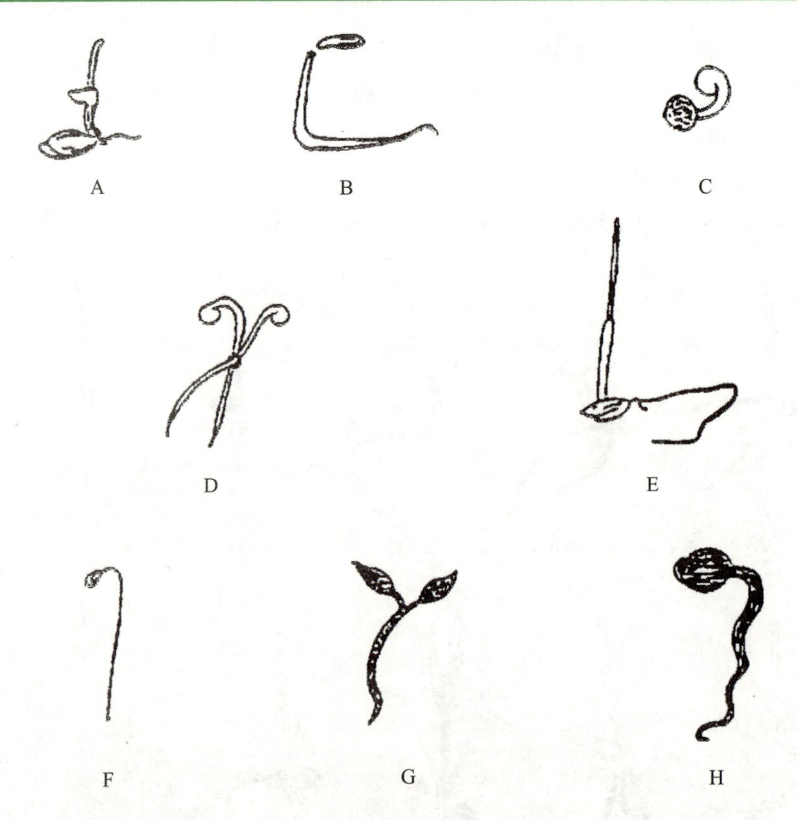

图 4-13　整株幼苗畸形类型

A. 畸形　B. 断裂　C. 子叶比根先长出　D. 两株幼苗连在一起　E. 黄化或白化　F. 纤细　G. 水肿状　H. 由初生感染所引起的腐烂

（荆宇等，2011. 种子检验）

2. 新鲜不发芽种子　在发芽试验条件下，既非硬实，又不发芽而保持清洁和坚硬，具有生长成为正常幼苗潜力的种子。此类种子的不发芽由生理休眠所引起。

3. 死种子　在试验末期既不坚硬，又不新鲜，也未产生生长迹象的种子。

4. 其他类型　如空的、无胚或虫蛀的种子。

任务二　标准发芽试验方法

●【知识目标】

明确种子发芽试验所需的仪器设备及几种发芽床的要求与使用方法，熟悉种子发芽的最适宜条件及其调控方法，掌握标准发芽试验的方法和程序。

●【技能目标】

能够正确操作和使用种子发芽试验设备，学会用标准发芽试验方法和程序进行发芽试验，学会结果计算和填写报告。

一、种子发芽试验设施

为了满足种子发芽所需的各种条件，保证发芽试验结果准确可靠，实验室必须配备各种标准、先进的发芽试验仪器设备，主要包括发芽设备、数种设备、发芽容器、发芽床以及其他用品和化学试剂等。

（一）发芽设备

发芽设备是指为种子发芽提供适宜条件（温度、湿度和光照）的设备。对发芽设备的基本要求是控温可靠、准确、稳定，保温、保湿良好，调温方便，箱内不同部位温差小，通气良好，光照充足。

1. 发芽箱

（1）电热恒温发芽箱。电热恒温发芽箱是目前最普遍的发芽设备，其主要构造包括保温、加热和控温部分，如电热恒温箱、电热恒温培养箱、电热恒温恒湿培养箱等。这类发芽箱的保温部分为箱体，目前箱体外壳多采用优质钢板并以静电粉末喷涂，内腔采用不锈钢板制造，箱体的隔热材料多采用聚氨酯发泡塑料，保温性强。加热部分多为电热丝。温度控制部分大多采用电接点水银导电表—继电器进行温度自动调控。这类发芽箱使用方便，只需旋转磁性螺帽，将温度计中的温度指示块调节至发芽所需温度即可。

（2）变温发芽箱。变温发芽箱具有一个保温良好的箱体，箱体设有加热系统和制冷装置。根据种子发芽技术要求，可调节和控制温度上升、下降或变温。箱身后部装有鼓风机，使箱温保持一致。箱内中间配有数层盛放发芽样品的网架，在箱的内壁装有日光灯，供给发芽的光照。其特点是采用微电脑可以自动调节和控制所需变温和光照条件。可控制变温的时间和温度转换，即在高温时段保持 8 h，低温时段保持 16 h。高温和低温可根据种子发芽技术要求在试验开始时预先设定。若不需要变温，也可选择单路控制，以保持恒温。此类发芽箱的控制温度为 5～50℃，是一类功能较完备的发芽箱。

（3）光照发芽箱。这种发芽箱具有加温、供水和光照多种功能。其基本结构与国际通用的耶可勃逊发芽装置相同，箱身为一个恒温水槽，下部装有一套浸入式电加热器，其上配有玻璃盖用以保温、保湿，恒温控制由水银导电表和继电器完成。水槽上面设有一块开有 32 个圆孔的金属板，每个孔上可放发芽器，可避免在发芽试验期间因发芽床加水量不同而造成的试验误差，省时省力（图 4－14）。

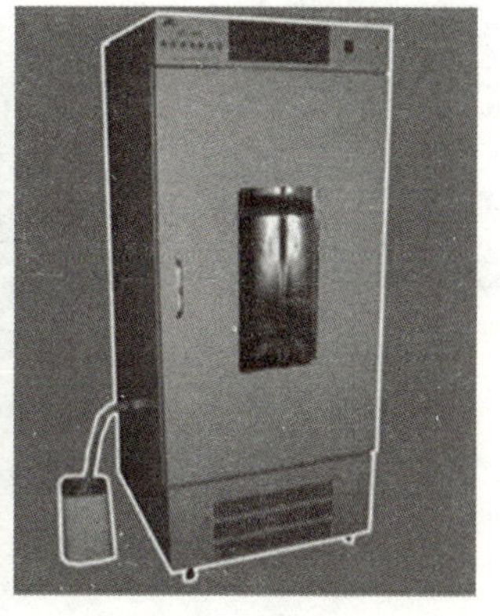

图 4－14 光照发芽箱

（4）人工气候箱。目前我国已设计和生产了几种类型的人工气候箱。这种气候箱装备有制冷、加热、加湿、光照和风扇等系统，采用微电脑控制技术，具有自动快速变温、变光和调湿功能，能完全满足各种作物种子发芽所需的条件，可按种子发芽技术规定任意设置，并具有自动时差纠正、超欠温示警和延迟启动保护等功能，是一类较先进的种子发芽箱。

2. 发芽室　目前我国已在上海、山东、浙江、江西、甘肃等地区的种子检验室或种子公司装备了智能人工气候室，其每间面积 12～15 m^2，墙壁和天花板装有保温隔热材料，室内装有冷暖风机、除湿机、通风换气扇、臭氧发生器、紫外消毒灯等设备，并装备有自动加湿、控温、自动进水系统的种子发芽车（图 4－15）。智能人工气候室采用微电脑控制技术，具有自动控温、变温、控光、变光、时间程序控制、自动时差纠正、超欠温示警、延迟启动保护、过载过流、缺相断电保护等功能，并且室内也具有降湿通风、照明、臭氧和紫外消毒等功能，特别是室内配置的发芽车，采用独立的超声波加湿器，能按种子发芽的需要调节控制适宜的湿度，更适合纸巾卷和开口容器的发芽及幼苗培育。这是目前国内最先进的种子发芽室。

图 4－15　人工气候室

（二）数种设备

为合理置床和提高工作效率，可使用数种设备。常用的数种设备有活动数种板、真空数种器和电子自动数粒仪等。必须注意的是，使用数种设备应确保置床的种子是随机选取的。

1. 活动数种板　数种板一般用于大粒种子，如玉米、大豆、豌豆、菜豆等种子的数粒和置床工作（图 4－16）。数种板的面积和形状接近于放置种子的发芽床的大小。由两块开孔薄板和框架构成，孔的形状和孔径大小根据种子设计。其中薄板开孔的孔径大小要适于要数的种子的种类，其孔径应能通过 1 粒最大的种子，而小于 2 粒最小种子直径之和，恰好每孔能通过 1 粒种子，确保数种数目的准确性。数种板一般上板能活动，下板固定。当上板和和下板孔洞错开时，种子留在上板上；当拉动上板，把两板孔洞对齐时，则种子落下置床，十分方便。

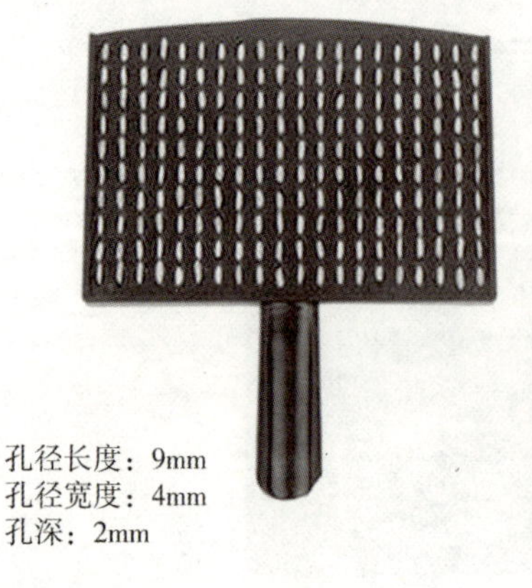

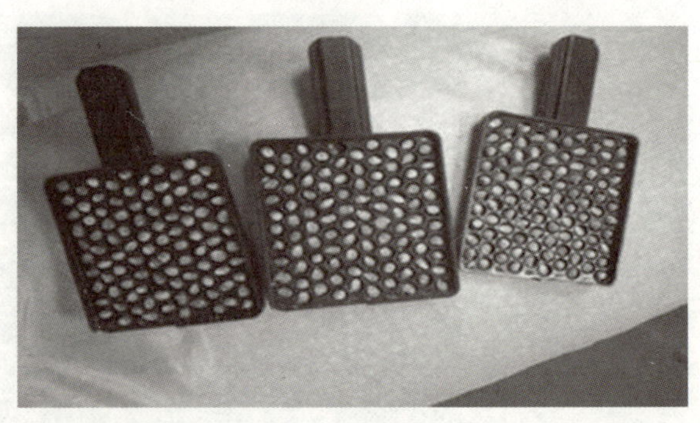

图 4－16　数种板

操作时，先选择适合的数种板型号，左手平拿数种板，右手将足够多的种子倒在数种板上，稍加提动，使每孔落有种子，然后将数种板稍加倾斜，倒去多余种子，再核查一下，补缺除多。当每孔恰好有 1 粒种子时，移至发芽床上方，稍加移动上板，使上板孔与下板孔对齐，种子就落在发芽床的适当位置，达到数种和置床的目的。

2. 真空数种器 真空数种器是世界各国种子实验室广泛应用的数种设备，通常由数种头、气流阀门、调压阀、真空泵和连接皮管等部分组成。数种头有圆形、方形和长方形，其数种头面积大小刚好与所用的培养皿或发芽盒的形状和大小相适应。其面板设有 100 或 50 个数种孔，孔径大小也与种子类型相适应。真空数种器主要适用于小、中粒种子，如水稻、小麦种子的数种和置床。

操作时，在未产生真空前，将种子均匀撒在数种头上，然后接通真空泵，倒去多余种子，并进行核对，使全部孔都放有种子，并使每个孔中只有 1 粒种子，然后将数种头倒转放在发芽床上，再解除真空，使种子按一定位置落在发芽床上。应避免将数种头直接嵌入种子，防止有选择地选取质量较轻的种子。

3. 电子自动数粒仪 电子自动数粒仪是目前种子数粒的有效工具，可用于千粒重测定、发芽计数和播种粒数计数等。一般电子自动数粒仪都由电磁振动螺旋送种器、光电计数电路、自动控制及电源供给等主要部分组成。

以 SLY-A 电脑数粒仪为例，其工作原理是：将要数的种子倒入电磁振动螺旋送种器内，开启电源后由 6 V 稳压电源供电的光电系统的光源透过小孔而照射到光导管上，此时光导管呈低电阻。当启动电磁振动螺旋送种器后，种子便沿着螺旋转道运动，最后依次通过送种嘴落入光电系统的下种通道（光导管），掉入盛接容器内。在其下落过程中，每一粒种子都在光导管上产生一个投影，使光导管立即在此瞬间呈高电阻，于是在光电计数电路上形成一个电脉冲，经放大和整形后去触发计数电路，自动计数通过的种子粒数。当数至预定粒数后，自动控制电路动作切断电磁振动螺旋送种器电源，使其停止送种，并发出相应的指示信号鸣叫声，这样便完成了一次自动数粒工作，并显示出种子粒数。

不同的数粒仪，其使用方法有差别。使用电子自动数粒仪应注意以下两点：①数粒样品。因为混入种子样品的其他杂质也会在光导管中形成投影而计数，因此数粒样品应粒粒皆种子，除去杂质。②控制或调节好数种盘的轨道宽度。因为按照正确的数粒要求，种子排成一行，依次落下，落下 1 粒会产生一个投影，计数 1 粒。如轨道宽度大，2 粒或 2 粒以上种子并行，如果下落时，重力加速度不能将它们分开，那几粒种子同时下落，在光导管上只产生一个投影，错误记数为 1 粒种子，那么会出现数粒不准的错误。

（三）发芽容器

发芽容器是用来安放发芽床的容器（图 4－17）。容器要求容易清洗和消毒，一般需配有盖。如玻璃培养皿、发芽皿、发芽盘等。根据《农作物种子检验规程　发芽试验》（GB/T 3543.4—1995）的要求，发芽试验种子应置床培养至幼苗主要构造能清楚鉴定的阶段，以便鉴定正常幼苗和不正常幼苗，因此，要求发芽容器透明、保湿、无毒，具有一定的种子发芽和发育的空间，确保一定的氧气供应，并且使用前要清洗和消毒。根据上述要求，我国已研制成系列透明塑料发芽盒，可适用于各类不同大小种子发芽需要。其中方形透明塑料盒（12 cm×12 cm×5 cm）适用于纸床，以进行小粒和中粒种子 100 粒重复的发芽试验；另一种长方形透明塑料盒（18 cm×12 cm×9 cm）适用于砂床，以进行大粒种子 50

粒重复的发芽试验；其他几种组合发芽盒同样适用于各种种子的发芽，并配有高盖，可满足10～16 cm高幼苗的培养要求。

A

B

图4-17 发芽容器

A. 发芽盒 B. 发芽皿

（四）发芽床

发芽床是用来安放种子并供给种子水分和支撑幼苗生长的衬垫物。发芽床主要有纸床、砂床和土壤床等种类。各种发芽床都应满足保水性好、通气性良、无毒质、无病菌和具有一定强度的基本要求。湿润发芽床的水质应纯净、无毒、无害，pH在6.0～7.5。

1. 纸床 纸床是发芽试验中应用最多的一类发芽床。供作发芽床的纸类主要有专用发芽纸、滤纸、褶折纸等。

（1）发芽试验对纸床的要求。

①持水力强。吸水良好的纸，吸水要快（可将纸条下端浸入水中，在2 min内水上升30 mm或以上者为好），并且持水力强，具有足够的保水能力，能不断为种子发芽供应水分。

②无毒质。纸张必须无酸碱、染料、油墨及其他对发芽有害的物质。pH为6.0～7.5。检测纸张是否有毒质的方法是利用梯牧草、红顶草、弯叶画眉草、紫羊茅和独行菜等种子发芽时对纸中有毒物质敏感的特性，将品质不明和品质合格的纸进行发芽比较试验，依据幼苗根的生长情况进行鉴定。在规定的第一次计数时或提前观察根部症状，若出现根缩短（有时出现根尖变色，根从纸上翘起，根毛成束）或（禾本科）幼苗的芽鞘扁平缩短等症状，则表示该纸含有有毒物质，不宜用作发芽床。

③无病菌。所用纸张必须清洁干净，无病菌污染，否则，因纸上带有真菌或细菌会引起病菌滋长而影响种子发芽的结果。

④纸质韧性好。纸张应具有多孔性和通气性，又要具有足够的强度，以免吸水时糊化和破碎，并在操作时不会被撕破，幼根不能穿入纸内，以便于对幼根的正常生长做出正确的鉴定。

（2）纸床的种类和用法。

①纸上（简称TP）。纸上是指将种子放在1层或多层纸上发芽，具体有3种方法。第1种：在培养皿或发芽盒里垫上2层发芽纸，充分吸湿，沥去多余水分，种子直接放在湿润的发芽纸上，盖上培养皿盖或发芽盒盖，然后放在发芽箱或发芽室内进行发芽试验。第2种：

数种置床于湿润的发芽纸上，并将其直接放在发芽箱的盘上，发芽箱内的相对湿度接近饱和，以防干燥。第 3 种：放在耶可勃逊发芽器的发芽盘上。

②纸间（简称 BP）。纸间是指将种子放在两层纸中间发芽，有 3 种方式。第 1 种：用 1 层发芽纸轻轻地盖在种子上。第 2 种：采用纸卷，将种子均匀放在湿润的发芽纸上，再将另 1 张同样大小的发芽纸覆盖在种子上，然后卷成纸卷，两端用橡皮筋或绳子扣住，立放。立放的纸卷使得胚芽朝上生长，胚根朝下生长，有利于幼苗的分离和鉴定，而且节省空间。建议大、中粒种子采用该法进行发芽试验。该法也常用于幼苗生长测定从而评估种子活力。第 3 种：把种子放在湿润的纸封里，可平放或立放。

③褶折纸（简称 PP）。将种子放在类似手风琴的具有褶裥的纸条内，然后放在发芽盒内或直接放在发芽箱内，并用一张较大的纸包在褶折纸的周围，防止干燥或干燥过快。一般折成 50 个褶裥，每褶裥放两粒种子。褶折纸一般适用于多胚结构种子。

2. 砂床 砂床是种子发芽试验中较为常用的一类发芽床。一般加水量为其饱和含水量的 60%～80%。当由于纸床污染，对已有病菌的种子样品鉴定困难时，可用砂床替代纸床。砂床还可用于幼苗鉴定有困难时的重新试验。化学药品处理过的种子样品发芽所用的细砂，不再重复使用。

（1）为了控制质量，砂粒应满足如下要求。

①应选用无任何化学药物污染的细砂或清水砂为材料，pH 为 6.0～7.5。

②砂粒大小均匀，直径为 0.05～0.80 mm，无毒、无菌、无种子，持水力强。

③使用前必须进行洗涤和高温消毒。用清水洗涤砂粒，以除去污物和有毒物质，将洗过的湿砂放在铁盘内摊薄，在高温（约 130 ℃）下烘干 2 h，以杀死病菌和砂内其他种子。

（2）砂床的使用方法。发芽试验时，先将砂粒加水拌匀，一般 1 kg 砂粒加入 0.3 kg 水，手握能成团，一触即散，且指缝间有水渗出即可。

①砂上（简称 TS）。适用于小、中粒种子。将拌好的湿砂装入培养盒中，至 2～3 cm 厚，再将种子压入砂表层，与砂表面相平，即砂上发芽。

②砂中（简称 S）。适用于中、大粒种子。将拌好的湿砂装入培养盒中，至 2～4 cm 厚，整平，播上种子，覆盖 1～2 cm 厚度（盖砂的厚度根据种子的大小确定）的松散湿砂，以防种子翘根。

3. 土壤床 土壤作为发芽床，其土质必须良好不结块，无大的颗粒，如果土质黏重应加入适量的砂。土壤中应基本上不含混入的种子、细菌、真菌、线虫或有毒物质。使用前应进行高温消毒。使用时应先调节到适宜水分，然后再播种，并覆上疏松土层。

除了《农作物种子检验规程》规定使用土壤床外，当纸床或砂床上的幼苗出现中毒症状，对幼苗鉴定发生怀疑，或为了比较或研究目的，也可采用土壤床。

（五）其他用品和化学试剂

其他用品如喷水器，用于发芽试验中喷水加湿。化学试剂如硝酸（HNO_3）、硝酸钾（KNO_3）、赤霉素（GA_3）、过氧化氢（H_2O_2）等，用于破除种子休眠以及作为杀菌剂用于易发霉种子样品的消毒杀菌。

二、种子发芽条件的控制

种子发芽需要适宜的水分、温度、氧气和光照等条件。由于起源和进化的生态环境不同，不同植物种类的种子对发芽所要求的条件也有所差异。因此，必须根据不同种子的发芽生理特性，满足其最适宜的发芽条件，才能保证种子发芽和幼苗生长良好，获得正确可靠的发芽试验结果。

（一）水分

水是种子发芽的首要条件，种子必须吸收足够的水分，才能使种子内部进行细胞的修复与活化，酶活性增强，贮藏物质水解和转化，能量增加，促进细胞分裂生长，表现为种子萌动和发芽。

种子发芽期间的需水量因植物种类而异。需水量通常以种子吸收的水分质量占种子质量的百分率来表示，一般粉质种子和油质种子的需水量较低，而蛋白质类种子的需水量较高。禾谷类作物种子的最低需水量为26%～60%，油料作物种子为40%～55%，而蛋白质含量高的豆类作物种子为83%～86%。因此，应根据作物种子的种类供应适宜的水分，水分太少会影响吸胀和萌发，水分过多则会影响通气而抑制发芽。如烟草、西瓜、大豆、大麦、棉花、菠菜等种子对水分较敏感，水分多则发芽差，甚至不发芽。

进行种子发芽试验时，应根据发芽床和种子特性决定发芽床的初次加水量。若用纸床，可向滤纸或发芽纸加水使其吸足水分，沥去多余的水分即可；若用砂床，则按其饱和含水量的60%～80%加水（禾谷类等中、小粒种子加水量为60%，豆类等大粒种子加水量为80%）；用土壤作发芽床，加水至手握土黏成团，放开后用手指轻轻一压就碎为宜。整个发芽试验期间，发芽床必须始终保持充分湿润，以满足种子萌发所必需的水分，但任何时候都不能出现水分多到使种子周围出现水膜，否则会限制通气。以后的加水应注意保持试验各重复间水分和湿度的一致性，尽可能避免使重复间和试验间差异增大。

发芽用水要求水质好，基本不含有机杂质或无机杂质，pH应为6.0～7.5。

（二）温度

温度也是种子发芽的必要条件之一。种子发芽要求一定的温度，不同植物种子萌发所需的温度范围不同。种子发芽温度通常用最低、最高和最适温度来表示，称为种子发芽温度的三基点。最低温度和最高温度分别指种子至少有50%能正常发芽的最低、最高温度，最适温度是指种子能迅速萌发并达到最高发芽率所处的温度。在最低发芽温度条件下，种子能发芽，但十分缓慢，所需时间很长；在最高发芽温度条件下，酶活性受抑制，种子还能发芽，但容易产生畸形苗。因此，只有在最适宜的温度条件下，种子才能正常发芽。

种子发芽对温度要求的差异与植物长期所处的生态环境及其生育习性有关，原产于热带的植物种子发芽温度普遍较原产于温带的植物种子高。一般喜温作物或夏季作物种子发芽的温度三基点分别是6～12 ℃、30～35 ℃和40 ℃，而耐寒作物或冬季作物种子发芽的温度三基点分别是0～4 ℃、20～25 ℃和40 ℃。两类作物的最低温度和最适温度都有明显差异，但大多数植物种子在15～30 ℃均可良好发芽。

种子发芽试验应按《农作物种子检验规程》规定的温度进行。发芽试验采用的温度有恒温和变温两种。恒温是在整个发芽试验期间温度保持不变，如麦类、蚕豆的发芽温度为20 ℃，喜温作物发芽温度为25 ℃或30 ℃。变温是模拟种子发芽的自然环境，有利于氧气渗入种子内部，促进酶的活化，加速种子发芽。发芽试验常用的变温有20～30 ℃或15～25 ℃，当规定用变温时，通常应保持低温16 h、高温8 h。非休眠种子可在3 h内完成变温过程，如是休眠种子，应在 1 h 或更短时间内完成急剧变温，或定时将试验材料在两个设定温度的发芽箱内交换培养。

新收获的休眠种子对发芽温度要求特别严格，必须选用规程规定的几种恒温中的较低温度或变温。如洋葱种子发芽温度有 20 ℃、15 ℃，则应选用 15 ℃发芽。又如西瓜种子，规定温度有 20～30 ℃、30 ℃、25 ℃，则应选用 20～30 ℃变温或 25 ℃恒温。陈种子也以选用其中的变温或较低恒温发芽为好。

发芽期间发芽器、发芽箱、发芽室的温度应尽可能一致，发芽箱内的温度变幅不应超过±1 ℃。

（三）氧气

氧气是种子发芽不可缺少的条件。种子吸水后，各种酶开始活化，需要进行有氧呼吸合成 ATP，促进生化代谢和物质转化，保证幼苗的物质与能量供应。因此，充足的氧气供应才能确保种子良好发芽，长成正常幼苗。

不同种类的种子对氧气的需求量和敏感性是有差异的。一般来说，旱生的大粒种子，如大豆、玉米、棉花、花生等种子对氧气的需求量较多；而水生的小、中粒种子则对氧气的需求量较少。幼苗的不同构造对氧气的需求量和敏感性也是有差异的。种子发芽时，胚根伸长比胚芽伸长对缺氧更为敏感。如果发芽床上水分多、氧气少，则可能长芽不长根或芽长得快、根长得慢。

纸卷发芽应注意纸卷需疏松，用砂床和土壤床试验时，覆盖种子的砂或土壤不要压紧，保证种子周围有足够的空气。应注意水分和通气的协调，防止水分过多在种子周围形成水膜，阻隔氧气进入种胚而影响发芽；防止水分过少，导致幼苗的不均衡生长。所以，既要保持发芽床湿润，又要保持足够的氧气，发芽盒要经常开盖通气。

（四）光照

不同植物种子发芽时对光的反应不同，据此可将种子分为 3 类。

1. 需光型种子 这类种子发芽（尤其是新收获的休眠种子）必须有红光或白炽光，促使光敏色素转变为活化型，如茼蒿、芹菜、烟草种子等。

2. 厌光型种子 这类种子发芽必须在黑暗条件下，其光敏色素才能达到萌发水平，如鸡冠花种子等。

3. 对光不敏感型种子 这类种子在光照或黑暗条件下均能良好发芽，包括大多数大田作物和蔬菜种子。

大多数植物的种子可在光照或黑暗条件下发芽，但进行发芽试验时，最好采用光照。因为在光照条件下，幼苗发育良好，便于正确地鉴定幼苗。需光种子的光照度为 750～1 250 lx，如在变温条件下发芽，应在 8 h 高温时进行光照。

三、标准发芽试验方法

标准发芽试验是指按规定程序、采用标准的条件所进行的发芽试验。其具体步骤如下。

（一）数取试验样品

我国农作物种子检验规程用作发芽试验的种子为净种子。具体方法是：从经充分混合的净种子中，用数种设备或手工随机数取 4×100 粒。

通常以 100 粒为 1 次重复，大粒种子或带有病原菌的种子，可以再分为 50 粒、甚至 25

粒为一副重复。复胚种子单位可视为单粒种子进行试验，不需弄破（分开），但芫荽例外。

（二）选用和准备发芽床

按表 4-1 农作物种子发芽技术规定，选用其中最适宜的发芽床。小、中粒种子可用纸上（TP）发芽床，中粒种子可用纸间（BP）发芽床；大粒种子或对水分敏感的小、中粒种子宜用砂床（S）发芽。活力较差的种子，也以砂床的效果为好。在选好发芽床后，按不同作物种子和发芽床的特性，调节到适宜的湿度。

（三）种子处理及种子置床

1. 休眠种子处理 发芽试验时，往往因种子休眠而不能快速、整齐、良好地萌发，在发芽试验前需要破除种子生理休眠现象，表 4-1 中已列出了不同物种破除休眠的方法，可以按表 4-1 对种子进行发芽前处理。

破除种子休眠按置床前后分为 3 类：①种子置床前先进行破除休眠处理。如去壳、加温、机械破皮、预先洗涤及硝酸钾浸渍处理，然后再置床。比如花生先剥壳，预先加温处理；稻属种子经预先加温或硝酸钾浸种处理等。②种子置床后再进行破除休眠处理。如预先冷冻处理就是将种子先置于湿润发芽床上，按规定条件进行冷冻，再进行发芽试验。如葱属、芸薹属等种子用此方法。③湿润发芽床处理。如用 0.2%硝酸钾溶液或用 0.05%～0.1%赤霉素溶液湿润发芽床。

2. 种子置床 置床时要求种子均匀地分布在发芽床上，每粒种子之间留有足够的空间，一般保持种子直径的 1～5 倍的间距，以防止种子携带病菌相互感染和保持足够的生长空间。每粒种子均应良好接触水分，以保证充分吸水。种子置床后，应在发芽容器底盘的侧面贴上或内侧放上标签，注明品种名称、样品编号、重复次数、置床日期等，然后盖上盖子或套上一薄膜塑料袋，放入发芽箱或发芽室内，按种子发芽条件的要求进行发芽培养。

表 4-1 农作物种子的发芽技术规定

序号	种（变种）名	发芽床	温度/℃	初次计数天数/d	末次计数天数/d	附加说明，包括破除休眠的建议
1	洋葱	TP；BP；S	20；15	6	12	预先冷冻
2	葱	TP；BP；S	20；15	6	12	预先冷冻
3	韭葱	TP；BP；S	20；15	6	14	预先冷冻
4	细香葱	TP；BP；S	20；15	6	14	预先冷冻
5	韭菜	TP	20～30；20	6	14	预先冷冻
6	苋菜	TP	20～30；20	4～5	14	预先冷冻；KNO_3
7	芹菜	TP	15～25；20；15	10	21	预先冷冻；KNO_3
8	根芹菜	TP	15～25；20；15	10	21	预先冷冻；KNO_3
9	花生	BP；S	20～30；25	5	10	去壳；预先加温（40 ℃）
10	牛蒡	TP；BP	20～30；20	14	35	预先冷冻；四唑染色
11	石刁柏	TP；BP；S	20～30；25	10	28	—
12	紫云英	TP；BP	20	6	12	机械去皮
13	裸燕麦（莜麦）	BP；S	20	5	10	—

（续）

序号	种（变种）名	发芽床	温度/℃	初次计数天数/d	末次计数天数/d	附加说明，包括破除休眠的建议
14	普通燕麦	BP；S	20	5	10	预先加温（30～35℃）；预先冷冻；GA_3
15	落葵	TP；BP	30	10	28	预先洗涤；机械去皮
16	冬瓜	TP；BP	20～30；30	7	14	—
17	节瓜	TP；BP	20～30；30	7	14	—
18	甜菜	TP；BP；S	20～30；15～25；20	4	14	预先洗涤（复胚 2 h，单胚 4 h），再在 25 ℃下干燥后发芽
19	叶甜菜	TP；BP；S	20～30；15～25；20	4	14	—
20	根甜菜	TP；BP；S	20～30；15～25；20	4	14	—
21	白菜型油菜	TP	15～25；20	5	7	预先冷冻
22	不结球白菜（包括白菜、乌塌菜、紫菜薹、薹菜、菜薹）	TP	15～25；20	5	7	预先冷冻
23	芥菜型油菜	TP	15～25；20	5	7	预先冷冻；KNO_3
24	根用芥菜	TP	15～25；20	5	7	预先冷冻；GA_3
25	叶用芥菜	TP	15～25；20	5	7	预先冷冻；GA_3；KNO_3
26	茎用芥菜	TP	15～25；20	5	7	预先冷冻；GA_3；KNO_3
27	甘蓝型油菜	TP	15～25；20	5	7	预先冷冻
28	芥蓝	TP	15～25；20	5	10	预先冷冻；KNO_3
29	结球甘蓝	TP	15～25；20	5	10	预先冷冻；KNO_3
30	球茎甘蓝（苤蓝）	TP	15～25；20	5	10	预先冷冻；KNO_3
31	花椰菜	TP	15～25；20	5	10	预先冷冻；KNO_3
32	抱子甘蓝	TP	15～25；20	5	10	预先冷冻；KNO_3
33	青花菜	TP	15～25；20	5	10	预先冷冻；KNO_3
34	结球白菜	TP	15～25；20	5	7	预先冷冻；GA_3
35	芜菁	TP	15～25；20	5	7	预先冷冻
36	芜菁甘蓝	TP	15～25；20	5	14	预先冷冻；KNO_3
37	木豆	BP；S	20～30；25	4	10	—
38	大刀豆	BP；S	20	5	8	—
39	大麻	TP；BP	20～30；20	3	7	—
40	辣椒	TP；BP；S	20～30；30	7	14	KNO_3
41	甜椒	TP；BP；S	20～30；30	7	14	KNO_3
42	红花	TP；BP；S	20～30；25	4	14	—
43	茼蒿	TP；BP	20～30；15	4～7	21	预先加温（40 ℃，4～6 h）；预先冷冻；光照

（续）

序号	种（变种）名	发芽床	温度/℃	初次计数天数/d	末次计数天数/d	附加说明，包括破除休眠的建议
44	西瓜	BP；S	20～30；30；25	5	14	—
45	薏苡	BP	20～30	7～10	21	—
46	圆果黄麻	TP；BP	30	3	5	—
47	长果黄麻	TP；BP	30	3	5	—
48	芫荽	TP；BP	20～30；20	7	21	—
49	柽麻	BP；S	20～30	4	10	—
50	甜瓜	BP；S	20～30；25	4	8	—
51	越瓜	BP；S	20～30；25	4	8	—
52	菜瓜	BP；S	20～30；25	4	8	—
53	黄瓜	TP；BP；S	20～30；25	4	8	—
54	笋瓜（印度南瓜）	BP；S	20～30；25	4	8	—
55	南瓜（中国南瓜）	BP；S	20～30；25	4	8	—
56	西葫芦（美洲南瓜）	BP；S	20～30；25	4	8	—
57	瓜尔豆	BP	20～30	5	14	—
58	胡萝卜	TP；BP	20～30；20	7	14	—
59	扁豆	BP；S	20～30；20；25	4	10	—
60	龙爪稷	TP	20～30	4	8	KNO_3
61	甜荞	TP；BP	20～30；20	4	7	—
62	苦荞	TP；BP	20～30；20	4	7	—
63	茴香	TP；BP；TS	20～30；20	7	14	—
64	大豆	BP；S	20～30；20	5	8	—
65	棉花	BP；S	20～30；30；25	4	12	—
66	向日葵	BP；S	20～30；25；20	4	10	预先冷冻；预先加温
67	红麻	BP；S	20～30；25	4	8	—
68	黄秋葵	TP；BP；S	20～30	4	21	—
69	大麦	BP；S	20	4	7	预先加温（30～35 ℃）；预先冷冻；GA_3
70	蕹菜	BP；S	30	4	10	—
71	莴苣	TP；BP	20	4	7	预先冷冻
72	瓠瓜	BP；S	20～30	4	14	—
73	兵豆（小扁豆）	BP；S	20	5	10	预先冷冻
74	亚麻	TP；BP	20～30；20	3	7	预先冷冻
75	棱角丝瓜	BP；S	30	4	14	—
76	普通丝瓜	BP；S	20～30；30	4	14	—
77	番茄	TP；BP；S	20～30；25	5	14	KNO_3

（续）

序号	种（变种）名	发芽床	温度/℃	初次计数天数/d	末次计数天数/d	附加说明，包括破除休眠的建议
78	金花菜	TP；BP	20	4	14	—
79	紫花苜蓿	TP；BP	20	4	10	预先冷冻
80	白香草木樨	TP；BP	20	4	7	预先冷冻
81	黄香草木樨	TP；BP	20	4	7	预先冷冻
82	苦瓜	BP；S	20～30；30	4	14	—
83	豆瓣菜	TP；BP	20～30	4	14	—
84	烟草	TP	20～30	7	16	KNO_3
85	罗勒	TP；BP	20～30；20	4	14	KNO_3
86	稻	TP；BP；S	20～30；30	5	14	预先加温（50 ℃）；在水中或 HNO_3 中浸渍 24 h
87	豆薯	BP；S	20～30；30	7	14	—
88	黍（糜子）	TP；BP	20～30；25	3	7	—
89	美洲防风	TP；BP	20～30	6	28	—
90	香芹	TP；BP	20～30	10	28	—
91	多花菜豆	BP；S	20～30；20	5	9	—
92	利马豆（棉豆）	BP；S	20～30；25；20	5	9	—
93	菜豆	BP；S	20～30；25；20	5	9	—
94	酸浆	TP	20～30	7	28	KNO_3
95	茴芹	TP；BP	20～30	7	21	—
96	豌豆	BP；S	20	5	8	—
97	马齿苋	TP；BP	20～30	5	14	预先冷冻
98	四棱豆	BP；S	20～30；30	4	14	—
99	萝卜	TP；BP；S	20～30；20	4	10	预先冷冻
100	食用大黄	TP	20～30	7	21	—
101	蓖麻	BP；S	20～30	7	14	—
102	鸦葱	TP；BP；S	20～30；20	4	8	预先冷冻
103	黑麦	TP；BP；S	20	4	7	预先冷冻；GA_3
104	佛手瓜	BP；S	20～30；20	5	10	—
105	芝麻	TP	20～30	3	6	—
106	田菁	TP；BP	20～30；25	5	7	—
107	粟	TP；BP	20～30	4	10	—
108	茄子	TP；BP；S	20～30；30	7	14	—
109	高粱	TP；BP	20～30；25	4	10	预先冷冻
110	菠菜	TP；BP	15；10	7	21	预先冷冻
111	黎豆	BP；S	20～30；20	5	7	—

（续）

序号	种（变种）名	发芽床	温度/℃	初次计数天数/d	末次计数天数/d	附加说明，包括破除休眠的建议
112	番杏	BP；S	20～30；20	7	35	除去果肉；预先洗涤
113	婆罗门参	TP；BP	20	5	10	预先冷冻
114	小黑麦	TP；BP；S	20	4	8	预先冷冻；GA_3
115	小麦	TP；BP；S	20	4	8	预先加温（30～35 ℃）；预先冷冻；GA_3
116	蚕豆	BP；S	20	4	14	预先冷冻
117	箭舌豌豆	BP；S	20	5	14	预先冷冻
118	毛叶苕子	BP；S	20	5	14	预先冷冻
119	赤豆	BP；S	20～30	4	10	—
120	绿豆	BP；S	20～30；25	5	7	—
121	饭豆	BP；S	20～30；25	5	7	—
122	长豇豆	BP；S	20～30；25	5	8	—
123	矮豇豆	BP；S	20～30；25	5	8	—
124	玉米	BP；S	20～30；25；20	4	7	—

资料来源：全国农作物种子标准化技术委员会，1996，《农作物种子检验规程　真实性和品种纯度鉴定》（GB/T 3543.4—1995）。

注：TP，纸上；BP，纸间；S，砂中；TS，砂上。

（四）发芽培养

按表 4－1 规定的发芽温度和附加说明进行发芽培养。表中列入的温度，虽然几种都有效，但一般而言，新收获的处于休眠状态的种子和陈种子，以选用其中的变温或较低恒温发芽为好。

一般来说，新收获的处于休眠状态的需光型种子，如茼蒿种子发芽时，必须有光照促进发芽。除厌光型种子在发芽初期应放置黑暗条件下培养外，对于大多数种子，只要条件允许，最好在光照下培养。因为光照有利于抑制发芽过程中霉菌的生长繁殖，有利于幼苗进行光合作用，以便区分黄化和白化的不正常幼苗，正确地进行幼苗鉴定。

（五）检查管理

在种子发芽期间，要经常检查温度、水分和通气状况，以保持适宜的发芽条件。

1. 水分的检查　发芽床应始终保持湿润，水分不能过多或过少，更不能断水。

2. 温度的检查　温度应保持在所需温度的±1℃范围内，防止由于控温部件失灵、断电、电器损坏等意外事故导致温度失控。如采用变温发芽，则须按规定变换温度。

3. 发霉情况的检查　如发现种子发霉，应及时取出洗涤除霉。当发霉种子超过 5%时，应更换发芽床，以免霉菌传染。如发现腐烂死亡种子，应将其除去并记载。

还应注意氧气的供应情况，避免因缺氧而影响正常发芽。

（六）试验持续时间与幼苗鉴定和观察计数

1. 试验持续时间　表 4－1 对每个种的试验持续时间作出了具体规定，其中试验前或试验期间用于破除休眠处理所需时间不计入发芽试验的时间。

如果样品在试验规定时间内只有几粒种子开始发芽，试验时间可延长 7 d 或规定时间的一半。根据试验天数，可增加计数的次数。反之，如果在试验规定时间结束之前，可以确定能发芽种子均已发芽，即样品已达到最高发芽率，则可提前结束试验。

2. 幼苗鉴定和观察计数 幼苗鉴定应在其主要构造已发育到一定时期时进行。每株幼苗都必须按照幼苗鉴定的标准进行鉴定，根据种的不同，试验中绝大部分幼苗应达到：子叶从种皮中伸出（如莴苣属），初生叶展开（如菜豆属），叶片从胚芽鞘中伸出（如小麦属）。尽管有一些种如胡萝卜属在试验末期，并非所有幼苗的子叶都从种皮中伸出，但至少在末次计数时，应可以清楚地看到子叶基部的“颈”。

在初次计数时，应将发育良好的正常幼苗从发芽床中捡出，对可疑或损伤、畸形、生长不均衡的幼苗，通常留到末次计数时再计数。应及时从发芽床中除去严重腐烂的幼苗或发霉的种子，并随时计数。

末次计数时，应按正常幼苗、不正常幼苗、硬实、新鲜不发芽种子和死种子的定义，通过鉴定、分类分别计数和记载。

复胚种子单位作为单粒种子计数，试验结果用至少产生一个正常幼苗的种子单位的百分率表示。当送验者提出要求时，也可测定 100 个种子单位所产生的正常幼苗数，或产生 1 株、两株及两株以上正常幼苗的种子单位数。

（七）重新试验

为保证试验结果的可靠性和正确性，当试验出现下列情况之一时，应重新试验。

1. 怀疑种子有休眠（即有较多的新鲜不发芽种子）时 可采用规程规定的休眠种子的处理方法破除休眠后，进行重新试验，将得到的最佳结果填报，同时注明所用的方法。

2. 由于真菌或细菌的蔓延而使试验结果不一定可靠时 可采用砂床或土壤床进行重新试验。如有必要，应加大种子之间的距离。

3. 当正确鉴定幼苗困难时 可采用表 4-1 中规定的一种或几种方法用砂床或土壤床进行重新试验。

4. 当发现试验条件、幼苗鉴定或计数有差错时 应该采用同样的方法重新试验。

5. 当发现不正常幼苗是因化学试剂或其他毒素危害所致 应采用砂床或土壤床重新试验，将得到的最佳结果填报。

6. 当样品事先有标准发芽率，而试验结果明显低于该值时 应采用砂床或土壤床重新试验。

7. 当 100 粒种子重复间的差距超过表 4-2 规定的最大容许差距时 应采用同样的方法进行重新试验；如果第 2 次结果与第 1 次结果的差异不超过表 4-3 规定的容许差距，则将两次试验结果的平均数填报在结果单上；如果第 2 次结果与第 1 次结果的差异超过表 4-3 规定的容许差距，则采用同样的方法进行第 3 次试验，用第 3 次的试验结果分别与第 1 次和第 2 次的试验结果进行比较，填报符合要求的两次结果的平均数。若第 3 次试验仍然得不到符合要求的试验结果，则应考虑是否在人员操作（如是否数种设备使用不当，造成试样误差太大等）、发芽设备或其他方面存在重大问题，致使无法得到满意结果。

（八）结果计算和表示

发芽试验结果以正常幼苗数的百分率表示。计算时，以 100 粒种子为 1 个重复，如果采用 50 粒或 25 粒的副重复，则应将相邻副重复合并成 100 粒的重复。

$$发芽势=\frac{初次计数正常幼苗数}{供检种子粒数}\times100\%$$

$$发芽率=\frac{末次计数正常幼苗数}{供检种子粒数}\times100\%$$

计算 4 次重复的正常幼苗平均百分率，检查其最大容许差距。当一个试验 4 次重复的最高和最低发芽率之差在最大容许差距范围内（表 4-2），则取其平均数表示该批种子的发芽率。不正常幼苗、硬实、新鲜不发芽种子、死种子的百分率按 4 次重复平均数计算。平均百分率修约至最近似的整数，0.5 进为 1。正常幼苗、不正常幼苗、未发芽种子（硬实、新鲜不发芽种子和死种子）的百分率之和应为 100%，如果其总和不是 100%，则执行下列程序：在不正常幼苗、硬实、新鲜不发芽种子和死种子中，首先找出百分率中小数部分最大者，修约此数至最大整数，并作为最终结果，然后计算其余成分百分率的整数，获得其总和，如果总和为 100%，修约程序到此结束；如果不是 100%，重复此程序；如果小数部分相同，优先次序为不正常幼苗、硬实、新鲜不发芽种子、死种子。

表 4-2　同一发芽试验 4 次重复间的最大容许差距

（2.5%显著水平的两尾测定）

平均发芽率		最大容许差距
>50%	≤50%	
99	2	5
98	3	6
97	4	7
96	5	8
95	6	9
93～94	7～8	10
91～92	9～10	11
89～90	11～12	12
87～88	13～14	13
84～86	15～17	14
81～83	18～20	15
78～80	21～23	16
73～77	24～28	17
67～72	29～34	18
56～66	35～45	19
51～55	46～50	20

资料来源：全国农作物种子标准化技术委员会，1996，《农作物种子检验规程　发芽试验》（GB/T 3543.4—1995）。

表 4-3　同一或不同实验室来自相同或不同送验样品间发芽试验的容许差距

（2.5%显著水平的两尾测定）

平均发芽率		最大容许差距
>50%	≤50%	
98～99	2～3	2
95～97	4～6	3

（续）

平均发芽率		最大容许差距
>50%	≤50%	
91～94	7～10	4
85～90	11～16	5
77～84	17～24	6
60～76	25～41	7
51～59	42～50	8

资料来源：全国农作物种子标准化技术委员会，1996，《农作物种子检验规程　发芽试验》（GB/T 3543.4—1995）。

发芽试验容许误差应符合 GB/T 3543.1 和 GB/T 3543.4 的规定，即同一实验室的同一送验样品重复间的容许差距见表 4-2；从同一种子批扦取的同一或不同送验样品，经同一或另一检验机构检验，比较两次结果是否一致，其容许差距见表 4-3；从同一种子批扦取的第 2 个送验样品，经同一或另一个检验机构检验，所得结果较第 1 次差，其容许差距见表 4-4；抽检、统检、仲裁检验、定期检查等与种子质量标准、合同、标签等规定值比较，容许差距见表 4-5。

表 4-4　同一或不同实验室不同送验样品间发芽试验的容许差距

（5%显著水平的一尾测定）

平均发芽率		容许差距
>50%	≤50%	
99	2	2
97～98	3～4	3
94～96	5～7	4
91～93	8～10	5
87～90	11～14	6
82～86	15～19	7
76～81	20～25	8
70～75	26～31	9
60～69	32～41	10
51～59	42～50	11

资料来源：全国农作物种子标准化技术委员会，1996，《农作物种子检验规程　发芽试验》（GB/T 3543.4—1995）。

表 4-5　发芽试验与规定值比较的容许误差

（5%显著水平的一尾测定）

规定发芽率		容许差距
>50%	≤50%	
99	2	1
96～98	3～5	2
92～95	6～9	3
87～91	10～14	4

（续）

规定发芽率		容许差距
>50%	≤50%	
80～86	15～21	5
71～79	22～30	6
58～70	31～43	7
51～57	44～50	8

资料来源：全国农作物种子标准化技术委员会，1996，《农作物种子检验规程　发芽试验》（GB/T 3543.4—1995）。

（九）结果报告

填报发芽试验结果时，需填报正常幼苗、不正常幼苗、硬实、新鲜不发芽种子和死种子的百分率。假如其中任何一项结果为零，则将符号“—0—”填入该格中。

同时还需填报采用的发芽床、温度、试验持续时间以及为破除休眠状态、促进发芽所采用的方法，以提供评价种子种用价值的全面信息。

为了便于理解和掌握种子发芽试验的计算方法与步骤，举例说明如下。

【例1】某一水稻杂交种种子发芽试验，4次重复的发芽率分别为97%、96%、98%、95%，发芽试验条件为纸上，30℃恒温。

解：4次重复的平均发芽率为（97%+96%+98%+95%）÷4=96.5%，根据平均百分率修约至最近似的整数，0.5进为1的原则，发芽率修约为97%。查表4-2得重复间最大容许差距为7%，而该试验4次重复间的最大值98%与最小值95%之差为3%，在容许差距范围内，所以该试验结果是可靠的，填报结果发芽率为97%。

【例2】现测得一发芽试验4次重复的发芽率分别为76%、65%、68%和57%，发芽试验条件为纸上，20～30℃变温，并经硝酸钾处理。

解：4次重复的平均发芽率为（76%+65%+68%+57%）÷4=66.5%，根据修约原则，发芽率修约为67%，查表4-2得容许差距为18%，而该试验4次重复间的最大差距为76%-57%=19%，超过了容许误差18%，所以必须进行重新试验。

进行第2次发芽试验后，4次重复的发芽率分别为70%、70%、68%和72%。4次重复的平均发芽率为（70%+70%+68%+72%）÷4=70%，查表4-2得容许误差为18%，而该试验重复间的最大差异为72%-68%=4%，未超过容许差距18%。

再比较两次试验结果的一致性：（66.5%+70%）÷2=68.25%，修约为68%，查表4-3，其容许差距为7%，而两次试验结果间的差距为：70%-66.5%=3.5%，未超过容许差距。因此，最后填报结果的发芽率为68%。

【例3】某一作物种子试验样品的发芽试验，第1次试验，4次重复的试验结果分别为87%、72%、68%和85%，平均值为78%，重复间差距为19%，超过了表4-2容许差距16%；重新进行第2次发芽试验，4次重复的发芽率分别为91%、84%、80%和93%，平均值为87%，该次试验结果在表4-2容许差距内。但两次试验间差距为9%，两次试验的平均值为82.5%，修约为83%，查表4-3得容许差距为6%，超过容许差距范围；再进行第3次试验，4次重复的结果分别是93%、87%、89%和96%，平均值为91.25%，修约为92%，试验结果在表4-2容许差距内，并且该次试验结果与第2次试验结果的差距在表4-3容许差距范围内，这样最后填报符合要求的第2、第3次发芽试验结果平均数，为89%。

【例 4】有一批种子，种子销售者测定发芽率为 87%，而种子消费者测定为 80%，请问种子销售者的测定值可以接受吗？

解：先计算两者平均值修约为 84%，用 84%查表 4－4，得容许误差为 7%，而两者试验差距为 7%，所以销售者的测定值可以接受。

【例 5】在例 4 中，如果第 1 次测定为 80%，而第 2 次测定为 88%，由于第 2 次测定好于第 1 次测定，就不必计算，得出第 1 次测定值可以接受。

任务三　包衣种子发芽试验

•【知识目标】

了解包衣种子发芽的目的，掌握包衣种子发芽试验的方法和程序。

•【技能目标】

能够正确对包衣种子进行发芽试验。

一、包衣种子发芽试验的目的

包衣种子进行发芽试验不仅可测定包衣种子批的最大发芽潜力，而且可检查包衣加工过程对种子是否有不利影响。包衣种子的发芽试验可用不脱去包衣材料的净丸化（净包膜）种子和脱去包衣材料的净种子。如同净度分析一样，后者只在特殊情况下，即应送验者要求或为了核实（或比较）丸化（或包膜）种子内的净种子发芽能力时才使用。后者与非包衣种子检验程序完全相同，在除去包衣材料时不应影响种子的发芽率。

二、包衣种子发芽试验的测定程序

1. 数取试样　除委托检验外，包衣种子发芽试验的试样从经净度分析后的净丸化（净包膜）种子中分取，先将其充分混合，随机数取 400 粒，每个重复 100 粒。

种子带种子的发芽试验在带上进行，不必从制带物质中取下种子。试验样品由随机取得的带片组成，重复 4 次，每重复至少含 100 粒种子。

2. 置床培养　发芽床、发芽温度、光照条件和特殊处理依据《农作物种子检验规程　发芽试验》(GB/T 3543.4—1995）的规定。

当发芽结果不能令人满意时，发芽床最好采用砂床，有时也可用土壤床。丸化种子应采用褶折纸作为发芽床，种子带必须采用纸间的发芽方法。

供水情况依据包衣材料和种子种类而不同。如果包衣材料黏附在子叶上，可在计数时用水小心喷洗幼苗。

3. 幼苗的计数与鉴定　试验时间可能比表 4－1 所规定的时间要长。但发芽缓慢可能表明试验条件不是最适宜的，因此需用一个脱去包衣材料的种子发芽试验作为对照。幼苗异常情况可能由丸化或包膜材料所引起，当发生怀疑时，用土壤床进行重新试验。

正常幼苗与不正常幼苗的鉴定标准仍按 GB/T 3543.4—1995 的规定进行。一颗丸化种子，如果至少能产生送验者所叙述种的一株正常幼苗，即认为具有发芽力；如果不是送验者所叙述的种，即使长成正常幼苗，也不能包括在发芽率内。

复粒种子构造可能在丸化种子中发生，或者在一颗丸化种子中发现一粒以上种子。在这种情况下，应把这些颗粒作为单粒种子试验，试验结果按一个构造或丸化种子至少产生一株正常幼苗的百分率表示。对产生两株或两株以上正常幼苗的丸化种子，要分别计数其颗数。

在试验中，发现新鲜不发芽种子或其他休眠种子时，可采用破除种子休眠的方法处理，重新试验。

4. 结果计算、表示与报告 结果以粒数的百分率表示。进行种子带发芽试验时，要测定种子带总长度（或面积），记录正常幼苗总数，计算每米（或每平方米）的正常幼苗数。

结果报告按 GB/T 3543.4—1995 的规定填报。

拓展阅读

破除种子休眠的方法

种子休眠是种子本身未完全达到生理成熟或存在着发芽障碍，虽然给予适宜的发芽条件但仍不能萌发的现象。种子的休眠对植物本身来说是有利的特性，它可以抵抗不良环境条件。但另一方面，种子休眠也给农业生产造成一些困难。如作物到了播种季节而种子尚处于休眠状态，田间出苗参差不齐，出苗率低；处于休眠的种子在测定种子发芽率时，因种子处于休眠状态就很难测到正确结果，对确定播种量以及播种适期也会造成一些困难。种子的发芽试验对生产经营和农业生产非常重要。种子收购入库后做好发芽试验可掌握种子的质量状况，给生产经营者提供可靠的依据。在种子贸易时也常需要在短时间内了解种子批的发芽率。如果种子正处于休眠状态则难以通过发芽测定得到结果，影响经营者的决策，延误商机。所以，能正确快速判定种子发芽潜力显得尤为重要。为了加快种子萌发和提高种子发芽率，常使用人工方法打破种子休眠。

一、破除休眠

破除种子休眠的方法很多，有化学试剂处理、物理机械方法处理、温度处理（如加热干燥处理、预先冷冻处理等）和层积处理等。可以根据不同作物的休眠原因和种子的数量选用适宜的方法。

（一）破除生理休眠的方法

1. 预先冷冻处理（低温法） 试验前将各重复种子放在湿润的发芽床上，在 5～10 ℃进行预冷处理，如大麦、小麦、油菜种子在 5～10 ℃处理 3 d，然后在规定的条件下发芽。低温预先冷冻处理常能使休眠种子发芽完全或接近完全，所以可以作为解除种子休眠的常规方法。

2. 硝酸处理 硝酸等含氮化合物对破除水稻休眠种子非常有效，可用 0.1 mol/L 硝酸溶液浸种 16～24 h，冲洗后置床发芽。

3. 硝酸钾处理 适用于禾谷类、茄科等许多休眠种子。在置发芽床时，发芽床可用

0.2%的硝酸钾溶液湿润。在试验期间水分不足时可加水湿润。

4. 赤霉素（GA_3）处理 赤霉素能破除多种种子的休眠，燕麦、大麦、黑麦和小麦种子用0.05%赤霉素溶液湿润发芽床，当休眠较浅时用0.02%的溶液，当休眠较深时需用0.1%的溶液。芸薹属可用0.01%或0.02%的赤霉素溶液处理。

5. 过氧化氢处理 过氧化氢是常用的一种氧化剂，它可用于种皮透气性差的休眠种子，不同作物种子由于其种皮组织和透气性的差异，应分别采用适宜浓度的药液。如大麦、小麦和水稻休眠种子的处理，用29%浓过氧化氢处理时，小麦浸种5 min，大麦浸种10～20 min，水稻浸种2 h，处理后，需马上用吸水纸吸去种子上的过氧化氢，再置床发芽；用淡过氧化氢处理时，小麦用1%浓度，大麦用1.5%浓度，水稻用3%浓度，均浸种24 h。

6. 去稃壳处理 水稻用出糙机脱去稃壳，有稃大麦剥去胚部稃壳，菠菜剥去果皮或切破果皮，瓜类磕破种皮。

7. 加热干燥处理（高温法） 将发芽试验的各重复种子摊成一薄层，放在通风良好的条件下，于30～40 ℃干燥处理数天。各种作物种子加热干燥的温度和时间见表4-6。

表4-6 各种作物种子加热干燥的温度和时间

作物名称	温度/℃	时间/d
大麦、小麦	30～35	3～5
高粱	30	2
水稻	40	5～7
花生	40	14
大豆	30	0.5
向日葵	30	7
棉花	40	1
烟草	30～40	7～10
胡萝卜、芹菜、菠菜、洋葱、黄瓜、甜瓜、西瓜	30	3～5

资料来源：全国农作物种子标准化技术委员会，1996，《农作物种子检验规程 发芽试验》（GB/T 3543.4—1995）。

（二）除去抑制物质的方法

甜菜、菠菜等种子单位的果皮或种皮内有发芽抑制物质时，可把种子浸在温水或流水中预先洗涤，甜菜复胚种子洗涤2 h，遗传单胚种子洗涤4 h，菠菜种子洗涤1～2 h。然后将种子干燥，干燥时最高温度不得超过25 ℃。

二、破除硬实的方法

硬实是一种特殊的休眠形式，其休眠的破除在于改变种皮的透水性，因此可采用多种方法损伤种皮，以达到促进萌发的目的，如温度处理（高温、冷冻、变温等处理）。

1. 开水烫种 适用于棉花和豆类的硬实。发芽试验前将种子用开水烫种2 min，然后发芽。

2. 机械损伤 小心地将种皮刺穿、削破、锉伤或用砂纸摩擦。豆科硬实可用针直接刺入子叶部分，也可用刀片切去部分子叶。

技能训练

种子发芽力检验技术

一、实训目的

熟悉主要作物种子的发芽条件，掌握种子发芽力检验技术。

二、材料用具

1. 材料 经过净度检验的净种子。

2. 用具 发芽箱或人工气候箱、数粒仪、方形透明塑料发芽盒、长方形透明塑料发芽盒、玻璃培养皿、发芽纸、消毒砂、镊子、标签等。

三、方法步骤

(一) 水稻种子发芽方法

水稻种子发芽技术规定为发芽床 TP/BP/S，温度 20～30 ℃/30 ℃，初次计数第 5 天，末次计数第 14 天，新收获的休眠种子需预先加温、40 ℃、5～7 d，或在 0.1 mol/L 的 HNO_3 中浸种 24 h。本试验用方形透明塑料发芽盒，垫入两层预先浸湿的发芽纸，用方形数种头数种，每盒播入 100 粒种子，4 次重复，放在规定温度和光照下培养。第 5 天计数正常幼苗数，第 14 天计数正常幼苗数、不正常幼苗数、硬实数、新鲜不发芽种子数和死种子数。

(二) 玉米种子发芽方法

玉米种子发芽技术规定为发芽床 BP/S，温度 20～30 ℃/25 ℃/20 ℃，初次计数第 4 天，末次计数第 7 天。采用砂床，将消毒砂调节到适宜的湿度，装入长方形塑料发芽盒内，厚度 2～3 cm，然后用活动数种板播上 50 粒种子，再盖上 1.5～2.0 cm 厚的湿砂，盖好盖子，放在规定温度和光照下培养。第 4 天计数正常幼苗数，第 7 天计数正常幼苗数、不正常幼苗数、硬实数、新鲜不发芽种子数和死种子数。

水稻和玉米属于子叶留土型发芽的单子叶植物，幼苗鉴定标准如下。

1. 正常幼苗（幼苗的全部主要构造均应正常）

根系：初生根完整或带有轻微缺陷，如褪色、有坏死斑点、开裂已愈合。若初生根有缺陷，需次生根正常，并有足够的数目。

幼芽：中胚轴完整或带有轻微缺陷，如褪色、有坏死斑点、破裂已愈合、稍有弯曲。

芽鞘：完整或带有轻微缺陷，如褪色、有坏死斑点、稍有弯曲、顶端开裂少于 1/3 或等于 1/3。

叶片：完整，近芽鞘顶端伸出，至少达一半长度；或有轻微缺陷，如褪色、有坏死斑点、轻微损伤。

2. 不正常幼苗（幼苗有一个或数个主要构造有缺陷，或正常发育受影响，或整株有缺陷，如畸形、黄化或白化、纤细、玻璃状、两株连在一起、由初生感染引起的腐烂。先长芽鞘，后长根）

根系：初生根有缺陷或无功能，或次生根缺失，如发育不良、停滞、障碍、缺失、破裂、从顶端开裂、收缩、纤细、负向生长、玻璃状、由初次感染引起的腐烂。

幼芽：中胚轴有缺陷，如破裂、形成环状或螺旋状、严重卷曲、由初次感染引起的腐烂。

芽鞘：有缺陷，如畸形、破裂、顶端损伤、缺失、形成环状或螺旋状、严重卷曲、从顶端开裂并超过总长度的1/3、基部开裂、纤细、由初生感染引起的腐烂。

叶片：有缺陷，叶片不到芽鞘长度的一半、缺失、弯曲及其他畸形。

（三）小麦种子发芽方法

小麦种子发芽技术规定为发芽床TP/BP/S，温度20 ℃，初次计数第4天，末次计数第8天，休眠种子预先加热30～35 ℃、3～5 d，或预先冷冻5～10 ℃，或用0.05%（*m*/*V*）GA_3浸种。采用纸卷发芽，先将发芽纸巾（36 cm×28 cm）预湿并拧干，两层垫平铺在工作台上，编号，然后播上100粒种子，再覆盖上一层湿纸巾，左边折起2 cm宽，卷成松的纸巾卷，垂直竖在透明塑料盒中，重复4次，套上透明塑料袋，在20 ℃条件下发芽（如新收获的有休眠种子，须在5～10 ℃条件下预先冷冻处理5天，预先冷冻处理时间不计入发芽时间）。至第4天计数正常幼苗数，第8天计数正常幼苗数、不正常幼苗数、硬实数、新鲜不发芽种子数和死种子数。

小麦为子叶留土型发芽的单子叶植物，幼苗鉴定标准如下。

1. 正常幼苗（幼苗的全部主要构造均应正常）

根系：至少有两条种子根完整或有1条强壮的种子根，或仅有轻微缺陷，如褪色、有坏死斑点。

幼芽：中胚轴完整或仅有轻微缺陷，如褪色、有坏死斑点。

芽鞘：完整或仅有轻微缺陷，如褪色、有坏死斑点、稍有弯曲、从顶端开裂长度少于1/3或等于1/3。

叶片：完整，从芽鞘顶端长出，至少达其长度的1/2，或褪色、有坏死斑点、稍有损伤等轻微缺陷。

2. 不正常幼苗（幼苗有1个或数个主要构造不正常，或发育受阻，幼苗有缺陷，如畸形、两株苗连在一起、黄化或白化、纤细、玻璃状、由初生感染引起的腐烂等）

根系：种子根有缺陷或无功能，如发育不良、停滞、仅有1条细弱种子根、破裂、收缩、纤细、负向生长、玻璃状、由初生感染引起的腐烂。

幼芽：中胚轴有缺陷，如破裂、由初生感染引起的腐烂。

芽鞘：有缺陷，如畸形、由植物中毒引起的缩短、变粗、破损、残缺、形成环状或螺旋状、严重弯曲、卷曲、从顶端开裂大于其总长的1/3、基部开裂、纤细、由初生感染引起的腐烂。

叶片：有缺陷，如长度不到芽鞘的一半、无叶、碎裂或其他畸形等。

（四）大豆种子发芽方法

大豆种子发芽技术规定为发芽床BP/S，温度20～30 ℃/20 ℃，初次计数第5天，末次计数第8天。采用长方形透明塑料盒，砂床发芽，将砂高温消毒（130 ℃，2 h），筛取0.05～0.8 mm砂，调到适宜水分（饱和含水量80%），装入塑料盒内，厚度2～3 cm，用活动数种板播50粒种子，覆盖1.5～2.0 cm厚的湿砂，放在20 ℃的光照下发芽。第5天计数正常幼苗数，第8天计数正常幼苗数、不正常幼苗数、硬实数、新鲜不发芽种子数和死种子数。

大豆幼苗属于子叶出土型发芽的双子叶植物，其幼苗鉴定标准具体如下。

1. 正常幼苗（幼苗全部主要构造均为正常）

根系：初生根完整或带有轻微的缺陷，如褪色或有坏死斑点、破裂不深且已愈合。如果初生根有缺陷，需次生根发育良好。

幼芽：上胚轴和下胚轴完整或带有轻微缺陷，无功能面积小于50%，有3片初生叶。

子叶：完整或仍有轻微的缺陷，如无功能面积小于50%，有3片初生叶。

初生叶：完整或仅带轻微缺陷，如无功能面积小于50%，有3片初生叶。

2. 不正常幼苗（幼苗有一个或几个主要构造不正常或正常发育受阻、畸形、破裂、先长子叶后长根、两株苗连生在一起、黄化或白化、纤细、玻璃状、由初生感染引起的腐烂等）

根系：初生根有缺陷或无功能，如发育不良、停滞、破裂、顶端开裂、收缩、卷曲、纤细、卷缩在种皮里、负向生长、玻璃状、由初生感染引起的腐烂。

幼芽：下胚轴或上胚轴均有缺陷，如缩短、变粗、深度破裂、中心撕裂、收缩、弯曲、形成环状、严重卷曲、螺旋状、纤细、玻璃状、由初生感染引起的腐烂。

子叶：有缺陷，无功能面积已超过50%，如畸形、损伤、分离、残缺、褪色、有坏死点、由初生感染引起的腐烂。

初生叶：有缺陷，无功能面积已扩散50%以上，如卷曲、畸形、损伤、分离、残缺、褪色、坏死、由初生感染引起的腐烂。

顶芽：有缺陷或残缺。

四、结果计算和报告

将测定结果记载于表4-7中。

表4-7 种子发芽试验原始记载

试验编号							置床日期					年　月　日									
作物名称			品种名称						每重复置床种子数												
		重　复																			
		Ⅰ					Ⅱ					Ⅲ					Ⅳ				
日期	天数	正	不	硬	新	死	正	不	硬	新	死	正	不	硬	新	死	正	不	硬	新	死
合计																					
正常幼苗	%	发芽床：																			
不正常幼苗	%	温度：																			
硬实	%	试验持续时间：																			
新鲜未发芽种子	%	发芽前处理方法：																			
死种子	%	使用仪器：																			
合　计		其他说明：																			

试验人：　　　　　　　　校核人：　　　　　　　　日期：

五、作业

（1）分小组或单独按照方法步骤完成实训，将每一步的数据及时填入表4-7。

（2）对实训结果进行分析并查找原因。

六、考核标准

学生单独进行操作，要求每人都要会做种子发芽试验。

思维导图

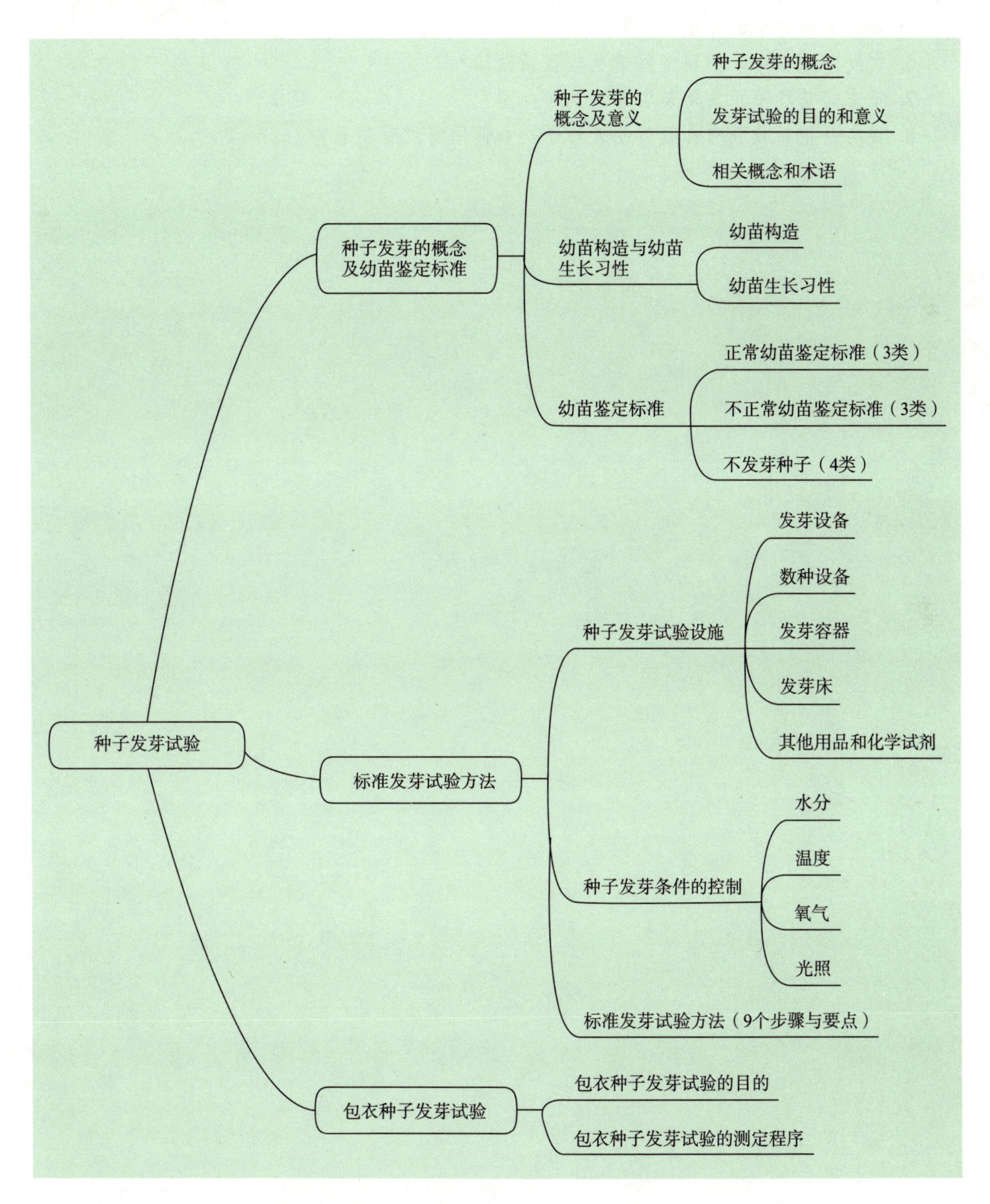

复习思考

1. 为什么要进行种子发芽试验?
2. 发芽势和发芽率有何区别?
3. 常用的发芽床有几种? 如何使用?
4. 种子发芽需要哪些必要条件?
5. 如何破除种子的休眠?
6. 在发芽试验中，出现哪些情况应重新试验?
7. 正常幼苗和不正常幼苗各有哪几种类型?
8. 现有一批新收获有休眠的小麦种子，如何做好发芽试验?

项目五　种子生活力测定

项目导读

在种子检验工作中，除了完成种子质量必检项目外，有时候还要进行其他项目的检验，以进一步对种子质量进行评价。本项目主要介绍了种子生活力测定的意义、原理与方法；通过学习与训练让学生掌握种子生活力测定的方法，提高学生的操作水平，培养学生严谨的工作态度。

任务一　种子生活力测定的意义

●【知识目标】

明确种子生活力的含义、测定的意义，了解种子生活力的多种测定方法。

●【技能目标】

能够按照种子检验规程的要求确定种子生活力的测定方法。

一、种子生活力的含义

种子生活力是指种子发芽的潜在能力或种胚所具有的生命力，通常是指一批种子中具有生命力（即活的、适宜条件下）种子数占种子总数的百分率。种子生活力指的是种子生命力的有无，即种子是否存活，它是种子发芽潜力的一个指标。

二、种子生活力测定的意义

当采用标准发芽试验测不出种子的最高发芽率时，必须进行生活力测定，种子生活力测定在农业生产上具有重要的意义。

1. 测定休眠种子的生活力　许多植物种子因存在休眠，暂时不能萌发，因此发芽率很低，如新收获的小麦、大麦、水稻、菠菜、芹菜等种子，发芽率只有10%～30%，尤其是野生性强的种子，如野生稻、花卉、牧草和药材种子，其休眠性更强。但实际上大多数种子是有生活力的，只是处于休眠状态暂时不发芽。在一个样品中全部有生活力的种子应包括能发芽的种子和暂时不能发芽而具有生命力的休眠种子，因此，进行生活力测定可了解种子的潜在发芽能力，以便合理利用种子。播种前对发芽率低而生活力高的种子应进行适当的处理后再播种，而发芽率低生活力也低的种子不能作种用。种子检验时，若发芽试验末期有新鲜不发芽种子或硬实种子，也应接着进行生活力测定，以正确评定种子品质。

2. 快速预测种子的发芽力 休眠种子可借助于各种处理措施打破休眠，然后进行发芽试验，但所需时间较长，如小麦需 8 d，水稻需 14 d，某些蔬菜和牧草种子需 2～3 周，多数林木种子则需要更长的时间。在种子收购或调运时，有时因时间紧迫，不可能采用标准发芽试验来测定发芽率，在这种情况下，可用生物化学速测法测定种子生活力作为参考，而林木种子可用生活力来代替发芽率。

三、种子生活力测定方法分类

种子生活力测定方法有十多种，根据其测定原理可大致分为生物化学法、组织化学法、荧光分析法及离体胚测定法 4 类。其中生物化学法包括四唑（TTC）测定法、溴麝香草酚蓝（BTB）法、亚甲蓝（MB）法、中性红法和二硝基苯法等；组织化学法包括靛蓝染色法、红墨水染色法和软 X 射线造影法等。正式列入《国际种子检验规程》和我国《农作物种子检验规程》的生活力测定方法是四唑（TTC）测定法。

任务二　种子生活力测定的原理与方法

●【知识目标】

了解种子生活力测定的方法及原理。

●【技能目标】

能够按照种子检验规程的要求进行种子生活力测定。

一、四唑（TTC）测定法

四唑测定是世界公认、国内外广泛应用的最有效的种子生活力测定方法。该方法目前在世界上已经发展到成熟阶段，其原理可靠，结果准确；是用种子内部存在的还原反应显色来判断种子的死活，不受休眠的限制；一般 6～24 h 就可获得结果，与发芽试验相比方法简便、省时快速，测定所用仪器设备和用品较少，成本低廉。

根据《国际种子检验规程》规定，四唑染色法可适用于下列情况快速测定种子生活力：①测定具有深休眠种子和收获后要立即播种的种子的潜在发芽能力；②测定发芽缓慢种子、发芽试验末期仍没有发芽的种子的发芽潜力；③测定种子收获期间或加工过程中的损伤（如热伤害、机械伤害、虫蛀、化学伤害等）原因；④测定探明发芽试验中不正常幼苗产生的原因和杀菌剂处理或种子包衣等处理的伤害；⑤测定查明种子贮藏期间劣变衰老的程度，根据染色图形及程度分级来评定种子生活力水平；⑥测定要快速了解种子发芽潜力的种子的生活力，如调种时间紧迫等原因。

（一）测定原理

有生活力的种子的活细胞在呼吸过程中都会发生氧化还原反应。氯化（或溴化）三苯基四氮唑（TTC）溶液作为一种无色的指示剂，被种子活组织吸收后，参与活细胞的还原反应，从脱氢酶接受氢离子，无色的氯化（或溴化）三苯基四氮唑（TTC）在活细胞里还原为红色、稳定、不扩散、不溶于水的三苯基甲臜（TTF）。化学反应式如下。

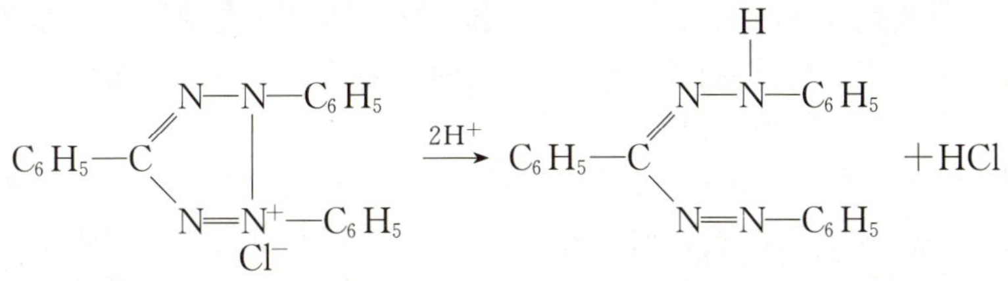

$$
\begin{array}{c}
C_6H_5-C\left\langle\begin{array}{l} =N-N-C_6H_5 \\ \qquad\quad | \\ -N=N^{+}-C_6H_5 \\ \qquad\quad Cl^{-} \end{array}\right.
\end{array}
\xrightarrow{2H^{+}}
\begin{array}{c}
\qquad\quad H \\
\qquad\quad | \\
C_6H_5-C\left\langle\begin{array}{l} =N-N-C_6H_5 \\ -N=N-C_6H_5 \end{array}\right.
\end{array}
+HCl
$$

（TTC）无色　　　　（TTF）红色

依据四唑染成的颜色和部位，即可区分种子红色的有生活力部分和无色的死亡部分。一般来说，单子叶植物种子的胚和糊粉层、双子叶植物种子的胚和部分双子叶植物的胚乳、裸子植物种子的胚和配子体等属于活组织，含有脱氢酶，四唑渗入后能染成红色，而种皮和禾谷类胚乳等为死组织，不能染色。同时，种子的生活力越强，代谢活动越旺盛，种子组织里的脱氢酶活性越强，被染成红色的程度越深。死亡的种子由于没有呼吸作用，因而不会将TTC还原为红色，种胚生活力衰退或部分丧失生活力，则染色较浅或局部被染色。因此，可以根据种胚染色的部位以及染色的深浅程度来判定种子的生活力。

（二）测定试剂

1. 四唑染色溶液　种子生活力测定的四唑盐有多种，最常用的是2，3，5-氯化（或溴化）三苯基四氮唑，简称四唑，缩写为TTC（TTB）或TZ，分子式为$C_{19}H_{15}N_4Cl$，相对分子质量为334.8。该药品为白色或淡黄色的粉剂，熔点243 ℃，当达到245 ℃就会分解，易溶于水，有微毒，在直射光线下会被还原成粉红色，因此试剂需用棕色瓶盛装，并用黑纸外包一层。

GB/T 3543.7—1995中规定四唑染色通常使用浓度为0.1%～1.0%，一般切开胚的种子可用0.1%～0.5%浓度的四唑溶液；整胚、整粒种子及斜切、横切或穿刺的种子需用1.0%四唑溶液。染色的时间与四唑溶液的浓度和温度有关，一般是随着四唑溶液浓度和温度的增加，染色所需时间随之缩短。

四唑溶液的pH在6.5～7.5，可用磷酸缓冲液来配制。配制方法是称取1 g（或0.1 g）四唑粉剂溶解在100 mL磷酸缓冲液中，即可配成1.0%（或0.1%）浓度的四唑溶液。当用酸度计测定时，如果四唑溶液的pH不在要求范围时，则可用氢氧化钠或碳酸氢钠稀溶液进行调节，配好的四唑溶液也应装入棕色玻璃瓶里，存放于暗处，在进行种子染色时，将其放在暗处或弱光处。一般配制好的四唑溶液有效期为数月，如果药液存放在冰箱里，则保存的时间更长。用过的四唑溶液不能重复使用。

2. 磷酸缓冲液　配制方法有两种。

（1）ISTA规程法。首先配成两种母液。

溶液Ⅰ：称取9.078 g磷酸二氢钾（KH_2PO_4）溶解在1 L蒸馏水中。

溶液Ⅱ：称取9.472 g磷酸氢二钠（Na_2HPO_4）或11.876 g $Na_2HPO_4 \cdot 2H_2O$溶解在

1 L蒸馏水中。

溶液Ⅰ2 份、溶液Ⅱ3 份混合即成。

(2) AOSA 规程法。称取 5.45 g 磷酸二氢钠（NaH_2PO_4）和 3.79 g 磷酸氢二钠（Na_2HPO_4）溶解在 1 L 蒸馏水中。

3. 乳酸苯酚透明液 配制方法是取 20 mL 乳酸、20 mL 苯酚、40 mL 甘油和 20 mL 蒸馏水混合配成，药液有毒性，配制时最好戴手套，并在通风橱内操作，使用时谨防触及皮肤或衣服等。其作用是使小粒豆类和牧草等种子经四唑染色后种皮、稃壳和胚乳变得透明，以便清楚地观察胚主要构造的染色情况。

4. 过氧化氢（H_2O_2）溶液 一般用 0.3%H_2O_2溶液。过氧化氢溶液是用于某些牧草种子（如黑麦草、早熟禾、羊茅等）的预湿浸种，以加快种子吸胀和酶的活化。

5. 杀菌剂和抗生素 如 0.5%青霉素等抗生素。应把微量的杀菌剂或抗生素加到四唑溶液里或染色样品中，可延缓衰弱种子的劣变进程，并消除微生物对测定结果的影响。在使用带有毒性的杀菌剂处理种子时，最好用凡士林或其他皮肤保护剂涂抹手指，以防杀菌剂刺激皮肤。

6. 胶液硬化剂 有些种子浸种后，种皮表面出现胶黏物质而变得非常光滑难以进行样品准备，可用明矾 [$AlK(SO_4)_2 \cdot 12H_2O$]、硫酸钾（K_2SO_4）、硫酸铝 [$Al_2(SO_4)_3$] 等硬化剂处理。

(三) 测定步骤

1. 试验样品的数取 种子生活力测定的样品是从净度分析后充分混匀的净种子中随机数取，每个样品数取 200～400 粒种子，每 100 粒为 1 个重复（GB/T 3543.7—1995 规定每次试验至少测定 200 粒种子）。如果是测定发芽试验末期休眠种子的生活力，则单用发芽试验末期所发现的休眠种子。

2. 种子预处理 在正式测定前，对所测种子样品需经过预处理（预措、预湿），其主要目的是使种子加快充分吸湿，软化种皮，方便样品准备和促进活组织酶系统的活化，以提高染色的均匀度、鉴定的可靠性和正确性。

(1) 预措。是指在种子预湿前除去种子的外部附属物和在种子非要害部位弄破种皮，如水稻种子需脱去内外稃壳，豆科硬实种子刺破种皮等，但须注意预措不能损伤种子内部胚的主要构造。绝大多数种子不需进行预措处理，但有一些种子在预湿前要进行预措处理。

(2) 预湿。为加快种子充分吸湿、软化种皮，便于样品准备，以提高染色的均匀度，在染色前要进行预湿。种子吸湿后，使得切开、针挑种皮或扯开营养组织变得容易，而干种子则操作困难，切开时容易切破且切面存在破碎粉块。预湿是四唑染色测定的必要步骤，预湿方法目前常用的有以下两种。

一是缓慢润湿，按种子发芽试验所采用的方法，将种子放在纸床上或纸巾间，让其缓慢吸湿。该法适用于那些直接浸在水中容易破裂和损伤的种子，以及已经劣变的种子或过分干燥的种子，《农作物种子检验规程　其他项目检验》（GB/T 3543.7—1995）规定，像大豆、菜豆、葱、花生等种子，通常要求缓慢纸间预湿。

二是水中浸渍，是将种子完全浸入水中，种子吸水快、均匀，并可缩短预湿时间。该法适用于水稻、小麦、大麦、燕麦、玉米等，浸种一般采用 20～30 ℃或 30 ℃水温。有时为了加快种子吸水，温季作物种子也可用40～45 ℃水温浸渍。应特别注意，如果浸种温度过高或浸种时间过长会引起种子劣变，造成人为的水浸损伤，从而影响鉴定结果。

许多禾谷类种子既可水浸预湿，又可缓慢纸床预湿。当然，这类种子也可先进行缓慢预湿，待胚组织变柔软后，再放入水中进一步吸胀，以加快吸水速度。不同种类种子的具体预湿温度和时间可参考表5-1。

表5-1 农作物种子四唑染色技术规定

种（变种）名	预湿方式	预湿时间/h	染色前的准备	溶液浓度/%	35 ℃染色时间/h	鉴定前的处理	有生活力种子允许不染色、较弱或坏死的最大面积	备注
小麦、大麦、黑麦	纸间或水中	30 ℃恒温水浸种3～4 h或纸间12 h	（1）纵切胚和3/4胚乳。（2）分离带盾片的胚	0.1	0.5～1.0	（1）观察切面。（2）观察胚和盾片	（1）盾片上下任一端1/3不染色。（2）胚根大部分不染色，但不定根原始体必须染色	盾片中央有不染色组织，表明受到热损伤
普通燕麦、裸燕麦	纸间或水中	同上	（1）除去稃壳，纵切胚和3/4胚乳。（2）在胚部附近横切	0.1	同上	（1）观察切面。（2）沿胚纵切	同上	同上
玉米	纸间或水中	同上	纵切胚和大部分胚乳	0.1	同上	观察切面	胚根；盾片上下任一端1/3不染色	同上
黍粟	纸间或水中	同上	（1）在胚部附近横切。（2）沿胚乳尖端纵切1/2	0.1	同上	切开或撕开，使胚露出	胚根顶端2/3不染色	—
高粱	纸间或水中	同上	纵切胚和大部分胚乳	0.1	同上	观察切面	（1）胚根顶端2/3不染色。（2）盾片上下任一端1/3不染色	—
水稻	纸间或水中	12	纵切胚和3/4胚乳	0.1	同上	观察切面	胚根顶端2/3不染色	必要时可除去内外稃
棉花	纸间	12	（1）纵切1/2种子。（2）切去部分种皮。（3）去掉胚乳遗迹	0.5	2～3	纵切	（1）胚根顶端1/3不染色。（2）子叶表面有小范围的坏死或子叶顶端1/3不染色	有硬实应划破种皮
甜荞、苦荞	纸间或水中	30 ℃水中3～4 h或纸间12 h	沿瘦果近中线纵切	1.0	2～3	观察切面	（1）胚根顶端1/3不染色。（2）子叶表面有小范围的坏死	—

（续）

种（变种）名	预湿方式	预湿时间/h	染色前的准备	溶液浓度/%	35 ℃染色时间/h	鉴定前的处理	有生活力种子允许不染色、较弱或坏死的最大面积	备注
菜豆、豌豆、绿豆、花生、大豆、豇豆、扁豆、蚕豆	纸间	6～8	无须准备	1.0	3～4	切开或除去种皮，掰开子叶，露出胚芽	（1）胚根顶端不染色，花生为1/3，蚕豆为2/3，其他种为1/2。（2）子叶顶端不染色，花生为1/4，蚕豆为1/3，其他种为1/2。（3）除蚕豆外，胚芽顶端部1/4不染色	—
南瓜、丝瓜、黄瓜、西瓜、冬瓜、苦瓜、甜瓜、瓠瓜	纸间或水中	在20～30 ℃水中浸6～8 h或纸间24 h	（1）纵切1/2种子。（2）剥去种皮。（3）西瓜用干燥布或纸揩擦，除去表面黏液	1.0	2～3，但甜瓜1～2	除去种皮和内膜	（1）胚根顶端1/2不染色。（2）子叶顶端1/2不染色	—
白菜型油菜、不结球白菜、结球白菜、甘蓝型油菜、甘蓝、花椰菜、萝卜、芥菜	纸间或水中	30 ℃温水中浸种3～4 h或纸间5～6 h	（1）剥去种皮。（2）切去部分种皮	1.0	2～4	（1）纵切种子使胚中轴露出。（2）切去部分种皮使胚中轴露出	（1）胚根顶端1/3不染色。（2）子叶顶端有部分坏死	—
葱属（洋葱、韭菜、葱、韭葱、细香葱）	纸间	12	（1）沿扁平面纵切，但不完全切开，基部相连。（2）切去子叶两端，但不损伤胚根及子叶	0.2	0.5～1.5	（1）扯开切口，露出胚。（2）切去一薄层胚乳，使胚露出	（1）种胚和胚乳完全染色。（2）不与胚相连的胚乳有少量不染色	—
辣椒、甜椒、茄子、番茄	纸间或水中	在20～30 ℃水中3～4 h或纸间12 h	（1）在种子中心刺破种皮和胚乳。（2）切去种子末端，包括一小部分子叶	0.2	0.5～1.5	（1）撕开胚乳，使胚露出。（2）纵切种子使胚露出	胚和胚乳全部染色	—

（续）

种（变种）名	预湿方式	预湿时间/h	染色前的准备	溶液浓度/%	35℃染色时间/h	鉴定前的处理	有生活力种子允许不染色、较弱或坏死的最大面积	备注
芫荽、芹菜、胡萝卜、茴香	水中	在20～30℃水中3 h	(1) 纵切种子一半，并撕开胚乳，使胚露出。(2) 切去种子末端1/4或1/3	0.1～0.5	6～24	(1) 进一步撕开切口，使胚露出。(2) 纵切种子，露出胚和胚乳	胚和胚乳全部染色	—
苜蓿属、草木樨属、紫云英	水中	22	无须准备	0.5～1.0	6～24	除去种皮，使胚露出	(1) 胚根顶端1/3不染色。(2) 子叶顶端1/3不染色，如在表面可1/2不染色	—
莴苣、茼蒿	水中	在30℃水中浸2～4 h	(1) 纵切种子上半部（非胚根端）。(2) 切去种子末端，包括一部分子叶	0.2	2～3	(1) 切去种皮和子叶，使胚露出。(2) 切开种子末端轻轻挤压，使胚露出	(1) 胚根顶端1/3不染色。(2) 子叶顶端1/2表面不染色，或1/3弥漫性不染色	—
向日葵	水中	3～4	纵切种子上半部或除去果壳	1.0	3～4	除去果壳	(1) 胚根顶端1/3不染色。(2) 子叶顶端表面1/2不染色	—
甜菜	水中	18	(1) 除去盖着种胚的帽状物。(2) 沿胚与胚乳之界线切开	0.1～0.5	24～28	扯开切口，使胚露出	(1) 胚根顶端1/3不染色。(2) 子叶顶端1/3不染色	—
菠菜	水中	3～4	(1) 在胚与胚乳之边界刺破种皮。(2) 在胚根与子叶之间横切	0.2	0.5～1.5	(1) 纵切种子，使胚露出。(2) 掰开切口，使胚露出	同上	—

资料来源：全国农作物种子标准化技术委员会，1996，《农作物种子检验规程　其他项目检验》（GB/T 3543.7—1995）。

3. 染色前的准备　染色前应对软化的种子进行样品准备，目的是为了使胚的主要构造和活的营养组织暴露出来，便于四唑溶液快速而充分地渗入和观察鉴定。准备方法因种子构造和胚的位置不同而异（表5-1），主要介绍以下几种样品准备方法。

（1）不需预湿和附加准备。主要是对种皮渗水性良好的小粒豆类种子采用，如紫花苜蓿和小扁豆等种子吸水快，在四唑溶液里染色时，能随四唑溶液的渗入而吸胀，并在染色后采用透明液使种皮变为透明，能正确鉴定种子生活力。

（2）采用缓慢预湿后不需样品准备。主要用于种皮具有良好透水性的大粒豆类，如菜豆和大豆等。但在染色后观察鉴定前需剥去种皮，以便观察得更清楚，鉴定结果更可靠。

(3) 穿刺或切开胚乳。主要用于小粒牧草种子，如小糠草（林地早熟禾）、早熟禾和梯牧草等种子，小糠草种子很小，通常采用针刺胚乳法，以使四唑溶液容易渗入胚中。其方法是将已预湿的种子连吸水纸一起移到四唑工作台上，打开底射灯光，左手拿 3～5 倍的小放大镜，右手握住细针，针头对准胚乳中心，在离胚约 1 mm 处扎下，穿刺胚乳，然后将已针刺的种子放入四唑溶液染色。梯牧草种子可用单面刀片一头从其中部半边切入，切出一个缝口，以利于四唑溶液的渗入。

(4) 沿胚纵切。适用于具有直立胚的大粒禾本科种子。如玉米、麦类和水稻等种子。方法是通过胚中轴和胚乳纵向切开，使胚的主要构造暴露出来，取其一半，用于四唑染色。

(5) 近胚纵切。这种方法适用于松柏类和伞形科等具有直立胚的种子。方法是在靠近胚的旁边纵向切去一边胚乳或胚子体，保持着胚的大半粒种子用于染色。

(6) 上半粒纵切。主要用于莴苣和菊科其他属等具有直立胚的种子。其方法是通过种子上部 2/3 处纵向切开，但不能切到胚轴。

(7) 切去种子基端。适用于茜草科等种子。方法是横向切去种子的基部尖端，使胚根尖露出，但不要切开种皮，以便保持两个胚连在一起。

(8) 斜切种子。适用于菊科、十字花科和蔷薇科等种子，如棉花、菊苣、山毛榉等胚中轴在种子基部的种子。方法是从种子的上部中央、下部偏离胚处斜向切入，并将上部大部分切开，以便四唑溶液渗入染色。

(9) 横切胚乳。主要用于黑麦草、鸭茅和羊茅等直立胚很小且位于基部的种子。其方法是在离胚大约 1 mm 的上部，横向切去胚乳，留下带胚的下部种子，供四唑测定用。切时带胚一端不能留得太长而延缓四唑溶液渗入胚部。如果留下部分长短不齐，则可能导致四唑溶液渗入时间不一致，而使不同种子染色程度不同，从而影响鉴定的结果。为了保证横切留下长度一致，即离胚的切面距离一致，最好观察一下胚的位置，并将有胚一端朝前，再在适当位置切下，有时因种子很小，很难分清胚所在的一端，就必须用放大镜看清胚的位置后再切，以保证切得正确。

(10) 剥去种皮。适用于锦葵科（如棉花）、壳斗科（如板栗）、茶科（如茶子）和旋花科（如牵牛花）等种皮较厚且颜色深的种子。其方法是用刀具将预湿后的整个种皮剥去。

(11) 横切胚轴和盾片。主要用于中粒禾本科种子，如小麦和燕麦等。其方法是在种子预湿后用单面刀片横向切去胚的上部，从切面露出胚轴、胚根、盾片等。特别是包有稃壳的燕麦种子，这种切法较为方便。

(12) 打开胚乳取出胚。该方法适用于很多林木种子。如杜仲等种子，胚完全被胚乳包围，只有切开或挑开胚乳，才能取出胚。

(13) 从果实内取出胚。主要适用于果木和林木种子。如桃，须先剥去木质化的内果皮，再剥去种皮，使胚露出。又如沙枣等种子，须先剥去果肉，洗净，然后挑去种壳，取出胚。

(14) 横切种子两端，切开胚腔。主要适用于山茱萸、胡颓子等种子。

(15) 平切果种皮和胚乳，暴露出胚的构造。有些蔬菜和农作物种子，如洋葱，甜菜、菠菜等种子，其胚为螺旋形平卧在胚乳中，只有在扁平方向削去上面一片种皮和胚乳，才能使整个胚的轮廓暴露出来，以便染色和鉴定。

部分种子染色前准备中刺、切的方法见图 5 - 1，处理后的种子要保持湿润，直到每个重复都完成为止。

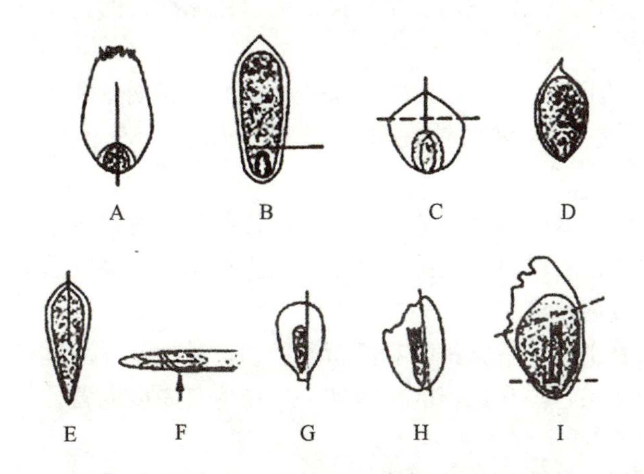

图 5 - 1 染色前准备中不同刺、切法的部位

A. 禾谷类和禾本科牧草种子通过胚和约在胚乳 3/4 处纵切 B. 燕麦属和禾本科牧草种子靠近胚部横切 C. 禾本科牧草种子通过胚乳末端部分横切和纵切 D. 禾本科牧草种子刺穿胚乳 E. 通过子叶末端 1/2 横切，如莴苣属和菊科中的其他属 F. 上述 E 进行纵切时的解剖刀部位 G. 沿胚的旁边纵切（伞形科中的种和其他具有直立胚的种） H. 针叶树种子沿胚旁边纵切 I. 在两端横切，打开胚腔，并切去小部分胚乳（配子体组织）

（张春庆等，2006. 种子检验学）

4. 染色 通过染色反应能将胚和活的营养组织里的健壮、衰弱和死亡部分的差异正确地显现出来，以便进行鉴别，判断种子的生活力和活力。

染色时将已准备好的种子样品放入染色盘中，特别细小的种子可用滤纸包起来放入容器里，加入适宜浓度的四唑溶液以完全淹没种子，已经切开胚的种子用 0.1%～0.5%的溶液，不切开胚的种子用 1.0%的溶液，移置一定温度的黑暗控温设备内或弱光下进行染色反应。到达规定时间或染色很明显时，倒去四唑溶液，用清水冲洗。

染色时间因四唑溶液浓度、温度、种子种类、样品准备方法、种子本身生活力的强弱、pH 等因素的不同而有差异。其中温度影响最大，在 20～45 ℃，温度每增加 5 ℃，则染色时间减少一半，如要求在 30 ℃下染色 6 h 的种子样品，移到 35 ℃下则只需染色 3 h，在 40 ℃下仅需 1.5 h。染色时间可按需要在 20～45 ℃适当选择，一般用 35 ℃。种子的健壮、衰弱和死亡组织，其染色的快慢也不同。一般来说衰弱组织四唑溶液渗入较快，染色也较快，健壮组织酶的活性强，染色明显。当达到规定染色时间，但样品的染色仍不够充分时，可适当延长染色时间，以便证实染色不够充分是由于四唑溶液渗入缓慢引起的，还是由于种子本身的缺陷引起的。但必须注意，染色温度过高或染色时间过长，也会引起种子组织的劣变，从而掩盖由于冻害、热伤和本身衰弱而呈现不同颜色或异常情况。

有些植物种子要求在四唑溶液中加入微量的杀菌剂或抗生素（如 0.5%的青霉素），以避免在染色过程产生带有黑色沉淀物的多泡沫溶液。

5. 鉴定前处理 鉴定前将已染色的种子进行适当的处理，使胚的主要构造和活的营养组织更加明显地暴露出来，以便观察鉴定。目前国际上采用的方法如下。

（1）不需处理，直接观察。适用于染色前已进行样品准备的整个胚、摘出的胚中轴、纵切或横切的胚等样品。

（2）轻压出胚。适用于样品准备时仅切去种子的一部分、胚的大部分仍留在营养组织内的样品。在鉴定前需用解剖针在种子上稍加压力，使胚向切口滑出，以便观察鉴定。

（3）扯开营养组织，暴露出胚。适用于染色前样品准备时仅撕去种皮或仅切去部分营养组织的样品。其方法是扯去遮盖住胚的营养组织或弄掉切口表面的营养组织，使胚的主要构造完全暴露在外面，以便鉴定。

（4）切去一层营养组织，暴露出胚和活营养组织。适用于样品准备时仅切去或切开种子上半粒或基部的种子样品，需在适当的位置切去一层适宜厚度的营养组织，才能看清胚和活营养组织的染色情况。

（5）沿胚中轴纵切，暴露出胚的构造。这种方法适用于样品未准备的种子，如有些豆类种子。

（6）沿种子中线纵切，暴露出胚和活营养组织。这种方法适用于样品准备时仅除去种子外面构造或仅切去基部的种子，如五加科等种子。

（7）剥去半透明的种皮或种子组织，暴露出胚。这种方法适用于四唑染色前样品未准备或仅切去基部的种子，如大豆、豌豆等种子。

（8）切去切面碎片或掰开子叶，暴露出胚。这种处理适用于切得不好或有些豆科双子叶种子。如鉴定前发现胚中轴被若干切面碎片所遮盖以致难以鉴别，则需切去一层子叶，或者为了可靠观察子叶之间胚中轴的染色情况，则需掰开子叶。

（9）剥去种皮和残余营养组织，暴露出胚。这种处理适用于在样品准备时仅切去种子一部分的样品。

（10）乳酸苯酚透明液的应用。在四唑染色反应达到适宜时间后，小粒种子用载玻片挡住培养皿口的边，留下一条狭缝，让其只能沥出四唑溶液，注意不能流出种子。然后用厚型吸水纸片吸干残余的溶液，并把种子集中在培养皿中心处，再加入 2～4 滴乳酸苯酚透明液，适当摇晃，使其与种子充分接触，马上移入 38 ℃恒温箱保持 30～60 min，经清水漂洗或直接观察鉴定。这种有效的透明程序可使种皮、稃壳和胚乳变为透明，则可清楚地鉴定胚的主要构造的染色情况。

6. 观察鉴定 根据胚的主要构造和有关活营养组织的染色情况进行正确的判断，一般鉴定原则是：凡是胚的主要构造及有关活营养组织染成有光泽的鲜红色，且组织状态正常的，为有生活力种子；凡是胚的主要构造局部不染色或染成异常的颜色，并且活的营养组织不染色部分超过允许范围（表 5－1 中的规定），以及组织软化的，为不正常种子；凡是完全不染色或染成无光泽的淡红色或灰白色，且组织已软腐或异常、虫蛀、损伤、腐烂的为死种子。不正常种子和死种子均作为无生活力种子。此外，胚或其他主要构造明显发育不正常的种子，不论染色或不染色，均应作为无生活力的种子。部分植物种子的鉴定标准详见表 5－1。图 5－2 和图 5－3 分别为小麦和大豆种子四唑测定结果的鉴定标准。

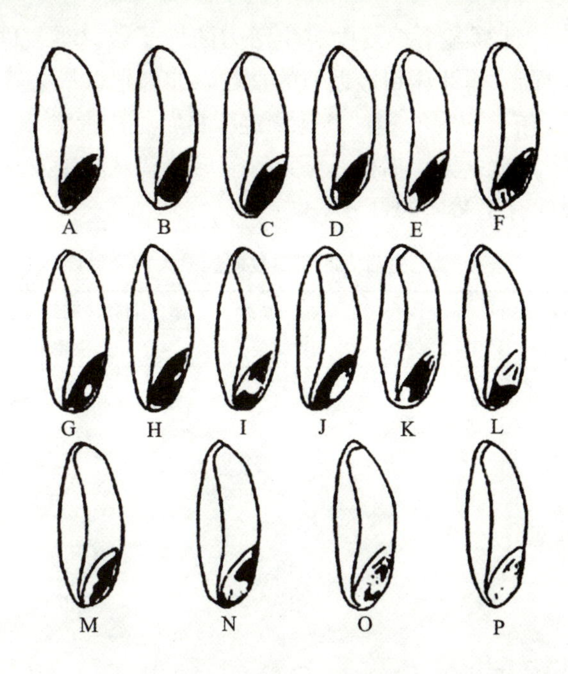

图 5-2　小麦种子四唑测定结果的鉴定标准

图中黑色部分表示染成红色、有生活力组织，白色部分表示不染色的死组织

A. 有发芽力，整个胚染成鲜红色　B~E. 有发芽力，盾片末端未染色　F. 有发芽力，胚根尖端及胚根鞘未染色

G. 无发芽力，胚根 3/4 以上未染色　H. 无发芽力，胚芽未染色　I. 无发芽力，盾片中部和盾片节未染色

J. 无发芽力，胚轴未染色　K. 无发芽力，盾片末端和胚芽尖端未染色　L. 无发芽力，胚的上半部未染色

M. 无发芽力，盾片未染色　N. 无发芽力，盾片、胚根和胚根鞘未染色　O. 无发芽力，染成模糊的淡红色

P. 无发芽力，整个胚未染色

（颜启传，2001. 种子检验原理和技术）

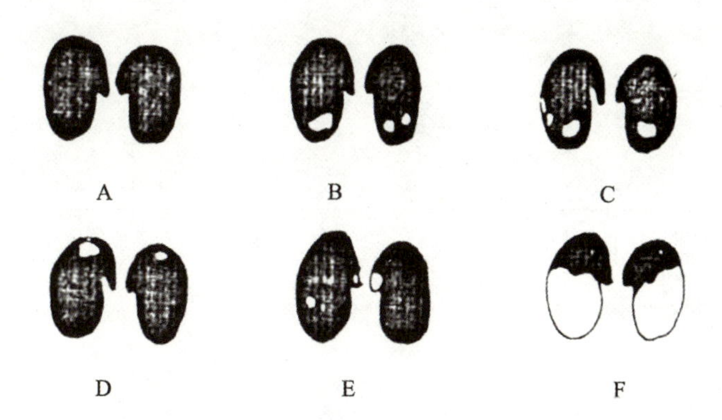

图 5-3　大豆种子四唑测定结果的鉴定标准

图中黑色部分表示染成红色、有生活力组织，白色部分表示不染色的死组织

A. 有发芽力，胚全部染成鲜红色　B. 有发芽力，仅子叶远离胚芽部分少量未染色

C. 有发芽力，仅子叶下部和边缘少许未染色　D. 无发芽力，子叶上部重要部分未染色

E. 无发芽力，胚根主要部位未染色　F. 无发芽力，子叶一半以上未染色，或破裂，或胚根和胚芽已死亡等

（颜启传，2001. 种子检验原理和技术）

7. 结果计算与报告 计算各个重复中有生活力的种子数，重复间最大容许差距不得超过表 5－2 的规定，平均百分率计算到最近似的整数。如果超过最大容许差距应重做。

在种子检验结果报告单（表 1－1）“其他测定项目”栏中要填报“四唑测定有生活力的种子所占百分率____%”。对豆类、棉籽、蕹菜等需增填“试验中发现的硬实百分率”，硬实百分率应包括在所填报的有生活力的百分率中。

表 5－2 生活力测定重复间的最大容许差距

平均生活力百分率/%		重复间容许的最大差距/%		
50%以上	50%以下	4 次重复	3 次重复	2 次重复
99	2	5	—	—
98	3	6	5	—
97	4	7	6	6
96	5	8	7	6
95	6	9	8	7
93～94	7～8	10	9	8
91～92	9～10	11	10	9
90	11	12	11	9
89	12	12	11	10
88	13	13	12	10
87	14	13	12	11
84～86	15～17	14	13	11
81～83	18～20	15	14	12
78～80	21～23	16	15	13
76～77	24～25	17	16	13
73～75	26～28	17	16	14
71～72	29～30	18	16	14
69～70	31～32	18	17	14
67～68	33～34	18	17	15
64～66	35～37	19	17	15
56～63	38～45	19	18	15
55	46	20	18	15
51～54	47～50	20	18	16

资料来源：全国农作物种子标准化技术委员会，1996，《农作物种子检验规程 其他项目检验》(GB/T 3543.7—1995)。

二、染料测定法

（一）测定原理

有生活力的种子，其活细胞原生质膜具有选择透性，当种子浸入染料后，染料大分子不能进入活细胞内，所以胚部等活组织不能被染料染色，而死的种胚细胞因原生质膜丧失选择吸收能力，故可被染料染色。

（二）测定方法

1. 靛蓝染色法 此法适用于豆类、谷类、棉花、瓜类和林木等大粒种子的生活力测定。所用试剂为靛蓝（或称靛蓝洋红），分子式为 $C_{18}H_8O_2N_2(SO_5Na)_2$，系蓝色粉剂，能缓慢溶于水。测定步骤如下。

（1）种子预处理。将种子浸入30℃水中，水稻、向日葵、蓖麻、花生和棉籽等种子须先去壳再浸种，浸种时间因种子不同而异，小麦、大麦、大豆、豌豆和向日葵等为3 h，燕麦、芝麻等为4 h，油菜、花生、棉籽等为6 h，蓖麻、红麻、大麻等为7 h，黍为8 h，水稻为12 h，玉米为20 h。将充分吸胀的种子（100粒，2次重复）沿胚中线纵切（如禾谷类）或剥去种皮（如双子叶植物种子），以备染色用。

（2）靛蓝染色。将处理好的种子置于培养皿或小烧杯内，加入靛蓝溶液淹没种子，纵切种子用0.1%溶液，剥去种皮种子用0.2%溶液。染色时间禾谷类为15 min，油菜、芝麻、红麻和大麻等为30 min，大豆、亚麻、向日葵、蓖麻、花生和棉籽等为60 min，豌豆为180 min。

（3）观察鉴定。取出染色后的种子，用清水冲洗后立即进行观察鉴定。凡种胚不染色或染成浅蓝色的、胚根尖端或少部分子叶染色的，为有生活力种子；凡种胚全部染成蓝色的，或胚根、胚轴、胚芽、子叶等大部分染成蓝色的，为无生活力种子。

（4）计算种子生活力百分率。

2. 红墨水染色法　测定原理、种子预处理方法以及染色时间等与靛蓝染色法基本相同，只是所染成的颜色不同，死胚染成红色，活胚不染色。测定时用刚开瓶的红墨水加水稀释后使用，红墨水与水的比例：小麦、玉米、大豆和棉花等为1∶60，大麦以1∶120为宜。到达规定染色时间后取出种子，用清水冲洗并立即观察鉴定。

三、其他方法

（一）溴麝香草酚蓝法

1. 测定原理　凡活细胞必有呼吸作用，吸收空气中的O_2放出CO_2，CO_2溶于水成为H_2CO_3，H_2CO_3解离成H^+和HCO_3^-，使得种胚周围环境的酸度增加，可用溴麝香草酚蓝（BTB）作指示剂来测定酸度的改变。BTB的变色范围为pH 6.0～7.6，酸性呈黄色，碱性呈蓝色，中间经过绿色（变色点为pH 7.1）。因此，活种子周围呈黄色晕圈，而无生活力种子无此反应。

2. 测定步骤

（1）染色前处理。与四唑法相同。

（2）BTB琼脂凝胶的制备。取0.1%BTB溶液100 mL置于烧杯中，将1 g琼脂剪碎后加入，用小火加热并不断搅拌。待琼脂完全熔解后，趁热倒入数个干洁的培养皿中，使成一均匀的薄层，冷却后备用。

（3）显色。取吸胀的种子200粒，2次重复，整齐地埋于准备好的琼脂凝胶培养皿中，种子胚朝下，平放，间隔距离至少1 cm。然后将培养皿置于30～35 ℃下培养2～4 h，在蓝色背景下观察，如种胚附近呈现较深黄色晕圈是活种子，否则是死种子。不同作物种子的测定浓度、温度及时间不相同，如山豆根种子生活力测定的最佳条件为0.2% BTB，40 ℃温度下培养4 h，效果最好。

（4）计算种子生活力百分率。

（二）离体胚测定法

应用离体胚组织培养技术可快速测定某些发芽缓慢或休眠期较长的植物种子的生活力。如槭属、卫矛属、苹果属、加州山松、瑞士石松、李属、花楸属、椴属等。但对原来已发过芽的种子或发过芽又失水干燥的种子，不适合采用此法。

1. 测定原理 将离体胚在规定的条件下培养5～14 d。有生活力的胚仍然保持坚硬新鲜的状态，或者吸水膨胀、子叶展开转绿，或者胚根和侧根伸长、长出上胚轴和第1叶；而无生活力的胚则呈现腐烂的症状。

2. 测定步骤

(1) 试验样品的数取。常用400粒种子。由于在胚分离过程中可能有损伤的种胚，所以至少应从经净度分析后的净种子中随机取425～450粒种子。根据胚的大小和放置容器的容量设定重复次数（如4次×100粒或8次×50粒）。

(2) 浸种前处理。某些需要机械划破或化学腐蚀种皮的植物种子，必须在浸种前进行适当处理。一些果实外部的坚硬果皮也需去除。

(3) 清水浸种。按种子吸水速率，将种子放在自来水中浸泡24～96 h。水温保持在25℃以下，每天换水2次，以延缓真菌或细菌的生长以及种子渗出物的积累。

(4) 胚的分离。用解剖刀或刀片从吸胀种子中分离出胚，操作过程中应保持湿润。为使胚处于无菌状态，可用70%乙醇擦净器具和台面。分离时受损伤的种胚应去掉，并用试验样品中的多余种子替代。属于下列类型之一的种子，在计算生活力百分率时，应计入总数中：①空瘪果实或无胚种子；②胚部遭虫害或在处理过程中受到严重损伤的果实或种子；③胚已严重变色、腐烂或死亡的果实或种子；④胚中子叶严重畸形的果实或种子。

(5) 置床培养。将胚放在培养皿或发芽盒中的湿润滤纸或发芽纸上，置于20～25℃恒温下，每天至少光照8 h，培养14 d。每天应拣出腐烂的胚或明显带有真菌菌丝体的胚。如被霉菌严重感染，则须重新试验，并在胚分离前先将果实或种子用5%次氯酸钠溶液浸15 min，然后用水充分洗涤。

(6) 观察鉴定。经培养24 h后，根据局部组织变色，将因分离受到机械损伤的胚与无生活力的胚区别开来。若胚因分离造成损伤而难以鉴定，则须进一步练习分离技术后，重新进行试验。

下列类型的胚列为有生活力：①保持坚硬，体积稍稍增大，因种不同，呈现白色（如大部分种）、绿色（如挪威槭）或黄色的胚；②呈现生长或变绿的1片子叶或几片子叶的胚；③正在发育的胚（有可能长成幼苗）；④下胚轴呈弯曲状的针叶树球果类的胚；⑤因分离造成的损伤组织表现局部变色的胚。

下列类型的胚列为无生活力：①很快被霉菌严重感染、劣变或腐烂的胚；②呈深褐色或变黑色、暗淡的灰色或白色水肿状的胚。

(7) 结果计算。根据供检果实或种子总数计算生活力百分率，而不是根据分离胚的数目计算。最后的生活力百分率是有生活力的总胚数占供检种子总数的百分率。

（三）软X射线造影法

X射线是电磁能的一种形式，波长在0.000 1～0.12 nm，能够穿透各种吸收和反射可见光的材料，按波长和穿透力不同可分为硬X射线和软X射线。硬X射线波长较短，为0.005～0.01 nm，穿透力强；软X射线波长较长，为0.01～0.05 nm，穿透力弱。软X射线造影法（衬比法）测定种子生活力是由瑞典的Simak和Kanar于1963年首先应用。

1. 测定原理 活细胞的原生质膜具有选择吸收能力，当种子浸入重金属盐溶液中，凡有生活力的细胞、组织或种子不吸收或很少吸收重金属离子；无生活力的则相反。软X射线造影时，由于重金属离子能强烈吸收X射线，因而死组织呈现不透明的阴影，活组织则较透明。经显影定影后，在底片上死组织较为透明，而活组织则较为黑暗。印成相片后，死组织较为黑暗，活组织较为白亮，从而形成明暗衬比。根据明暗强弱、面积大小及其部位判定种子有无生活力。

2. 测定步骤

（1）试验样品的数取。从净度分析后的净种子中随机取 50～100 粒种子，4 次重复。

（2）种子预湿。将种子在清水中浸泡 2～16 h，对直接浸水容易造成吸胀损伤的一些种，可先进行缓慢预湿后再浸泡 16 h。

（3）造影剂处理。目前最常用的造影剂是 $BaCl_2$（氯化钡）。将预湿好的种子放入10%～20%的 $BaCl_2$溶液中，处理时间一般为 1～2 h。取出种子用自来水冲洗，再用吸水纸吸干种子表面浮水，或将种子于 60～70 ℃下干燥 1.5～2.0 h。

（4）软 X 射线摄影。首先要选好胶片。国外有专用 X 射线胶片，我国主要采用 SDIN 文献反拍黑白片，也有用照相纸直接造影。将处理和干燥的种子放在合适的样品托盘上，再将其放在感光胶片的暗袋上，然后放入 X 射线仪工作室内曝光造影，其曝光造影技术条件因 X 射线仪的种类而不同。目前我国主要应用 HY-35 型农用软 X 光机。

（5）影像鉴定。在胶片上，凡种胚透明的为无生活力种子；凡种胚呈黑色的为有生活力种子。在照片上，凡种胚呈黑色的为无生活力种子；凡种胚呈白色的为有生活力种子。软 X 射线测定是一种非破坏性的快速测定方法，它所拍摄的 X 射线照片可提供形态学特征以及区分饱满、空瘪、虫蛀及物理损伤等种子的永久性图像记录。

（6）计算种子生活力百分率。

拓展阅读

不同标准中四唑测定的一些差别

《农作物种子检验规程　其他项目检验》(GB/T 3543.7—1995）对主要农作物及蔬菜种子生活力的四唑染色技术作了详细规定，其中对试验样品数量的规定是至少测定 200 粒种子，即可以用 200 粒、300 粒、400 粒。这与 ISTA 规程规定用 100 粒 4 次重复和《四唑测定手册》认为可以用 200 粒有所不同。GB/T 3543.7—1995 规定四唑测定时，种子预湿温度为 30℃或 20～30 ℃，四唑溶液质量浓度在 0.1%～1.0%，染色温度为 35 ℃。而 ISTA 规程中，预湿温度为 20 ℃，四唑溶液质量浓度大多数种子采用 1.0%，少数为 0.5%，染色温度为 30 ℃。《草种子检验规程　生活力的生化（四唑）测定》(GB/T 2930.5—2017）对牧草种子、草坪草种子和饲料作物种子生活力的四唑测定方法作了详细介绍，其测定程序基本与国际规程相同，但所列牧草种子的种类比国际规程更为全面。

技能训练

种子生活力的四唑测定技术

一、实训目的

了解四唑染色测定种子生活力的原理及所用试剂；掌握种子生活力四唑测定方法和判别

种子有无生活力的鉴定标准。

二、材料用具

1. 种子材料 水稻、小麦、玉米、黑麦草、大豆、棉花、洋葱、甘蓝、番茄、黄瓜、西瓜等净种子。

2. 器具 冰箱、恒温培养箱、出糙机、定量加样瓶、镊子、解剖针、刀片、吸水纸、手持放大镜和小型放大镜、体视显微镜、天平、棕色瓶等。

3. 试剂 2，3，5-氯化（或溴化）三苯基四氮唑、磷酸缓冲液、乳酸苯酚透明液、过氧化氢、硫酸钾铝等。

三、方法步骤

1. 试验样品的数取 每次至少测定200粒种子。从充分混合的净种子中随机数取4份，每份100粒。

2. 种子预处理 对所测种子样品需经过预处理（预措、预湿），除去种子的外部附属物（包括剥去果壳）和在种子非要害部位弄破种皮，如水稻种子需脱去内外稃壳，豆科硬实种子刺破种皮等，但须注意，预措不能损伤种子内部胚的主要构造。采用合适的方法对种子进行预湿，不同种类种子的具体预湿温度和时间可参考表5-1。

3. 染色前的准备 为了使胚的主要构造和活的营养组织暴露出来，便于四唑溶液快速而充分地渗入和观察鉴定，经软化的种子应进行样品准备。准备方法因种子构造和胚的位置不同而异（表5-1），如禾谷类种子沿胚纵切、伞形科种子近胚纵切、葱属沿种子扁平面纵切等。西瓜等种子预湿后表面有黏液，可采用种子表面干燥或把种子夹在布或纸间揩擦清除掉。

4. 染色 将已准备好的种子样品放入染色盘中，加入适宜浓度的四唑溶液以完全淹没种子，移置一定温度的黑暗控温设备内或弱光下进行染色反应。到达规定时间或染色很明显时，倒去四唑溶液，用清水冲洗。

5. 鉴定前处理 为便于观察鉴定和计数，将已染色的种子样品加以适当处理，使胚主要构造和活的营养组织明显暴露出来，如一些豆类沿胚中轴纵切、瓜类剥去种皮和内膜等。不同种类种子的处理方法见表5-1。

6. 观察鉴定 对大、中粒种子可直接用肉眼或5～7倍放大镜进行观察鉴定，对小粒种子最好用10～100倍体视显微镜进行观察。观察鉴定时，确定种子是否具有生活力，必须根据胚的主要构造和有关活营养组织的染色情况进行正确的判断。一般的鉴定原则是：凡胚的主要构造或有关活营养组织全部染成有光泽的鲜红色或染色最大面积大于表5-1中的规定，且组织状态正常的为有生活力的种子，否则为无生活力的种子。

7. 结果计算与报告 将各重复有生活力的种子数填写在表5-3中，并计算生活力平均百分率。重复间最大容许差距不得超过表5-2的规定，平均百分率计算到最近似的整数。

下面列举几种农作物种子生活力四唑染色测定的方法。

(1) 稻种子四唑染色测定。取种子样品200粒，去壳，放纸间或水中30 ℃预湿12 h，沿种子侧面胚纵切，放入0.1%四唑磷酸缓冲液，在35 ℃温度下染色1～2 h。凡是胚的主要构造染成正常鲜红色，或胚根尖端2/3不染色而其他部分正常染色的种子为有生活力种子。

表 5-3 种子生活力的四唑（TTC）测定记载

样品编号		作物名称			
重复	1	2	3	4	平均百分率/%
检测粒数					
有生活力粒数					
无生活力粒数					
硬实粒数					

附加说明：

预处理方法：　　　　溶液浓度：

染色时间：　　　　染色温度：

检验员：　　　　校验员：

（2）小麦、玉米种子四唑染色测定。取种子样品 200 粒，放入 30 ℃水中 3～4 h 或纸间 12 h，沿胚纵切，浸入 0.1%四唑溶液中，于 35 ℃染色 0.5～1.0 h。凡是胚的主要构造染成正常鲜红色，或盾片上下任一端 1/3 不染色（小麦胚根大部不染色，但不定根原基染色）的为有生活力种子。若盾片中央不染色，表明已受热损伤，作为无生活力种子。

（3）黑麦草种子四唑染色测定。取样 200 粒，先用 0.3%过氧化氢溶液浸种 3～4 h 或清水浸种 6～18 h，靠近胚横切去上大半粒种子，将带有胚一端种子浸入 0.1%四唑溶液，在 30 ℃温度下染色 6～24 h，倒去四唑溶液，并吸去残液，滴入乳酸苯酚透明液，在 35 ℃下置 30 min。凡是胚全部染成红色，或仅胚根尖端 2/3 不染色的为有生活力种子。

（4）大豆种子四唑染色测定。取种子样品 200 粒，放在湿毛巾间预湿 12 h，一般需剥去种皮，然后浸入 1%四唑溶液，在 35 ℃染色温度下 2～3 h。凡是整个种子染成明亮鲜红，或仅胚根尖端 1/2 不染色，或子叶顶端（离胚芽端）1/2 不染色的为有生活力种子。

（5）棉花种子四唑染色测定。取种子样品 200 粒，放纸间预湿，于 30 ℃置 12 h，纵切一半种子，或剥去种皮，浸入 0.5%四唑溶液，染色 2～3 h。凡是整个种子染成明亮红色，或仅胚根尖端 1/3 不染色，或子叶表面有小范围坏死，或子叶顶端 1/3 不染色的为有生活力种子。

（6）洋葱种子四唑染色测定。取种子样品 200 粒，放在湿纸间 30 ℃预湿 12 h，沿扁平面切去种子上面，露出胚体，放入 0.2%四唑溶液 0.5～1.5 h。凡是种胚和胚乳全部染成鲜红色，或仅少量不与胚相连的胚乳不染色的为有生活力种子。

（7）甘蓝种子四唑染色测定。取种子样品 200 粒，放入纸间 30 ℃预湿 5～6 h，剥去种皮，浸入 1%四唑溶液，在 35 ℃温度下染色 2～4 h。凡是整个胚染成鲜红色，或仅有胚根尖端 1/3 不染色，或子叶顶端有部分坏死的为有生活力种子。

（8）番茄种子四唑染色测定。取样 200 粒，放湿纸间 30 ℃预湿 12 h，然后在种子中心刺破种皮和胚乳，浸入 0.2%四唑溶液，在 35 ℃温度下染色 0.5～1.5 h。凡是胚和胚乳全部染色的为有生活力种子。

（9）黄瓜和西瓜种子四唑染色测定。取种子样品 200 粒，浸入水中，30 ℃预湿 6～8 h，可纵切一半，或剥去种皮（因西瓜种子表面光滑，可用软布揩擦或用 5%硫酸钾铝硬化液处理，然后进行上述样品准备），浸入1%四唑溶液，在35 ℃温度下染色2～3 h。凡是整个胚染成鲜红色，或仅胚根尖端1/2不染色，或仅子叶顶端1/2不染色的为有生活力种子。

四、作业

（1）分小组或单独进行试验，将各重复有生活力的种子数填写在表5-3中，并计算生活力平均百分率，并检查重复间最大容许差距是否超过表5-2的规定。

（2）分析染色不正常、无生活力种子的类型及其原因，完成实训报告。

五、考核标准

学生单独进行操作，要求每人都要会做种子生活力四唑染色测定。

思维导图

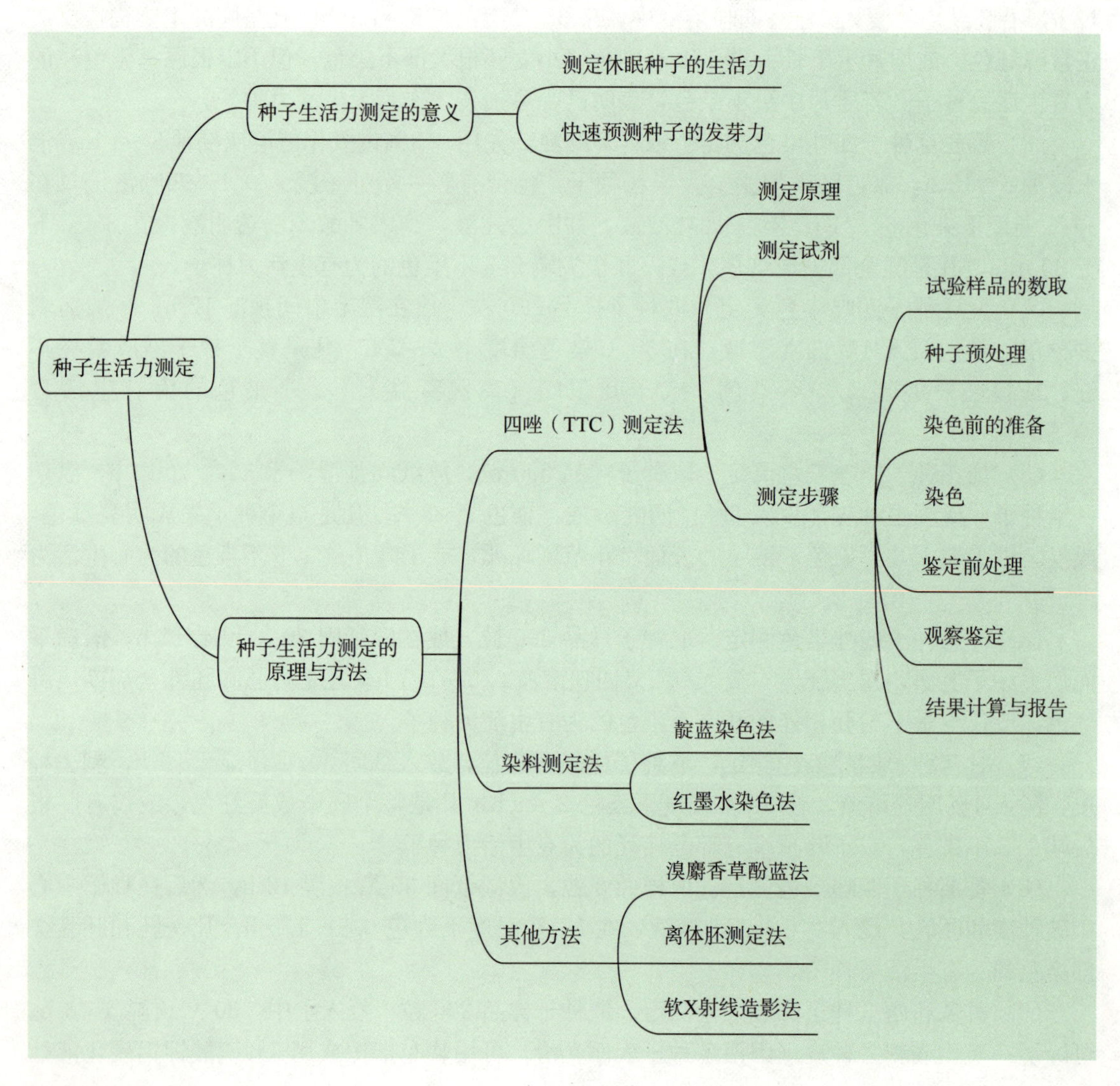

复习思考

1. 种子生活力检验的意义？

2. 生活力四唑测定前，对所测种子样品需经过预处理（预措、预湿），其目的是什么？都有哪些处理方法？

3. 种子生活力的四唑测定中，染色前的准备有哪些？

4. 种子生活力的四唑测定中，鉴定前的处理有哪些？

5. 说明不同生活力检验原理及方法。

6. 简述四唑测定小麦种子生活力的步骤和方法。

项目六　种子活力测定

项目导读

种子活力不是一个简单的测定概念，而是一个能表达种子发芽、幼苗生长的速度及整齐程度和种子在不利环境条件下出苗能力等有关种子批性能多种特性的综合概念。本项目主要介绍种子活力的概念及其测定的意义、种子活力测定原理与方法。通过学习与训练让学生掌握种子活力评价指标测定的方法，学会分析种子活力水平，培养严谨细致的工作态度。

任务一　种子活力的概念及其测定的意义

• 【知识目标】

了解种子活力的定义、种子活力测定的意义、高活力种子的生产优越性，明确种子活力测定的方法及其分类。

• 【技能目标】

掌握种子活力测定常用方法，并能根据作物种类及气候条件选择合理的种子活力测定方法。

一、种子活力的定义

ISTA 于 1977 年将种子活力定义为：种子活力是决定种子或种子批在发芽和出苗期间的活性水平及种子特性的综合表现，表现好的为高活力种子，表现差的为低活力种子。AOSA 又于 1980 年采用了较为简单直接的定义：种子活力是指在广泛的田间条件下，决定种子迅速整齐出苗和长成正常幼苗潜在能力的总称。概括地说，种子活力是指种子的健壮度，包括迅速整齐萌发的发芽潜力、生长潜势和生产潜力。

二、种子活力测定的意义

（一）高活力种子的生产优越性

1. 提高田间出苗率　高活力种子播到田间后出苗迅速，均匀一致，保证全苗、壮苗和作物的田间密度，为增产打下良好的基础。

2. 抵御不良环境条件 高活力种子生命力较强，对田间逆境具有较好的抵抗能力。例如，在多雨或土壤黏重的地区，土壤容易板结，高活力种子有足够力量顶出土面，而低活力种子则因不能抵抗不良条件而不能出苗。

3. 增强对病虫杂草的竞争能力 高活力种子由于发芽迅速、出苗整齐，可以逃避和抵抗病虫害。同时由于幼苗健壮、生长旺盛，具有和杂草竞争的能力。

4. 抗寒力强，适于早播 有些作物生长季节较短，要求提早播种才能保证一定产量。通常高活力种子对早春低温条件具有抵抗能力，故可适当提早播种。

5. 节约播种费用 高活力种子成苗率高，播种后一次出苗，省工省时，节约人力、物力，特别适于机械精量播种。

6. 增加作物产量 高活力种子不仅可以出全苗、壮苗，而且可增加分蘖与分枝，增强有效穗数和果枝，因而可以明显增产。统计发现高活力种子可以使作物增产20%～40%。对于叶菜类和根菜类等蔬菜作物及牧草作物来说，高活力种子长为幼苗及长出营养器官均较快，增产作用更明显。

7. 提高种子耐藏性 高活力种子可以较好地抵抗各种贮藏逆境，如高温、高湿等不良条件。因此，需要较长时期贮备的种子或作为种质资源保存的种子，最好选择高活力的种子。

由此可见高活力种子对农业生产具有十分重要的意义。

（二）种子活力测定的必要性

1. 种子活力测定是保证田间出苗率和生产潜力的必要手段 种子生产者和种子使用者越来越关心种子活力，在播种之前，他们不仅要了解种子发芽力，还关心田间出苗率。因为有些开始老化、劣变的种子，其发芽力尚未表现降低，但活力却表现较低，会影响田间出苗率。往往两批发芽率相同或相近的种子，其活力和田间出苗率有较大的差异，在此情况下对种子进行活力测定，选用高活力种子是非常必要的，特别在进行机播（玉米穴播）时尤为重要。

2. 种子活力测定是种子产业中必不可少的环节 种子收获后，要进行干燥、清选、加工、贮藏、处理等过程，如果出现不适条件，均有可能降低种子活力。对种子及时进行活力测定，可及时改善种子加工、处理条件，保持和提高种子活力。

3. 活力测定是育种工作者必须采用的方法 育种工作者在选择抗寒、抗病、抗逆、早熟、丰产的作物新品种时，都应进行活力测定，因为作物品种的这些特性与种子活力密切相关。

4. 活力测定是种子生理工作者研究种子劣变生理的必要方法 种子从形成、发育、成熟、收获直至播种的过程中，无时无刻不在发生变化，生理工作者要采用生理生化及细胞学等方面的种子活力测定方法，研究种子劣变机理及改善和提高活力的方法。

三、种子活力测定的方法分类

种子活力是多指标评价的综合概念，测定方法较多，一般可分为直接法和间接法两类。直接法是模拟田间不良条件，观察种子出苗能力或幼苗生长速度和健壮度，如低温处理试验、希尔特纳试验等。间接法是测定某些与种子活力有关的生理生化指标，如酶的活性、浸泡液的电导率、呼吸强度等。ISTA 活力测定委员会编写的《国际种子检验规程》(1996)，推荐了两种种子活力测定方法（电导率测定和加速老化试验），并建议了 7 种种子活力测定方法（低温处理试验、低温发芽试验、控制劣变试验、复合逆境活力测定、希尔特纳试验、幼苗生长测定和四唑测定）。

也有学者将种子活力测定方法分成 3 种类型。一是基于发芽行为的单项测定，如发芽速率、幼苗生长和评定、低温处理试验、低温发芽试验、希尔特纳试验、加速老化试验和控制劣变试验；二是生理生化测定，如电导率测定、四唑测定、呼吸强度测定、ATP 含量测定和谷氨酸脱羧酶活性测定等；三是多重测定，如在玉米、小麦上将低温处理与加速老化试验相结合的复合逆境活力测定等，此类评估活力的指标基于一种以上的活力测定原理，旨在更准确地反映种子的活力水平。

总之，在采用活力测定方法时，应考虑当地气候条件和作物的种类。一个较为实用的被生产者和用户欢迎的活力测定方法应具备简单易行、快速省时、节约费用、结果准确、重演性好等特点。

任务二　种子活力测定原理与方法

•【知识目标】

了解种子活力测定的方法及其原理，明确种子活力测定的方法和步骤。

•【技能目标】

能够按种子检验规程的要求完成种子活力测定、结果计算与填写报告，学会使用相关仪器。

一、发芽测定法

（一）幼苗生长测定

幼苗生长测定适用于具有直立胚芽和胚根的禾谷类和蔬菜类作物种子。

其测定方法是取试样 4 份，各 25 粒种子。取发芽纸 3 张（30 cm×45 cm），在其中 1 张画线，先在纸长轴中心画一条横线（距顶端 15 cm），并在其上、下每隔 1 cm 画平行线（图 6-1）。在中心线上以平均间隔画 25 点，在每点上放 1 粒种子，胚根端朝向纸卷底部，再盖两层湿润发芽纸，纸的基部向上折叠 2 cm，将纸松卷成 4 cm 直径的筒状，用橡皮筋扎好，将纸卷竖放容器内，上用塑料袋覆盖。置于黑暗恒温箱内培养 7 d，温度为正常发芽所规定温度，然后统计苗长。计算每对平行线之间的胚芽或胚根尖端的数目，按下列公式求出幼苗平均长度。

$$L=\frac{n_1x_1+n_2x_2+n_3x_3+\cdots+n_{15}x_{15}}{N}$$

式中：L——正常幼苗胚芽的平均长度（cm）；

n——每对平行线之间的胚芽尖端数；

x——每对平行线之间的中点至中心线之间的距离（cm）；

N——正常幼苗总数。

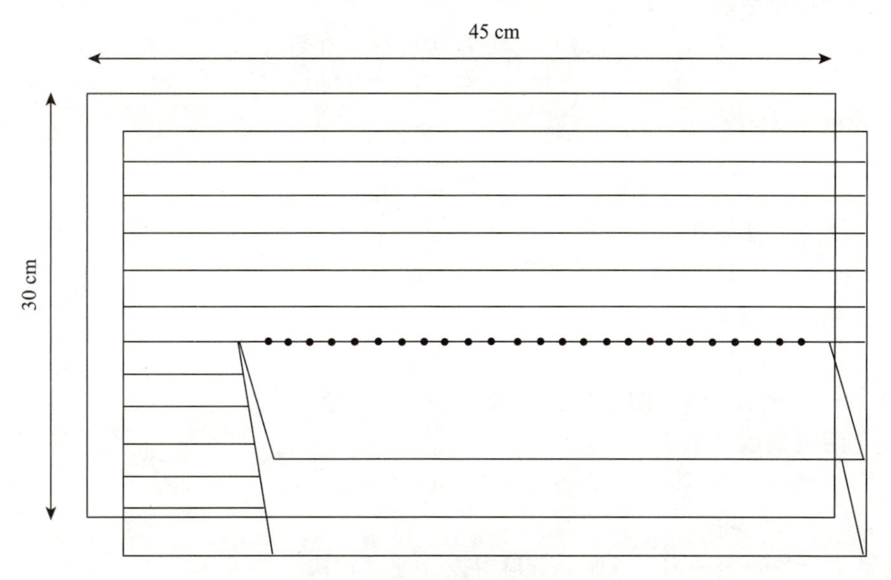

图 6－1　卷纸的规格及制作模式

（钱庆华等，2018. 种子检验）

直根作物种子可用直立玻板发芽法测定其幼根长度：取滤纸 2 张，其中 1 张画 1 条中心线，用水湿润贴在玻板上。将 25 粒种子等距排列在中心线上，将另 1 张滤纸湿润后盖上，将玻板以 70°角斜立置于水盘内，放在 25 ℃黑暗下培养 3 d 后测量根的长度，计算平均值。据报道莴苣种子发芽 3 d 的根长与田间出苗密切相关。此法还适用于胡萝卜、萝卜、甜菜等小粒根菜类种子。

（二）幼苗评定试验

适用于大粒豆类种子，因其细弱苗可达相当长度，故不能用幼苗长度表示活力，可采用幼苗评定试验。此法是采用标准发芽方法，幼苗评定时分成不同等级。豌豆种子试验方法为取试样 4 份，各 50 粒种子，将种子置于砂床中，深度 3 cm，于 20 ℃、相对湿度95%～98%、光照 12 h、光强度 12 000 lx 的条件下培养 6 d，取出幼苗洗涤干净，进行幼苗评定，先将种子分成发芽和不发芽两类，再将幼苗分成 3 个等级：①健壮幼苗。胚芽强壮、深绿色，初生根强壮或初生根少而有大量次生根。②细弱幼苗。胚芽短或细长，初生根少或较弱，但属正常幼苗。③不正常幼苗。根或芽残缺或根芽破裂，苗色褪绿等。①为高活力种子，②为低活力而具有发芽力的种子，①、②相加即为种子发芽率。活力测定结果以健壮幼苗的百分率表示。

（三）发芽速率测定

这是一种普遍采用的简单方法，适用于各种作物种子的活力测定。通过测定种子的发芽速度和幼苗生长势来判断种子活力高低。活力指数既能反映种子的发芽速度，又能反映幼苗的生长势，因而被广泛应用。高活力种子平均发芽日数较少，其余指标值均较高。方法是采用标准发芽试验，每日记载正常发芽种子数（牧草、树木等种子发芽缓慢，可隔日或隔数日记载）和测定正常幼苗长度或质量。然后按公式计算各种与发芽速度有关的指标（如下），比较各样品种子活力的高低。

1. 初次计数发芽率（%）

$$\text{初次计数发芽率}=\frac{\text{初次计数发芽数}}{\text{发芽试验样品数}}\times100\%$$

2. 发芽指数（GI）

$$GI=\sum\frac{G_t}{D_t}$$

式中：D_t——发芽日数；

G_t——与 D_t 相对应的每天发芽种子数。

3. 活力指数（VI）

$$VI=GI\times S$$

式中：S——一定时期内正常幼苗长度（cm）或质量（g）。

4. 简化活力指数（SVI）

$$SVI=G\times S$$

式中：G——发芽率。

简化活力指数测定适用于油菜、红麻等发芽速度较快的种子。

5. 平均发芽日数（$MLIT$）

$$MLIT=\frac{\sum(G_t\times D_t)}{G}$$

平均发芽日数常用来表示发芽速率，平均发芽日数越少，发芽速度越快。

6. 其他发芽指标

$$\text{高峰值}(PV)=\frac{\text{达峰值的累计发芽率}}{\text{达峰值的天数}}$$

$$\text{日平均发芽率}(MDG)=\frac{\text{总发芽率}}{\text{至发芽结束时的天数}}$$

$$\text{发芽值}(GV)=PV\times MDG$$

高峰值、日平均发芽率和发芽值均表示种子的相对发芽速率，其测定适用于发芽缓慢的林木或牧草种子。

二、逆境试验测定

由于高活力的种子抗逆能力强，经逆境处理仍能保持较高的发芽力，幼苗生长正常；而低活力的种子则相反。因此逆境抗性测定是将种子置于不同的逆境条件下，借以鉴定种子的活力水平，测定结果与田间出苗率较为密切。

1. 低温处理试验　此法适用于春播喜温作物种子，如玉米、棉花、大豆、豌豆等。而秋播作物种子如大麦、小麦、油菜等，在发芽时具有忍耐低温的能力，故不宜应用此法测定活力。其原理是将种子置于低温和潮湿的土壤中，经一定时间处理后移至适宜温度下生长，以此模拟早春田间逆境条件下种子发芽成苗的能力。

低温处理试验常采用土壤盒法：取玉米种子或大豆种子 50 粒，重复 4 次，播于装有3～4 cm 深土壤的盒内，然后盖土 2 cm，在 10 ℃的低温下处理 7 d后，移入适宜温度培养，玉米、水稻于 30 ℃经 3 d计算发芽率，大豆、豌豆于 25 ℃经 4 d计算发芽率。能形成正常幼苗即为高活力种子。此法手续简单，但所占空间较大。

2. 低温发芽试验 此法主要适用于棉花，也可用于高粱、黄瓜、水稻等。棉花早春播种常遇低温，会引起胚根损伤，下胚轴生长速率降低，棉花发芽最低温度一般为 15 ℃。本法采用 18 ℃低温模拟田间低温条件，试验方法与标准发芽试验基本相同。种子置砂床或纸卷床后于 18 ℃黑暗条件下发芽 6 d（进行硫酸脱绒）或 7 d（未脱绒），检查幼苗生长。苗高达 4 cm 或以上的即为高活力种子。

3. 加速老化试验 简称 AA 测定，此法适用于多种作物。目前加速老化试验主要用于两个方面：一是预测田间出苗率；二是预测种子耐藏性。

原理是采用高温（40～50 ℃）高湿（100%相对湿度）处理种子，加速种子老化，其几天内劣变程度相当于数月或数年。高活力种子经老化处理后仍能正常发芽，低活力种子则产生不正常幼苗或全部死亡。以大豆种子为例，方法是将 200 多粒种子置于老化盒（内箱）内的支架网上铺平，箱内加水，水面距支架 6～8 cm，然后加盖密封，置于 41 ℃的水浴恒温箱（外箱）内，关闭外箱保持密闭，经 72 h 取出种子用风扇吹干，进行发芽试验。数取试样 50 粒，4 次重复，按标准发芽试验方法进行发芽，将长出正常幼苗种子作为高活力种子。不同作物种子老化温度和时间见表 6－1。

表 6－1 不同作物种子 AA 测定老化条件

属或种名	内箱		外箱		老化后种子水分/%
	种子质量/g	箱数目	老化温度/℃	老化时间/h	
大豆	42	1	41	72	27～30
苜蓿	3.5	1	41	72	40～44
菜豆（干）	42	1	41	72	28～30
菜豆（法国）	50	2	45	48	26～30
菜豆（菜园）	30	2	41	72	31～32
油菜	1	1	41	72	39～44
玉米（大田）	40	2	45	72	26～29
玉米（甜）	24	1	41	72	31～35
莴苣	0.5	1	41	72	38～41
绿豆	40	1	45	96	27～32
洋葱	1	1	41	72	40～45
辣椒属	2	1	41	72	40～45
红三叶	1	1	41	72	39～44
黑麦草	1	1	41	48	36～38
高粱	15	1	43	72	28～30
苇状羊茅	1	1	41	72	47～53
烟草	0.2	1	43	72	40～50
番茄	1	1	41	72	44～46
小麦	20	1	41	72	28～30

资料来源：潘显政等，2006，农作物种子检验员考核学习读本。

AA 测定并不提供一个绝对的活力范围，只是通过一段时间的高温高湿逆境后得到种子发芽试验的结果，将该结果与老化前同一种子批的发芽试验结果比较。如果 AA 测定结果类同于标准发芽试验结果为高活力种子，低于标准发芽试验结果为中至低活力种子。因此，可用该结果来判断种子批活力，判定贮藏潜力或每一种子批的播种潜力。

4. 控制劣变试验 此法适用于小粒蔬菜种子，原理和加速老化试验相似，但对种子水分及变质的温度要求更为严格。方法为首先测定种子水分，然后称取足够的种子样品（400多粒），置于潮湿的培养皿内让其吸湿至规定的种子水分（用称量法计算种子水分）：芜菁、甘蓝、花椰菜、莴苣、萝卜为 20%；羽衣甘蓝为 21%；白菜、糖用甜菜、胡萝卜为 24%；洋葱为 19%；红三叶为 18%。达到规定水分后将种子放入密封的容器中，于 10 ℃条件下过夜，使种子水分均匀分布。然后将种子放入铝箔袋内加热密封，置于 45 ℃水浴槽中的金属网架上，经 24 h 取出种子进行标准发芽试验。胚根露出即视为发芽。发芽率高者活力也高。

5. 希尔特纳试验 希尔特纳试验又称砖砾试验，主要适用于谷类作物种子。其原理是模拟黏土或板结土壤的机械压力，受损伤或带病等低活力种子芽鞘顶出砖砾能力弱，高活力种子顶出砖砾能力强。方法是先将砖块磨成颗粒最大为 2～3 mm 的碎砖，或用 2～3 mm 的粗砂，进行清洗、消毒，加水使砖砾湿润，每 1 100 g 砖砾内加 250 mL 水，搅匀放 1 h，然后放入容积为 10 cm×10 cm×8.5 cm 的聚乙烯盒内，厚度 3 cm。取种子 100 粒（重复 2～4 次），均匀播在砖砾上，并覆盖湿砖砾 3～4 cm，加盖。将盒置于 20 ℃黑暗条件下，经 10～14 d统计顶出砖砾的正常幼苗数，并计算活力百分率。必要时将顶出砖砾正常幼苗（%）、未顶出砖砾正常幼苗（%）、不正常幼苗（%）和感染真菌幼苗（%）分开计算。此法因砖砾供应困难、手续麻烦、重演性不太好等原因，应用有一定局限性。

6. 冷浸试验 冷浸试验是将种子浸泡在低温水中，种子因此会受到冷害、快速吸胀伤害以及缺氧伤害，低活力的种子经一定时间的冷浸处理后就会失去发芽能力，而高活力的种子由于抗逆性强仍能保持发芽能力。方法是取试样 100 粒或 50 粒，4 次重复，用纱布松松地包好，挂上标签，浸入冷水中，花生 8～10 ℃浸 2 d，小麦 2～4 ℃、玉米 6 ℃浸 3 d，然后取出种子按标准发芽试验法测定种子活力，计算发芽势、发芽率、发芽指数和活力指数等指标。

7. 复合逆境测定 此方法是对种子进行一种以上的逆境胁迫处理，然后转入适宜的条件下进行发芽。此类方法评定活力的指标基于一种以上的活力测定原理，因而能更准确地反映种子活力水平，试验结果与田间出苗率相关性极显著，且重演性好。目前此法主要用于玉米、小麦种子，如将加速老化处理的种子再进行低温处理，然后进行适温发芽，统计正常幼苗的百分率。

三、生理生化测定

（一）种子浸出液电导率测定

此法为豌豆种子活力测定的常规方法，其他种子如大豆、菜豆、玉米等也可采用。其原理是种子吸胀初期细胞膜重建和修复能力影响电解质的渗出程度，膜完整性修复速度越快，渗出物越少。高活力种子重建膜的速度和修复损伤的能力快于和好于低活力种子。因此，高活力种子浸泡液的电导率低于低活力种子。电导率与田间出苗率呈显著负相关。

测定方法：以豌豆种子为例，取试样两份，各 50 粒种子称量（精确至 2 位小数）。取玻璃烧杯 3 个，直径 80 mm 左右，用热水和去离子水洗净。将试样放入杯内，加去离子水 250 mL，另一杯内只加去离子水作对照，于 20 ℃浸泡 24 h，然后用清洁塑料网取出种子。用电导仪测出浸泡液和对照的电导率，按以下公式计算，求出两份试样平均电导率。

$$\text{每克种子电导率}(\mu S/cm)=\left(\frac{\text{重复Ⅰ的电导率}-\text{对照电导率}}{\text{重复Ⅰ种子重}}+\frac{\text{重复Ⅱ的电导率}-\text{对照电导率}}{\text{重复Ⅱ种子重}}\right)\div 2$$

当两重复间差值超过 4 时，应重做试验。当电导率高于 30 时，则容许差距为 5。试验证明电导率与田间出苗率呈明显负相关。试验结果受许多因素影响，如种子大小、完整性、种子水分、容器大小、溶液体积等，应予注意。

（二）糊粉层四唑测定

这是专用于玉米种子活力测定的方法。禾谷类作物种子的糊粉层在发芽代谢中起重要作用，因为它能产生水解胚乳中贮藏淀粉的酶，故糊粉层细胞活力直接影响种子的活力。糊粉层细胞活力可用四唑测定。

测定方法：取玉米种子 50 粒，重复 4 次，于 30 ℃温水中浸 16～20 h，使种皮及糊粉层软化，并使酶活化，然后用解剖刀沿胚平行方向中线纵切，种子基部相连，再在种子无胚的一面进行浅切，使糊粉层细胞能吸取四唑溶液。将处理好的种子浸入 1%四唑溶液，于 30 ℃保持 2～4 d，染色期间为防止微生物作用使四唑及种子变红，可于四唑溶液中加入 0.005%的防腐剂，再进行活力鉴定。糊粉层染色的有生活力部分和坏死部分透过种皮可清楚地看出，根据染色面积将种子分成 3 组，第 1 组为染色面积占全部糊粉层的 75%～100%；第 2 组为染色面积占全部糊粉层的 25%～75%；第 3 组为染色面积占全部糊粉层的 25%。第 1 组为健壮种子和耐不良土壤的种子，即高活力种子，第 2、第 3 组为低活力种子。其中接近种胚和盾片的坏死部分较近顶部的损伤更为严重。

该法对玉米种子耐藏性、冻害损伤、收获加工过程引起的机械损伤、灼热损伤及老化损伤等的检查有良好的效果。

（三）ATP 含量测定

ATP（三磷酸腺苷）是种子生命活动的高能物质。吸胀种子中 ATP 含量与种子活力呈显著正相关，因此种子的 ATP 含量可作为活力的生化指标。

$$\text{ATP}+\text{荧光素}\xrightarrow[\text{Mg}^{2+}\text{，砷酸}]{\text{荧光素酶}}\text{PPi}+\text{AMP}+\text{氧化荧光素}+\text{光}$$

1. 测定原理 按上述反应式，可用测定光量来测出 ATP 的含量。当底物和酶均为足量时，光产量与 ATP 含量呈正比关系。则可用光度计、高效液相层析仪来测定光产量，换算出 ATP 含量。

2. 测定方法

（1）标准曲线的制作。用分析天平取 3 mg ATP 的标准样品，溶于 1 mL 0.02 mol/L Tris（三羟甲基氨基甲烷）溶液中，配成 5 μmol/L（5×10^{-6} mol/L）ATP 溶液作为母液。再稀释成 5×10^{-7}、5×10^{-8}、5×10^{-9}、5×10^{-10}、5×10^{-11}、5×10^{-12}、5×10^{-13} mol/L 一系列浓度。各吸取 0.2 mL ATP 溶液注入 5 mm 比色杯中，移入光度计暗盒。在测定时再各加入 1 mL 荧光素酶，并立即记录光产量最高峰读数，绘成 ATP 的标准曲线。

0.02 mol/L Tris 溶液的配制：称取 0.606 g Tris 溶于蒸馏水，加 1 mol/L HCl 4 mL，再用水稀释到 250 mL，即成 pH 7.4～7.8 的溶液。

（2）荧光素酶液的配制。称取 40 mg 荧光素酶粉剂，放入玻璃匀浆器内，加入 15 mL 含有牛血清蛋白的 0.05 mol/L 甘氨酰甘氨酸缓冲液，研磨离心，取上清液备用。酶液在4 ℃下可保存 2 d，在冰箱内速冻则可保存数天。

0.05 mol/L 甘氨酰甘氨酸缓冲液配制方法：称取 $MgSO_4 \cdot 7H_2O$ 0.247 g（10 mL），EDTA（乙二胺四乙酸）0.037 2 g（1 mL），甘氨酰甘氨酸 0.660 g，分别溶解后，用 0.5 mol/L KOH 调节 pH 为 7.4～7.8，然后定容至 100 mL。配制酶液时，按每 1 mL 加 1 mg 牛血清蛋白的量，随配随加牛血清蛋白，以保持酶的稳定。

（3）种子提取液测定。依种子种类不同。小粒种子称取一定质量，大粒种子数取一定粒数，每个样品重复 3 次，浸泡 1～24 h。大粒种子取胚，小粒种子用整粒，放入具塞试管或小瓶中，加入 5 mL 蒸馏水，置于沸水中或蒸汽上加热 5～10 min，立即冷却。然后吸取 0.2 mL提取液注入 5 mm 比色杯中，置于光度计暗盒内，再注入 1 mL 酶液。立即记录每个试样的光产量的最高峰读数。从标准曲线查出 ATP 的浓度，再换算成每克或每一定粒数种子的 ATP 含量。如果两个重复的读数相同或相近，则可免去第 3 个重复。

改进方法：可先用酒精浸没种子 10 min，加热 5 min，倒去酒精，加 5 mL 水，再加热 5 min提取，冷却后取样测定，可大大提高效果。

拓展阅读

种子活力、生活力和发芽力三者的关系

发芽力、生活力和活力均为衡量种子生理质量的三个指标，三者有密切的关系，却又有完全不同的含义。

1. 种子生活力　是指种子发芽的潜在能力或种胚具有的生命力，反映的是种子发芽率和休眠种子百分率的总和。所以种子生活力测定能提供给种子使用者和生产者重要的质量信息，反映的是种子批的最大发芽潜力。

2. 种子发芽力　是指种子在适宜条件下（检验室控制条件下）长成正常植株的能力，通常用供检样品在规定的条件和时间内长成正常幼苗数占样品总数的百分率，即发芽率表示。所以发芽率受条件限制，如水分、温度、光照、氧气等。《国际种子检验规程》指出，在下列 6 种情况下，如果鉴定正确，生活力测定和发芽率测定的结果基本是一致的，即种子生活力和发芽率没有明显的差异：①无休眠、无硬实，或通过适宜的处理破除了休眠和硬实；②没有感染或已经过适宜的清洁处理；③在加工时未受到不利条件或贮藏期间未用有害化学药品处理；④尚未发生萌芽；⑤在正常或延长的发芽试验中未发生劣变；⑥发芽试验是在适宜的条件下进行的。在种子有休眠时测定的结果不一致。虽然发芽率已作为世界各国制定种子质量标准的主要指标，在种子认证和种子检验中得到广泛应用，但由于生活力测定快速，有时可用来暂时替代来不及测定的种子的发芽率，但最后的结果还是要用发芽率作为正式的依据。

3. 种子活力　简单地说就是指高发芽率种子批在田间表现的差异。由此可见，种子活力是比发芽率更敏感的种子质量指标，在高发芽率的种子批中，依然表现出活力的差异。由于发芽试验对测定高发芽率种子没有足够的敏感性，所以有时发芽试验结果与田间出苗和贮藏能力的相关性较差。有些种子在实验室适宜的条件下，其发芽率会比较高，而在大田出苗

率却很低，特别是在碰到不利气候因素影响的时候出苗率就更低。

关于活力和发芽之间的关系，有学者已于1957年以图解形式表示出来（图6-2）。同时，种子活力与种子发芽力对种子劣变的敏感性有很大的差异（图6-3）。当种子劣变达X水平时，种子发芽力并不下降，而活力则有下降；当劣变发展到Y水平时，种子发芽力开始下降，而活力则已严重下降；当劣变至最后一根纵线时，种子发芽力尚有50%，而活力仅为10%，此时种子已没有实际应用价值。

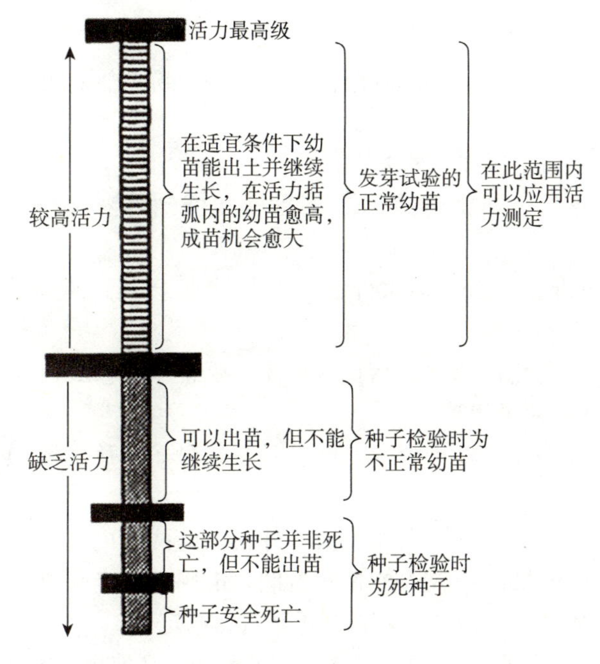

图6-2　种子活力与发芽力相互关系的图解

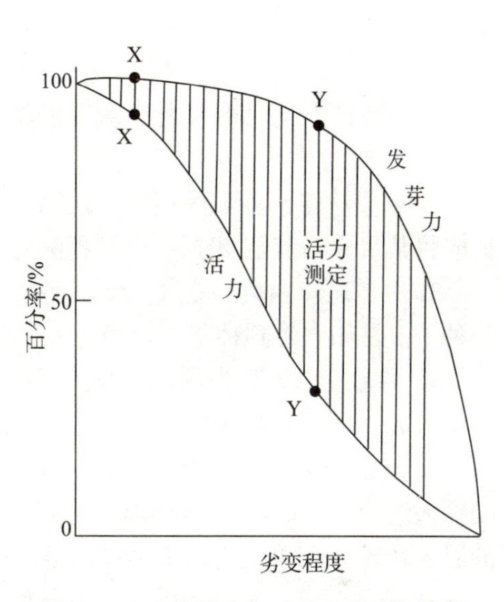

图6-3　在种子劣变过程中种子发芽力（生活力）与活力的相互关系

技能训练

种子活力测定技术

一、实训目的

了解种子活力测定原理和生产意义；掌握加速老化试验和电导率测定种子活力的方法及基本程序。

二、材料用具

1. 材料　大豆、豌豆、绿豆、玉米、小麦、番茄等种子样品。

2. 器具　老化外箱、老化内箱、铝盒、电导仪（如DDS-11A型电导仪）、天平（感量0.001 g、0.01 g）、培养箱或发芽室、去离子水或蒸馏水、带刻度的容量杯、烧杯、烘箱、其他发芽试验设备等。

三、方法步骤

（一）加速老化试验

加速老化试验适用于多种作物。采用变温（40～50 ℃高温）、100%相对湿度处理种子，可加速种子老化。高活力种子经老化外理后仍能正常发芽，低活力种子则产生不正常幼苗或全部死亡。

1. 预备试验

（1）检查老化外箱。老化外箱的温度必须经过国家标准计量院的检定或类似的温度检测。

（2）检查温度。老化外箱的温度达到表 6-1 所规定的温度。

（3）保证老化内箱（老化盒）的清洁度。加热消毒或用 15%的次氯酸钠溶液洗净并烘干。

2. 检查种子水分 采用烘箱法测定种子批的水分，对水分低于 10%或高于 14%的种子批应将其水分调节至 10%～14%再测定。

3. 准备老化内箱 把 40 mL 蒸馏水放入老化内箱，然后插入网架，保证水不渗到网架和种子上，如水渗到种子上，用另一准备试样种子代替。

4. 称量 以大豆为例，从净种子中称取 42 g（至少含有 200 粒种子）种子，放在网架上，摊成一层，同时称取对照样品。

5. 准备老化外箱 内箱排成一排放在架上，同时放入外箱内。外箱内的两个内箱之间间隔大约为 2.5 cm，以保证温度均匀一致。记录内箱放入外箱的时间，准确监控老化外箱的温度在表 6-1 的范围和时间内。其间不能打开外箱的门，否则重新进行测定。

6. 发芽试验 经规定的老化时间后，从外箱取出内箱，记录这时的时间。在取出 1 h 内用 50 粒种子重复进行标准发芽试验。

7. 检查老化后对照样品的水分 在老化结束进行标准发芽前，从内箱中取出对照样品的一个小样品（10～20 粒），马上称量，用烘箱法测定种子水分（以鲜重为基础），记录对照样品种子水分，如果种子水分低于或高于表 6-1 所规定的值，则试验结果不正确，应重做试验。

8. 结果计算表示 用 4 次 50 粒重复的平均结果表示人工老化发芽结果，以百分率表示。

9. 结果解释 如果发芽试验结果类同于标准发芽试验结果为高活力，低于标准发芽试验结果为中等至低活力。

（二）电导率测定法

种子随着衰老或损伤，细胞膜中的脂蛋白变性，分子排列改变，渗透性增加，则其内部的电解质（如糖分、氨基酸和有机酸等）外渗增多。如果把这种衰老种子浸在去离子水中，电解质外渗而扩散到水中，其中存在带电的离子，在电场的作用下，离子移动而传递电子，具有电导作用。因此，一般来说，种子越衰老，水中的电解质越多，电导率越高，活力越低，电导率与活力呈反比关系，从而可用电导仪测定种子浸出液的电导率，间接地判断种子批的活力水平，评价种子质量。

1. 预备试验

（1）校正电极。

（2）核查对照种子批的电导率。

（3）检查仪器清洁度。

（4）检查温度。

2. 测定每一种子批的程序

（1）检查种子水分。如果不知道测定种子批的水分，应采用烘箱法测定。对于水分低于10%或高于14%的种子批，应在浸种前将其水分调至10%～14%。

（2）准备烧杯。准确量取250 mL去离子水或蒸馏水，放入500 mL的烧杯中。每个种子批测定4个烧杯。含水的所有烧杯应用铝箔或薄膜盖盖好，以防止污染。在盛放种子前，先在20 ℃下平衡24 h。为了控制水的质量，每次测定准备两个只含去离子水或蒸馏水的对照杯。

（3）准备试样。随机从种子批净种子部分数取各为50粒的4个次级样品，称量至0.01 g。

（4）浸种。已称量的试样放入已盛有250 mL去离子水的贴有标签的500 mL烧杯中。轻轻摇晃烧杯，确保所有种子完全浸没。所有烧杯用铝箔或薄膜盖盖好，在(20±1)℃放置24 h。在同一时间内测定的烧杯的数量不能太多，不能超过电导率评定的数目，通常为10～12个容器，一批测定一般不超过15 min。

（5）准备电导仪。试验前先启动电导仪至少15 min。每次测定时用400～600 mL去离子水或蒸馏水装满容器杯冲洗电极，作为冲洗水，去离子水电导率不应超过2 μS/cm或蒸馏水不超过5 μS/cm。

（6）测定溶液电导率。24 h±15 min的浸种结束后，应马上测定溶液的电导率。盛有种子的烧杯应轻微摇晃10～15 s，移去铝箔或薄膜盖，电极插入浸泡液中，注意不要把电极放在种子上。测定几次直到获得一个稳定值。测定一个试样重复后，用去离子水或蒸馏水冲洗电极两次，用滤纸吸干，再测定下一个试样重复。如果在测定期间观察到硬实，测定电导率后应将其除去、记数、干燥表面、称量，并从50粒种子样品质量中减去其质量。

（7）扣除试验用水的电导率。在(20±1)℃测定对照杯的去离子水或蒸馏水的电导率，比较该数与日常的水源记录（如果读数高于日常水源读数，表明电极清洁度有问题，应重新清洗电极，重新测定另一对照杯）。每一重复应从上述容器的测定值中减去对照杯中的测定值（烧杯的背景值）。

处理种子的送验样品可能已经用杀菌剂处理。目前没有证据表明种子杀菌剂处理会影响电导率结果，但是并没有对所有的商用种子处理评定过。不同纯度的商用杀菌剂中，某些含有添加剂的杀菌剂会严重改变电导结果。所以，对于经过杀菌剂处理的种子应特别小心，特别是使用新的杀菌剂。

（8）结果计算与表示。计算每一重复的种子质量的每克电导率，4次重复间平均值为种子批的结果。4次重复间容许差距为5 μS/cm（最低和最高的差），如果超过此数值，应重做4次重复。

（9）结果说明解释。根据电导率测定结果（即用活力水平）对种子批进行排列。电导率低的种子批活力强；反之则弱。经过电导率与田间成苗率相关关系的研究可确定每种作物、每个品种种子质量分级的电导值，评定种子批的种用价值，指导播种。

四、作业

(1) 分小组或单独按照方法步骤完成实训，及时记录每一步试验数据，完成实训报告。
(2) 对实训结果进行分析，找出操作过程中出现的问题并分析其原因。
(3) 根据测定结果，试评定不同种子批的活力差异。

五、考核标准

学生单独或分组进行操作，要求每人都会进行种子活力的测定。

思维导图

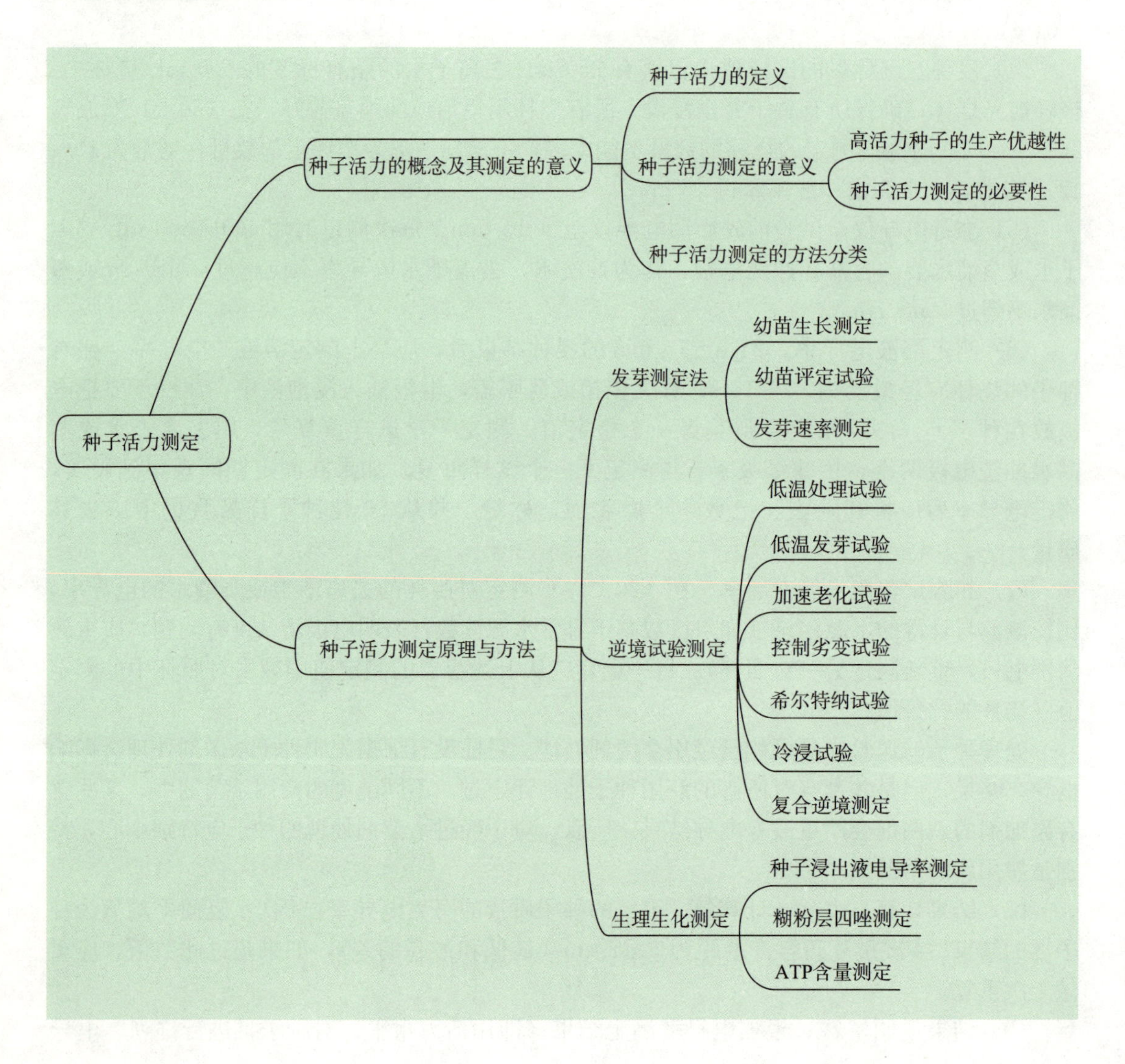

复习思考

1. 种子生活力与种子活力有何异同?

2. 种子活力测定的常用方法有哪些?

3. 试分析不同活力测定方法的特点和生产意义。

4. 某种子公司有一批豌豆种子，有一种植大户为抢农时要提前播种，请问公司用哪种方法检测种子活力用来指导生产?

项目七　真实性和品种纯度的室内鉴定

项目导读

本项目为种子质量检验必检项目，是种子质量四大指标之一。主要介绍真实性和品种纯度的定义和鉴定意义、真实性和品种纯度的室内鉴定方法。通过学习与训练让学生掌握真实性和品种纯度室内鉴定方法和相关仪器的操作方法。

任务一　真实性和品种纯度的定义和鉴定意义

●【知识目标】

了解种子真实性和品种纯度的有关术语、鉴定的目的和意义，明确种子真实性和品种纯度鉴定的基本原理和依据。

●【技能目标】

能够根据种子真实性和品种纯度鉴定基本原理找出品种之间的差异。

种子真实性和品种纯度是构成种子质量的两个重要指标，是种子质量评价的重要依据。这两个指标都与品种的遗传基础有关，因此都属于品种的遗传品质。只有了解和掌握真实性和品种纯度鉴定的原理和依据，才能在实践中正确鉴定真实性和品种纯度。

一、有关定义术语

1. 种子真实性　指一批种子所属品种、种或属与文件描述（品种证书、标签等）是否相符合，即鉴定种子的真假问题。

2. 品种纯度　指品种个体与个体之间在特征特性方面典型一致的程度，用本品种的种子数（或株、穗数）占供检本作物种子数（或株、穗数）的百分率表示。品种纯度是鉴定品种一致性的重要指标。

3. 变异株　指一个或多个性状（特征、特性）与原品种的性状明显不同的植株。在品种纯度检验时主要鉴别与本品种不同的变异株。

4. 育种家种子　育种家育成的遗传性状稳定的品种或亲本种子的最初一批种子，用于进一步繁殖原种种子。

5. 原种 用育种家种子繁殖的第一代至第三代，或按原种生产技术规程生产的达到原种质量标准的种子，用于进一步繁殖大田用种种子。

6. 大田用种 用常规种原种繁殖的第一代至第三代和杂交一代种子（经确认达到规定质量要求），用于大田生产。

二、真实性和品种纯度鉴定的目的和意义

1. 是保证品种优良遗传特性得以充分发挥的前提 研究表明，玉米种子纯度每降低1%，造成的减产幅度就会接近1%。在杂交稻种子生产中，亲本纯度每降低1%，制种田纯度就会下降6%～7%，而大田产量（商品粮）则会减产10%左右。

2. 是正确评定种子等级、贯彻优种优价政策的主要依据 玉米大田生产一般每穴播2粒；优质种子可单粒播种，如先玉335、郑单958等。

3. 是防止品种混杂退化、提高种子质量的必要手段 品种混杂、品种纯度降低，会明显降低作物产量和品质。品种纯度不高的种子播入田间后会导致作物生长发育不一致、植株高矮不齐、成熟迟早不同。种子纯度降低越多，产量下降幅度也越大。

在生产实践中，由于忽视种子真实性和品种纯度的鉴定，往往给农业生产造成不可弥补的损失。如杂交稻生产中，错把不育系当杂交种播种，造成颗粒无收；若把小白菜（青菜）当作大白菜播种，秋天就会不结球；若把耐旱的小麦品种种在高肥水地块，就会造成倒伏而减产；若把高肥水品种种在旱薄地里，则会因为生物产量不够而减产。

由此可见，在种子生产的各环节，如调种、引种、种子生产、种子收购、种子加工贮藏及经营贸易中都应重视纯度鉴定，并建立必要的鉴定制度，确保农业种子的品种质量。

三、真实性和品种纯度鉴定的基本原理和依据

品种具备新颖性、特异性、一致性及稳定性。

品种区分的外在表现就是品种的特征特性，其内在基础是遗传信息DNA的差异。DNA可转录形成RNA序列，再翻译形成氨基酸序列进而形成蛋白质。蛋白质是构成植物细胞的基本成分之一，也可作为酶成分。酶能催化各级代谢反应及初级、次级反应，进而形成各种有机化合物，如碳水化合物、有机酸、脂肪等物质，这些化学成分在植物能量贮存和细胞结构方面有巨大作用，并反映在其解剖结构和形态特征方面。因此，我们可以借助各种有效手段，在不同层次水平上对遗传信息本身及其调节产物与表现进行区分鉴定，找出品种之间形态学、细胞遗传学、解剖学、物理学、生理学、化学和生物化学等方面的差异。

1. 形态学性状 包括籽粒形态性状、幼苗形态性状、植株和果穗形态性状。

（1）籽粒形态性状。包括籽粒的大小、形状、颜色以及籽粒表面附属物的特征等。如大豆种子的大小、形状（球形、扁球形、扁椭球形等）、种皮颜色（黄色、绿色、黑色）、子叶颜色（黄色、绿色）、种脐颜色（黄色、青色、浅褐色、褐色、深褐色、黑色）、脐形状（圆形、椭圆形、倒卵圆形、肾脏形）等；棉花种子的棉籽纤维长度、纤维整齐度等。虽然其中有些性状比较细微，但属于遗传上的质量性状，比较稳定，对鉴定品种也很有用。

（2）幼苗形态性状。指幼苗期品种之间的差异性状，如禾谷类幼苗芽鞘的颜色、第1片

真叶的形状、叶向角、叶缘的波曲与平展等，豆科和十字花科植物胚轴长短、颜色、上面着生的茸毛特征及叶片的形状和颜色等。

（3）植株与果穗的形态性状。包括株形、叶形、穗形等，与田间检验依据性状相似。

2. 细胞遗传学性状 任何一个品种，在细胞里都具有该品种所特有的细胞遗传学上的特征。从目前发现的细胞遗传学特征来看，主要有染色体数目上的差异、DNA 限制性片段长度的多态性和 DNA 随机扩增多态性等方面的差异，借此可鉴别不同品种。

3. 解剖学性状 许多研究表明，可以根据不同品种果皮、种皮细胞形态和特征的差异，以及繁殖器官（如马铃薯块茎和甘薯块根等）颜色和构造的差异来鉴定品种。

4. 生理学性状 品种的生理学特性主要是指不同品种的幼苗对逆境（如异常温度）、病虫害、微量元素缺乏、特定光周期、除草剂等因子的抗性和反应敏感性等特性的不同。

（1）不同品种对温度反应的差异。颜启传（1983）研究发现，水稻杂交种种子的抗热性比不育系强。生理研究的结果表明，杂交种不但在遗传上具有杂种优势，而且比其亲本具有更完善的生理特性，抗热性较强。

（2）不同品种对光周期反应的差异。根据陶嘉龄（1981）的介绍，大豆不同品种幼苗对每天光照长短的反应不同，表现出现蕾、开花时间迟早有差异，借以鉴定不同品种。

（3）不同品种对除草剂敏感性的差异。根据陶嘉龄（1981）的介绍，大豆不同品种的幼苗经嗪草酮（除草剂）处理后，表现出受害和死亡时间有差异。黄亚军（1985）的研究表明，芸薹属不同种和品种的幼苗经灭草灵处理后，表现出不同受害抑制程度。此方法用于鉴定转基因大豆品种更加有效。

（4）不同品种抗病虫害特性的差异。根报 A. F. Kelly（1975）介绍，因为不同品种在抗病虫害特性方面存在差异，所以可用接种病虫的方法观察和记录不同品种对病虫忍耐性的差异，借以鉴别不同品种。例如，可用水稻对螟虫、稻瘟病、细菌性条斑病的抗性差异，小麦对赤霉病、条锈病和秆锈病的抗性差异，大麦对赤霉病、云纹病、叶锈病、囊线虫病抗性的差异来鉴定品种。

5. 物理特性 主要是指不同品种的种子或幼苗在紫外光照射下发出荧光特性的差异。荧光扫描图谱、扫描电镜形态图和高压液相色谱图的差异也可作为鉴定的依据。

6. 化学特性 主要是由于不同品种的种子化学成分有差异，用化学药剂处理后显现出不同的颜色，由此区分不同品种。常用的化学染色法有主要用于麦类和水稻的苯酚染色法、用于高粱的氢氧化钾-漂白粉染色法、用于大豆种子的愈创木酚染色法等。

7. 生化性状 主要是指品种的蛋白质和同工酶电泳图谱。不同品种由于其遗传物质DNA 不同，形成的模板 RNA 不同，合成不同的蛋白质或同工酶。采用电泳技术将种子中的这些不同成分加以区分，形成不同的电泳图谱，也称为“品种的生化指纹”或“品种的标记”，借以区分品种，进行纯度鉴定。电泳技术用于品种鉴定已经在全球受到广泛重视，《国际种子检验规程》（1996）已将鉴定小麦和大麦品种醇溶蛋白聚丙烯酰胺凝胶电泳标准方法、鉴定豌豆属和黑麦草属的 SDS-聚丙烯酰胺凝胶电泳标准方法、超薄层等电聚焦电泳测定玉米杂交种子纯度的标准方法列入规程，在全世界推广应用。

8. 分子标记性状 分子标记一般是指 DNA 标记，它以染色体 DNA 上特定的核苷酸序列作为标记。作为遗传标记的一种，分子标记与其他遗传标记相比具有以下优点。

（1）直接以 DNA 的形式表现，在生物体的各个组织、各个发育阶段均可检测到，不受季节和环境限制，不存在表达与否等问题。

（2）数量极多，遍布整个基因组，可检测的座位几乎是无限的。

（3）多态性高，自然界存在许多等位变异，无需人为创造。

（4）表现为中性，环境不影响目标性状的表达。

（5）许多标记表现为共显性的特点，能区别纯合体和杂合体。利用分子标记技术能直接反映 DNA 水平上的差异，目前是最先进的遗传标记系统。

任务二 真实性和品种纯度的室内鉴定方法

•【知识目标】

明确真实性和品种纯度室内鉴定方法的适用范围及其评价，了解分子检测技术。

•【技能目标】

能够按种子检验规程要求的真实性与品种纯度鉴定的标准方法完成种子真实性与品种纯度鉴定工作。

真实性和品种纯度鉴定可用种子、幼苗或植株。通常把种子与标准样品的种子进行比较，或将幼苗和植株与同期邻近种植在同一环境条件下的同一发育阶段的标准样品幼苗和植株进行比较。

室内检验指实验室鉴定，以有害杂草和其他植物种子为主，包括形态鉴定、化学物理快速鉴定、电泳鉴定和 DNA 分子标记鉴定等方法。各种方法在准确性、经济性和可操作性等方面均有不同程度的差异，可根据实际检验目的和要求选择合适的技术方法。总的原则应是简单易行、成本低廉、省时快速、结果准确、重演性好。

一、形态鉴定

（一）种子形态鉴定

种子形态鉴定根据种子形状、大小、色泽、质地、表面的光与毛以及种子外表各部位的特征来加以鉴别，以区分本品种与异品种。

该法简单、经济、快速，但准确性较差，且随着现代育种科学的发展，不同品种间种子外观形态的差异越来越小，因此靠区别种子形态上的差异来鉴定种子纯度也变得越来越困难。

1. 鉴定方法 随机从送验样品中数取 400 粒种子，鉴定时需设重复，每个重复不超过 100 粒种子。根据种子的形态特征逐粒进行观察，必要时可借助放大镜、解剖镜等，区别本品种、异品种，计数并计算品种纯度。鉴定时必须备有标准样品和鉴定图片或有关资料（说明或标签）。主要根据种子形态大小、颜色、芒、种脐、茸毛等明显或细微差异。当两个品种无明显差异时，就要用其他方法鉴别。

2. 鉴定所依据的性状

（1）小麦种子。可以根据粒色（白色、红色）、粒形（短柱形、卵圆形、椭圆形、线形）、质地（角质、粉质）、种背性状（光滑与否、宽窄）、腹沟形状（宽窄、深浅）、茸毛（长短、多少）、胚（大小、黑胚）、籽粒大小等加以鉴别。

（2）豆类种子。豆类种子形状有球形、卵形、椭球形及短柱形等。其种皮颜色随品种而变化，有纯白色、乳黄色、淡红色、紫红色、浅绿色、深绿色、墨绿色及黑色等。豆类种子的真伪可以根据子叶颜色、脐（形状、大小、色泽）、种子表面有无疣瘤和特殊的花纹等加以鉴别。

（3）玉米种子。根据粒形（圆粒、长粒、扁粒）、类型（马齿型、半马齿型、硬粒型、半硬粒型）、粒色深浅（白色、浅黄色、橙黄色、浅红色、紫色）、种子大小、果柄颜色（红色、白色、浅红色、紫红色）、粒顶部形态、顶部颜色及粉质多少、胚大小和形状、胚部皱褶有无及多少、籽粒表面圆滑程度、棱角有无、花丝遗迹位置与明显程度及稃色深浅（白色、浅红色、紫红色）等区别不同品种，并利用胚乳直感鉴定父母本与杂交种，确定品种纯度。区别玉米自交粒和杂交粒主要依据粒色及籽粒顶部颜色，一般规律为粒色和顶部颜色为深色的母本与粒色和顶部颜色为浅色的父本杂交，杂交种粒色和顶部颜色变浅；反之杂交种顶部颜色和粒色变深。如果父母本粒色及顶部颜色相同，其杂交种与自交系之间很难通过粒色及顶部颜色区分。

（4）水稻种子。根据种子谷粒形状、长宽比、大小、稃壳和稃尖色、稃毛长短和稀密、柱头夹持率（柱头痕迹）等进行分析鉴别。

①柱头痕迹。水稻常规种子属于自花授粉，雌蕊的柱头不外露，柱头痕迹留在颖壳内部，剥开颖壳在谷粒顶部可以看到浅黑色的柱头痕迹。而杂交种子在制种过程中是异花授粉，雌蕊的柱头外露，仔细观察识别谷粒内外稃的中间，可发现一个不明显的小黑点（即柱头痕迹）。柱头痕迹的不同可作为识别杂交种子和常规种子的依据。依柱头痕迹可将水稻杂交种 F_1 中混入的恢复系 R 和不育系中混入的保持系 B 区分出来，因为恢复系 R 和保持系 B 无痕迹，有痕迹的为杂交种 F_1 和不育系 A，可进一步进行种植鉴定。

②整齐度。在杂交种子内混有其他常规种子时，种子粒形不整齐。如混入的父本种子明显比杂交种子饱满。

③稃壳色。杂交种的稃壳上略带不均匀黄褐色的生理杂色，而父本、保持系等杂粒的稃壳颜色均匀一致，透明度高且外表较光滑。

（5）棉花种子。棉花种子的真伪主要是根据棉籽的纤维平均长度、纤维整齐度和杂籽百分率来判断。

①纤维平均长度。取棉籽 50 瓤，每瓤取中间棉籽一粒，用左右分梳法测量每粒棉籽的纤维长度，以毫米为单位，求出纤维平均长度。将此长度与该品种标准长度进行比较。如与标准长度不符，则种子的真实性有问题或纯度较差。

②纤维整齐度。常用纤维长度区分法表示，计算公式如下：

$$\text{纤维平均长度}\pm 2\text{ mm 以内的棉籽粒数所占百分率}=\frac{\text{纤维平均长度}\pm 2\text{ mm 以内的棉籽粒数}}{\text{测定棉籽粒数}}\times 100\%$$

2 mm 以内棉籽粒数在 90%以上表示纤维整齐，纯度好；80%～90%表示纤维整齐度较差，纯度也不高；80%以下表示不整齐，纯度很差。

③杂籽百分率。一般陆地棉的棉籽为灰色或白色，籽粒为锥形。如棉籽颜色、形状、大小有改变，表示品种退化，与原品种有差异，可列为杂籽。杂籽主要包括绿色籽（日晒后呈棕色）、稀毛籽、稀毛绿籽、光籽。至于多毛大白籽、畸形籽、小籽则不列为杂籽。从样品中或种子包装内随机数取棉籽500粒，逐粒仔细鉴别比较，区分出上述杂籽，按以下公式计算杂籽百分率和棉籽纯度。

$$杂籽百分率=\frac{杂籽数}{检查棉籽数}\times 100\%$$

$$棉籽纯度=100\%-杂籽百分率$$

（6）西瓜种子。根据种子大小（大粒、中粒、小粒）、形状（扇平形、卵圆形）、颜色（白色、白黄色、深金黄色、黑色、黄绿色等）、种皮黑色斑点或条纹有无等性状鉴别。

（7）芸薹属蔬菜种子。根据种子的形状、大小、胚根脊有无等特征鉴别。

（8）葱属种子。根据种子形状、种皮色泽、种皮平滑或皱缩、脐或发芽孔的位置、胚在种子中的形状等加以鉴别。

3. 鉴定结果

（1）品种纯度计算。根据上述方法区分本品种与异品种种子，并加以计数，按照如下公式计算品种纯度。

$$品种纯度=\frac{供检样品种子数-异品种种子数}{供检样品种子数}\times 100\%$$

（2）查对容许差距。必要时，品种纯度鉴定结果需要与规定值进行比较，鉴定的结果（X）是否符合国家种子质量标准值或合同、标签值（a）的要求，可利用容许差距进行判别（表7-1），如果 $|X-a|\geqslant$ 品种纯度容许差距，则说明不符合国家种子质量标准值或合同、标签值的要求；反之，符合要求。

表7-1 品种纯度的容许差距

（5%显著水平的一尾测定）

标准规定值		样本株数、苗数或种子粒数							
≥50%	<50%	50	75	100	150	200	400	600	1 000
100	0	0	0	0	0	0	0	0	0
99	1	2.3	1.9	1.6	1.3	1.2	0.8	0.7	0.5
98	2	3.3	2.7	2.3	1.9	1.6	1.2	0.9	0.7
97	3	4.0	3.3	2.8	2.3	2.0	1.4	1.2	0.9
96	4	4.6	3.7	3.2	2.6	2.3	1.6	1.3	1.0
95	5	5.1	4.2	3.6	2.9	2.5	1.8	1.5	1.1
94	6	5.5	4.5	3.9	3.2	2.8	2.0	1.6	1.2
93	7	6.0	4.9	4.2	3.4	3.0	2.1	1.7	1.3
92	8	6.3	5.2	4.5	3.7	3.2	2.2	1.8	1.4
91	9	6.7	5.5	4.7	3.9	3.3	2.4	1.9	1.5
90	10	7.0	5.7	5.0	4.0	3.5	2.5	2.0	1.6
89	11	7.3	6.0	5.2	4.2	3.7	2.6	2.1	1.6

（续）

标准规定值		样本株数、苗数或种子粒数							
≥50%	<50%	50	75	100	150	200	400	600	1 000
88	12	7.6	6.2	5.4	4.4	3.8	2.7	2.2	1.7
87	13	7.9	6.4	5.5	4.5	3.9	2.8	2.3	1.8
86	14	8.1	6.6	5.7	4.7	4.0	2.9	2.3	1.8
85	15	8.3	6.8	5.9	4.8	4.2	3.0	2.4	1.9
84	16	8.6	7.0	6.1	4.9	4.3	3.0	2.5	1.9
83	17	8.8	7.2	6.2	5.1	4.4	3.1	2.5	2.0
82	18	9.0	7.3	6.3	5.2	4.5	3.2	2.6	2.0
81	19	9.2	7.5	6.5	5.3	4.6	3.2	2.6	2.1
80	20	9.3	7.6	6.6	5.4	4.7	3.3	2.7	2.1
79	21	9.5	7.8	6.7	5.5	4.8	3.4	2.7	2.1
78	22	9.7	7.9	6.8	5.6	4.8	3.4	2.8	2.2
77	23	9.8	8.0	7.0	5.7	4.9	3.5	2.8	2.2
76	24	10.0	8.1	7.1	5.8	5.0	3.5	2.9	2.2
75	25	10.1	8.3	7.1	5.8	5.1	3.6	2.9	2.3
74	26	10.2	8.4	7.2	5.9	5.1	3.6	3.0	2.3
73	27	10.4	8.5	7.3	6.0	5.2	3.7	3.0	2.3
72	28	10.5	8.6	7.4	6.1	5.2	3.7	3.0	2.3
71	29	10.6	8.7	7.5	6.1	5.3	3.8	3.1	2.4
70	30	10.7	8.7	7.6	6.2	5.4	3.8	3.1	2.4
69	31	10.8	8.8	7.6	6.2	5.4	3.8	3.1	2.4
68	32	10.9	8.9	7.7	6.3	5.5	3.8	3.2	2.4
67	33	11.0	9.0	7.8	6.3	5.5	3.9	3.2	2.5
66	34	11.1	9.0	7.8	6.4	5.5	3.9	3.2	2.5
65	35	11.1	9.1	7.9	6.4	5.6	3.9	3.2	2.5
64	36	11.2	9.1	7.9	6.5	5.6	4.0	3.2	2.5
63	37	11.3	9.2	8.0	6.5	5.6	4.0	3.3	2.5
62	38	11.3	9.2	8.0	6.5	5.6	4.0	3.3	2.5
61	39	11.4	9.3	8.1	6.6	5.7	4.0	3.3	2.5
60	40	11.4	9.3	8.1	6.6	5.7	4.0	3.3	2.6
59	41	11.5	9.4	8.1	6.6	5.7	4.1	3.3	2.6
58	42	11.5	9.4	8.2	6.7	5.8	4.1	3.3	2.6
57	43	11.6	9.4	8.2	6.7	5.8	4.1	3.3	2.6
56	44	11.6	9.5	8.2	6.7	5.8	4.1	3.4	2.6

（续）

标准规定值		样本株数、苗数或种子粒数							
≥50%	<50%	50	75	100	150	200	400	600	1 000
55	45	11.6	9.5	8.2	6.7	5.8	4.1	3.4	2.6
54	46	11.6	9.5	8.2	6.7	5.8	4.1	3.4	2.6
53	47	11.6	9.5	8.2	6.7	5.8	4.1	3.4	2.6
52	48	11.7	9.5	8.3	6.7	5.8	4.1	3.4	2.6
51	49	11.7	9.5	8.3	6.7	5.8	4.1	3.4	2.6
50		11.7	9.5	8.3	6.7	5.8	4.1	3.4	2.6

资料来源：全国农作物种子标准化技术委员会，1996，《农作物种子检验规程　真实性和品种纯度鉴定》（GB/T 3543.5—1995）。

（二）幼苗形态鉴定

1. 鉴定途径　随机从送验样品中数取400粒种子，鉴定时需设重复，每重复为100粒种子。在培养室或温室中可以用100粒，两次重复。

幼苗鉴定可以通过两个主要途径：一种途径是提供给植株加速发育的条件（类似于田间小区鉴定，只是所需时间较短），当幼苗达到适宜评价的发育阶段时，对全部或部分幼苗进行鉴定；另一种途径是让植株生长在特殊的逆境条件下，测定不同品种对逆境的反应来鉴别。

2. 鉴定方法

（1）禾谷类。禾谷类作物的芽鞘、中胚轴有紫色与绿色两大类，是受遗传基因控制的。将种子播在砂中（玉米、高粱种子间隔1.0 cm×4.5 cm，燕麦、小麦种子间隔2.0 cm×4.0 cm，播种深度1.0 cm），在25 ℃恒温下培养，24 h光照。玉米、高粱每天加水，小麦、燕麦每隔4 d施加缺磷的Hoagland 1号培养液，在幼苗发育到适宜阶段时（高粱、玉米第14天，小麦第7天，燕麦第10～14天）鉴定芽鞘的颜色。

缺磷的Hoagland 1号培养液配方：在1 L蒸馏水中加入4 mL 1 mol/L硝酸钙溶液[$Ca(NO_3)_2$]、2 mL 1 mol/L硫酸镁溶液（$MgSO_4$）和6 mL 1 mol/L硝酸钾溶液（KNO_3）。

（2）大豆。把种子播于砂中（种子间隔2.5 cm×2.5 cm，播种深度2.5 cm），在25 ℃下培养，24 h光照，每隔4 d施加Hoagland 1号培养液，至幼苗各种特征表现明显时[下胚轴颜色（生长10～14 d）、茸毛颜色（21 d）、茸毛在胚轴上着生的角度（21 d）、小叶形状（21 d）等]进行鉴定。

Hoagland 1号培养液配方：在1 L蒸馏水中加入1 mL 1 mol/L磷酸二氢钾溶液（KH_2PO_4）、5 mL 1 mol/L硝酸钾溶液（KNO_3）、5 mL 1 mol/L硝酸钙溶液[$Ca(NO_3)_2$]和2 mL 1 mol/L硫酸镁溶液（$MgSO_4$）。

（3）莴苣。将种子播于砂中（种子间隔1.0 cm×4.0 cm，播种深度1.0 cm），在25 ℃恒温下培养，每隔4 d施加Hoagland 1号培养液，3周后（长有3～4片叶）根据下胚轴颜色、叶色、叶片卷曲程度和子叶等性状进行鉴别。

（4）甜菜。有些栽培品种可根据幼苗颜色（白色、黄色、暗红色或红色）来区别。将种球播在培养皿湿砂上，置于温室的柔和日光下，经7 d后，检查幼苗下胚轴的颜色。根据白色与暗红色幼苗的比例，可在一定程度上表明糖用甜菜及白色饲料甜菜栽培品种的真实性。

(5) 十字花科。在子叶期根据子叶大小、形状、颜色、厚度、光泽、茸毛等性状进行鉴别。第一真叶期根据第一真叶形状、大小、颜色、光泽、茸毛、叶脉宽窄及颜色、叶缘特征等鉴别。方法是将种子播于砂盘内，粒距 1 cm，在 20～25 ℃温度下培养。发芽 7 d 后鉴定子叶性状，10～12 d 后鉴定真叶未展开时性状，15～20 d 后鉴定真叶性状。

(三) 植株形态鉴定

该法主要是在幼苗至成熟期间，根据不同品种植株形态特征和生育特性的差异鉴别异型植株。该法是在种子形态和幼苗形态的化学、物理、细胞遗传学、生物化学等鉴定方法不可靠或不可能鉴别时而不得不采用的方法。因为植株形态特征和生育特性比其他方法有更多的特征特性可供鉴别，有可能进行正确可靠的鉴定。

一般可根据株高、株形、茎粗、植株的花色、茎色、茎上茸毛、叶形、光周期反应、抗病性、成熟期、穗形和穗色、芒的有无、粒形和粒色、生育习性等特征来鉴定不同品种。有时也可利用控制生活周期（即利用温室条件）促进和加速鉴别性状的发育，达到比田间鉴定更快的目的。人工控制环境条件可能会改变品种的性状。因此在品种鉴定时应将欲检品种种植在该作物适应生长的地区，给予良好的栽培管理，并应在适当的季节进行，否则将会影响鉴定结果。由于田间种植测定有占地面积大、设备多、时间长、成本高等缺点，并且能用于植株形态鉴定的性状是有限的，所以，该方法与其他鉴定方法结合进行，可以收到较好的鉴定效果。

二、化学物理快速鉴定

快速鉴定是借助某种特别的化学试剂与种子中特有成分发生反应来鉴定品种的方法。在许多情况下，这种测定是根据种子中特种酶与化学试剂的反应显色来实现的。如大豆种皮的愈创木酚染色法和鉴别小麦种子红、白皮的氢氧化钠测定法，都是肉眼看得清的最明显例子。另外，根据种子或幼苗存在荧光物质，利用紫外光照射可发出可见光的特性，也可采用荧光测定。这些测定方法具有快速、简便、成本低并可用于单粒种子鉴定等优点，如能与其他方法结合应用，效果会更好。

1. 苯酚染色法 苯酚染色法已列入 ISTA 品种鉴定手册和我国国家标准。该法品种鉴别的原理是单酚、双酚、多酚在酚酶的作用下氧化成为黑色素，由于每个品种皮壳内酚酶的活性不同，导致苯酚氧化呈现出深浅不同的褐色。该法可适用于小麦、大麦、燕麦、水稻和大豆等。

(1) 小麦、大麦、燕麦。数取净种子 400 粒，每重复 100 粒。将种子浸入清水中18～24 h，取出用滤纸吸干表面水分，放入垫有经过 1%苯酚溶液温润滤纸的培养皿内（腹沟朝下），盖上培养皿盖。在室温下，小麦保持 4 h、燕麦 2 h、大麦 24 h 后即可鉴定染色深浅。小麦观察颖果染色情况，大麦、燕麦评价种子内外稃染色情况。一般染色后颜色可分为 5 级，即浅色、淡褐色、褐色、深褐色和黑色。将与基本颜色不同的种子取出作为异品种。

(2) 水稻。将种子浸入清水中 6 h，倒去清水，注入 1% (*m*/*V*) 苯酚溶液，室温下浸 12 h 取出用清水洗涤，放在滤纸上经 24 h，观察谷粒或米粒染色程度。谷粒染色分为不染色、淡茶褐色、茶褐色、黑褐色和黑色 5 级，米粒染色分不染色、淡茶褐色、褐色或紫色

3 级。此法可以鉴别粳稻、籼稻，一般籼稻染色深，粳稻不染色或染成浅色。一般不染色者均为粳稻。

2. 十字花科种子氢氧化钠浸出液显色法 取试样 2 份，每份 100 粒，每粒种子分别放入直径 8 mm 的玻璃小试管中，用吸管在每个试管中各滴入 10%氢氧化钠溶液 3 滴，使种子浸泡在溶液中。而后将试管放在 25～28 ℃下 2 h。由于不同品种和类型种皮色素层染色物质有差异，从而显现出不同的颜色（表 7-2）。最后根据显色的不同，进行品种纯度鉴别，并计算出品种纯度。

表 7-2 各种十字花科种子氢氧化钠浸出液的颜色

作物	浸出液的颜色	作物	浸出液的颜色
结球甘蓝	樱桃色	冬油菜、芸薹、芥菜	淡黄色
花椰菜	由樱桃色至玫瑰色	芜菁	淡绿色或白色
球茎甘蓝	由樱桃色至玫瑰色	饲用芜菁	淡绿色
抱子甘蓝、皱叶甘蓝	浓茶色		

资料来源：杨念福，2016，种子检验技术。

3. 大豆种皮愈创木酚染色法 该法是专门用于大豆品种鉴别的方法。其原理是大豆种皮内的过氧化物酶可催化过氧化氢分解产生游离氧基，游离氧基可使无色的愈创木酚氧化产生红褐色的邻甲氧基对苯醌；由于不同品种过氧化物酶活性不同，溶液颜色也有深浅之分，据此区分不同品种。方法是：将大豆种皮逐粒剥下，分别放入指形管内，然后注入 1 mL 蒸馏水，在 30 ℃下浸提 1 h，再在每支试管中加入 10 滴 0.5%愈创木酚溶液，10 min 后每支试管加入 1 滴 0.1%过氧化氢溶液，1 min 后根据浸出液呈现的颜色（无色、淡红色、橘红色、深红色、棕红等不同等级）区分本品种和异品种，并计算纯度百分率。使用该法时应注意，剥种皮时的碎整程度要一致，否则会影响染色的深浅。

4. 高粱种子氢氧化钾-漂白粉测定法 根据高粱各品种中单宁含量不同测定品种纯度。配制 1∶5（m/V）氢氧化钾和新鲜普通漂白粉（5.25%漂白粉）的混合液（即 1.0 g 氢氧化钾加入 5.0 mL 漂白液），通常准备 100 mL 溶液，贮于冰箱中备用。将种子放入培养皿内，加入氢氧化钾-漂白液（测定前应置于室温一段时间），以淹没种子为度。棕色种子浸泡 10 min，白皮种子浸泡 5 min。浸泡时定时轻轻摇晃使溶液与种子良好接触，然后把种子倒在纱网上，用自来水慢慢冲洗，冲洗后把种子放在纸上让其气干，待种子干燥后，记录黑色种子数与浅色种子数。

5. 小麦种子氢氧化钠测定法 当小麦种子红白皮不易区分（尤其是经杀菌剂处理的种子）时，可用氢氧化钠测定法加以区别。数取 400 粒或更多的种子，先用 95%（V/V）甲醇浸泡 15 min，然后让种子干燥 30 min，在室温下将种子浸泡在 5 mol/L NaOH 溶液中 5 min，然后将种子移至培养皿内，不可加盖，让其在室温下干燥，根据种子浅色和深色加以计数。

6. 燕麦种子荧光测定法 应用波长 36 nm 紫外光照射，在暗室内鉴定。将种子排列在黑纸上，置于紫外光下 10～15 cm 处，照射数秒至数分钟后，即可根据内外稃有无荧光发出进行鉴定。

7. 燕麦种子氯化氢测定法 将燕麦种子置于预先配好的氯化氢溶液［1份38%（V/V）盐酸和4份水］的玻璃器皿中浸泡6 h，然后取出种子放在滤纸上气干1 h。根据棕褐色（荧光种子）或黄色（非荧光种子）来鉴别种子。

三、电泳鉴定

生理生化鉴定法是在分子水平上对具有不同遗传特性的种子予以鉴别，包括种子蛋白质电泳、同工酶电泳分析等方法。蛋白质和同工酶谱带可以鉴定水稻、小麦、大豆、玉米和马铃薯等许多作物种子的真实性和品种纯度。

（一）电泳法测定品种纯度的原理

1. 电泳及其分类 电泳是指带电颗粒在电场中向着与自身带相反电荷的电极移动的现象，是一种在电场作用下用以分离带电颗粒的技术。电泳的种类繁多，按支持介质可分为纸电泳、淀粉凝胶电泳、琼脂糖电泳和聚丙烯酰胺凝胶电泳。其中聚丙烯酰胺凝胶极其稳定、微生物不易分解、热稳定及重演性强、分离效果好、灵敏度高、制备方便等，是一种较为理想的电泳材料，被广泛应用于蛋白质和酶的电泳分离。电泳按分离技术又可分为圆盘电泳、水平板电泳和垂直板电泳等，其中垂直板电泳分离效果最好，适于分析比较不同样品电泳谱带的差异。

2. 电泳法测定品种纯度的遗传基础 品种纯度的形态鉴定都是根据器官的大小、颜色和形状等进行鉴定。这些形态性状都是遗传基础和环境共同作用的结果，只有在环境条件一致的情况下，鉴定品种纯度才较为可靠。在性状差异较小时，品种纯度鉴定比较困难。而电泳法鉴定品种纯度实质上就是鉴定品种的基因型。蛋白质是基因最直接的稳定产物，最直接地反映了基因的差异。由遗传法则DNA→RNA→蛋白质（或酶）可以看出，不同品种所特有的蛋白质组成反映了不同品种的基因组成。因此，分析同工酶及蛋白质的差异从本质上说是分析其遗传基因的差异，即品种的差异。利用电泳技术可准确地分析种子蛋白质或同工酶的差异，找出品种间差异的生化指标，进而区分不同品种，测定品种纯度。

同工酶的提取和电泳条件较蛋白质要求严格，必须在低温下进行（10 ℃以下）。并且同工酶往往具有组织或器官特异性，即同一时期不同器官内同工酶的数目不同（如过氧化物酶同工酶在玉米幼苗中有5种，叶片中有5～6种，干种子内有2种）。此外，同工酶在不同发育时期数目也不同，对种子纯度鉴定不利。因此，在纯度鉴定中一般以蛋白质电泳为主。

3. 蛋白质的组成、性质和分类 蛋白质由数条氨基酸长链构成，而氨基酸为两性电解质，含有带正电碱基R-CH（NH_3）$^+$和带负电羧基COO^-分子。目前已发现有20多种氨基酸，它们之间主要表现为包含R-部分的化学基团的类型差异，一些R-基团能被离子化而带上电荷。即在酸性溶液中，解离出NH_4^+，蛋白质分子带较多正电荷；在碱性溶液中，解离出COO^-，蛋白质分子带较多负电荷。一般来说，某种蛋白质上的氨基酸排列顺序和氨基酸数目（即蛋白质的分子量）都是确定的。成千上万不同类型的蛋白质独具各自唯一的氨基酸顺序。正因为如此，加上氨基酸链长度的变化，各蛋白质所带的电荷及其分子大小各不相同。电泳分离就是利用这些参（变）数来进行的。

种子中蛋白质按其溶解性不同，可分为4种类型。

（1）清蛋白。也称白蛋白，这种蛋白质能溶于水，因此可以用水提取，包括大多数酶蛋白。品种间清蛋白的多态性丰富，可用于品种鉴定。

（2）球蛋白。这种蛋白质微溶于水而能溶于稀盐溶液，主要存在于与膜结合的蛋白体中，严格概念上也称为贮藏蛋白，在豆类种子中含量丰富。目前，我国应用的《玉米种子纯度盐溶蛋白电泳鉴定方法》（NY/T 449—2001）就是根据球蛋白的电泳谱带区分品种，进行品种纯度鉴定。

（3）醇溶蛋白。这种蛋白质不溶于水而能溶于醇类水溶液，也是真正的贮藏蛋白。我国《农作物种子检验规程》（GB/T 3543.1～3543.7—1995）将国际种子检验规程的小麦和大麦品种醇溶蛋白聚丙烯酰胺凝胶电泳标准参照方法列入应用，此法就是利用种子的醇溶蛋白的电泳谱带进行品种鉴定。

（4）谷蛋白。这种蛋白质不溶于水、醇和中性盐溶液，但能溶于稀碱或稀酸溶液中。这种蛋白质主要是结构蛋白或贮藏蛋白，有些还具有代谢功能。

这 4 种蛋白质的分子结构、大小与性质不同，每种蛋白质在作物之间、品种之间也可能存在差异（如小麦、大麦、玉米、黑麦等谷类种子含有较高比例的醇溶蛋白；而燕麦、水稻等种子则以球蛋白为主；豆类种子，如菜豆、豌豆等种子含有较高水平的球蛋白）。品种之间的这种差异越明显，对品种的鉴定越准确，每种蛋白质在品种之间的多态性（以多种不同的分子形式存在）越丰富，适于鉴定的品种范围越广。但并不是某种蛋白质在所有品种之间都有区别，在利用蛋白质电泳鉴定品种时要确定品种之间哪类蛋白质存在差异，然后以此作为该作物电泳的对象。

4. 聚丙烯酰胺凝胶电泳分离蛋白质的原理 作为电泳支持物的聚丙烯酰胺凝胶是丙烯酰胺（Acr）通过交联剂（N，N'-亚甲基双丙烯酰胺）在催化剂作用下聚合而成的高分子胶状聚合物（三维网状结构的凝胶）。与其他凝胶相比机械强度好、有弹性、透明、化学性质相对稳定，对 pH 和温度变化比较稳定，在很多溶剂中不溶解，属于非离子型，没有吸附和电渗现象。改变丙烯酰胺和交联剂的浓度可有效控制凝胶孔径的大小，并且制备凝胶重演性好，所以在品种纯度电泳分析中广泛应用。

蛋白质为两性电解质，在不同 pH 条件下所带电荷多少不同。不同的蛋白质由于氨基酸的组成不同，其等电点（pI）也不同。在一定的 pH 条件下，不同的蛋白质所带电荷不同，在电场中受到的作用力也就存在差异。聚丙烯酰胺凝胶电泳主要依据样品浓缩效应、分子筛效应和电荷效应对蛋白质（酶）进行分离。

（1）样品的浓缩效应。样品在电泳开始时，首先其蛋白质得以浓缩，这一现象称为样品的浓缩效应。按作用不同，凝胶可分为两种。①浓缩胶。为大孔凝胶，有防止对流作用。样品在其中浓缩，并按其迁移率递减的顺序逐渐在其与分离胶的界面上积聚成薄层。②分离胶。为小孔胶，样品在其中根据电荷效应和分子筛效应进行分离，也有防止对流作用。蛋白质（同工酶）分子在浓缩胶中移动受到的阻力小，移动速度快。进入分离胶时阻力加大，移动速度减慢。由于凝胶层的不连续性，因此样品在浓缩胶与分离胶的交界处浓缩成狭窄的区带，使蛋白质不同组分以相同的起点进入分离胶进行分离，可以达到更好的分离效果。

（2）分子筛效应。由于蛋白质分子的大小、形状不同，在电场作用下通过一定孔径的凝胶时，受到的阻力大小不同，小分子较易通过，大分子较难通过，从而在电泳凝胶上被分开，即所谓的分子筛效应。凝胶就如同一张多孔的“筛子”，这些“筛子”起着分子筛的作用，经过一定时间的电泳，性质相同的蛋白质就运动在一起，性质不同的蛋白质就得到了分离。随丙烯酰胺和交联剂浓度的增加，凝胶孔径变小，反之孔径变大。小孔径凝胶适于小分子蛋白质的分离，大孔径凝胶适于大分子蛋白质的分离。一般相对分子质量为 1 万～10 万的蛋白质可用 15%～20%的凝胶；10 万～100 万的蛋白质用 10%左右的凝胶；大于 100 万的可用小于 5%的凝胶。

(3) 电荷效应。是蛋白质（酶）在聚丙烯酰胺凝胶中迁移快慢与蛋白质所带电荷量多少有关的效应。在相同电场作用下，带电荷量多的蛋白质分子受到的作用力大，迁移较快；反之，则较慢。溶液的 pH 与蛋白质的 pI 相差越大，蛋白质所带电荷量越多。因此，各种蛋白质（同工酶）根据所带电荷的多少在分离胶中被分离而形成不同谱带。

将不同分子大小和不同电荷蛋白质混合溶液放在凝胶的顶部，贯穿凝胶电场，蛋白质就会因带电荷而开始移动，在电荷效应和分子筛效应作用下，样品提取液蛋白质就被分离成一些不连续的谱带。经过这样的电泳分离后，蛋白质谱带就停留在凝胶板上，肉眼是看不见的，通过染色剂染色可显示出蛋白质谱带。不同品种电泳分离后所形成的谱带也不同，与对照（标准）品种比较后可判断出其他品种的种子，以达到鉴定品种纯度的目的。

（二）电泳法测定品种纯度的基本程序

电泳法测定品种纯度的程序一般包括药品的准备与配制（不同电泳方法样品提取液、凝胶溶液、电极缓冲液的配制方法不同，具体体现在其他各程序中）、样品提取、凝胶制备、加样电泳、卸板染色和谱带分析 6 步。

1. 样品提取 不同电泳方法提取液和提取的程序不同，应按具体方法配制提取液和操作。

(1) 蛋白质。清蛋白能溶于水，包括大多数酶蛋白，通常可用同工酶电泳方法鉴定；球蛋白难溶于水，能溶于稀盐溶液，盐溶蛋白电泳鉴定方法就是对球蛋白进行鉴定；醇溶蛋白不溶于水，但能溶于 70%～80%乙醇，目前，小麦和大麦种子醇溶蛋白聚丙烯酰胺凝胶电泳就是利用这种蛋白进行电泳鉴定；谷蛋白不溶于水、醇，可溶于稀酸、稀碱溶液。因此，清蛋白、球蛋白、醇蛋白、谷蛋白可依次用水、10% NaCl、70%～80%乙醇、0.2%的碱液提取。

(2) 同工酶。不同同工酶提取方法不同，多数同工酶在低温下操作较好。酯酶、乙醇脱氢酶用 0.05 mol/L Tris-HCl（三羟甲基氨基甲烷盐酸盐）(pH 8.0) 缓冲液或含 1% SDS（十二烷基硫酸钠）的 0.2 mol/L 醋酸钠缓冲液（pH 8.0）提取。淀粉酶用 0.1 mol/L 柠檬酸缓冲液（pH 5.6）或 0.05 mol/L Tris-HCl（pH 7.0）缓冲液提取。苹果酸脱氢酶、尿素酶、谷氨酸脱氢酶用蒸馏水提取。

2. 凝胶制备 连续电泳只有分离胶，不连续电泳有分离胶和浓缩胶。不同方法的凝胶浓度、缓冲系统、pH、离子强度等不同，使用的催化系统也不同。仪器设备不同，凝胶配制方法及使用的化学试剂也有所不同。浓缩胶配制试剂：三羟甲基氨基甲烷-柠檬酸缓冲液(pH 8.9)、丙烯酰胺、甲叉双丙烯酰胺、TEMED（四甲基乙二胺）、过硫酸铵。分离胶配制试剂：三羟甲基氨基甲烷-柠檬酸缓冲液（pH 8.9）、丙烯酰胺、甲叉双丙烯酰胺、乙二胺四乙酸、TEMED。凝胶配制后，底缝和边缝密封的胶室中先灌入分离胶，待聚合后，灌入浓缩胶，并把样品梳插入，待浓缩胶聚合后，小心取出样品梳。

3. 加样电泳 加样量应根据提取液中蛋白质的含量确定，一般每孔加样 10～30 μL。电泳时一般采用稳压（玉米盐溶蛋白电泳鉴定方法为稳压 500 V）和稳流两种，电压高低依据电泳方法、电泳槽种类、凝胶板长度及厚度等而定，一般以凝胶板在电泳时不过热为准。

电泳时为了指示电泳的过程，可加入指示剂。阳离子电泳系统（pH<pI 时，酸性电泳）可用甲基绿作指示剂，点样端接正极，另一端接负极。阴离子电泳系统（pH>pI 时，碱性电泳）可用溴酚蓝作指示剂，点样端接负极，另一端接正极。根据指示剂移动速度确定电泳时间。

4. 卸板染色 电泳结束后，倒出电解液，从电泳槽中卸下胶条，打开玻璃板，小心取出胶片，浸入染色液中染色。蛋白质目前用得较多的染色液是 10%三氯乙酸（可以 10%～12%）、0.05%～0.1%考马斯亮蓝 R-250，10%三氯乙酸染色后一般不需要脱色。

不同的同工酶染色的原理和方法不同。酯酶染色：称取 30 mg α-醋酸萘酯和 30 mg β-醋酸萘酯溶于 3 mL 丙酮水溶液中（丙酮∶水=1∶1），再加入 60 mg 坚牢蓝 B 盐或 RR 盐，然后用 0.1 mol/L 磷酸盐缓冲液稀释至 90 mL，用作染色液。

过氧化物酶用联苯胺-醋酸-过氧化氢染色液染色效果较好。

5. 谱带分析 谱带分析主要依据由于遗传基础差异引起的蛋白质组分差异来区别本品种和异品种。品种纯度鉴定时，根据蛋白谱带的组成及带型的一致性来区分本品种和异品种。不同电泳方法蛋白（酶）谱带的组成和带型不同。

按照谱带特征、亲缘关系和鉴别方便度分为两类：①共同带。指同种同属的不同品种具有数目不等的相同的谱带，鉴定品种时可以不必检查这些谱带。②特征谱带。又称标记谱带或指示谱带，指不同品种之间存在的稳定的、可鉴别的、可区分的遗传谱带，只要鉴别检查这些谱带就可以鉴别品种。

根据杂交种的谱带特征将电泳带分为 4 类（图 7－1）：①互补型谱带。指杂交种具有来自母本谱带和父本谱带的一种谱带类型。②杂种型谱带。又称新增型谱带，指杂交种中出现的双亲均没有的新产生的谱带。③偏母型谱带。指杂交种具有与母本基本相同的谱带。④偏父型谱带。指杂交种具有与父本基本相同的谱带。

在电泳图谱鉴定时，不同品种的电泳谱带可按其谱带的数目、R_f值、宽窄、颜色及深浅等鉴别。根据互补带（双亲中有差异的蛋白谱带同时在 F_1 出现，称为互补带）的有无区分自交粒和杂交粒。在互补带存在的条件下，如果同时出现了父母本所没有的谱带，可判为亲本不纯；如果互补带的两条有其中一条缺失，则为自交粒；如果整个谱带与本品种差异较大，则为杂粒。

上述 4 种电泳带都是来自纯合自交系间的杂交种，谱带整齐一致。对于三交种、双交种和改良单交种的谱带鉴定不能套用上述模式，可以参照 ISTA 鉴定不同杂交玉米的蛋白质电泳图谱进行鉴定（图 7－2）。

（三）电泳时可能出现的问题及处理方法

1. 凝胶不聚合 不能聚合通常可能是由于凝胶混合液中漏加某一试剂（尤其是催化剂），也可能是试剂不纯或放置时间太长而失效。最简单的补救办法是弃去溶液并用纯合有效试剂重新配制一批新鲜溶液。高浓度的巯基试剂也能抑制聚合作用。

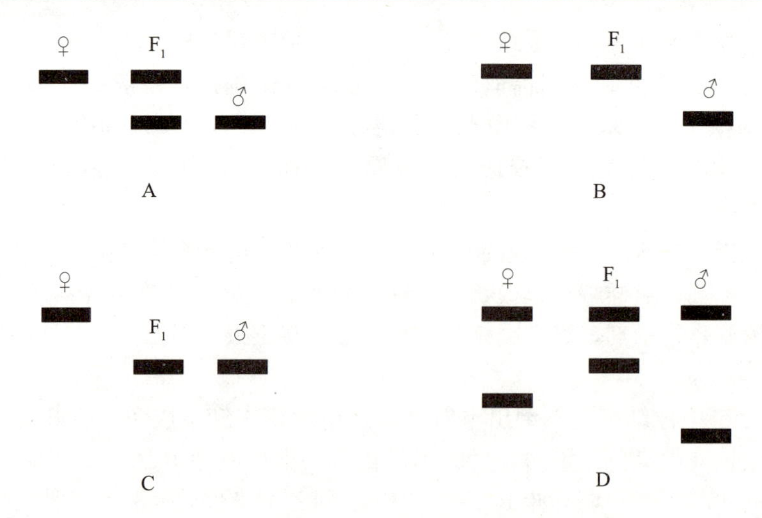

图 7-1　玉米杂交种和亲本自交系谱带关系类型

A. 互补型谱带　B. 偏母型谱带　C. 偏父型谱带　D. 杂种型谱带

（荆宇等，2011. 种子检验）

2. 凝胶聚合太快或太慢　按照理想的凝胶聚合时间、过程，为获得均一浓度的凝胶，聚合作用通常应在 10～30 min 内发生。纠正聚合过快或过慢的最容易的方法是改变聚合催化剂的浓度，也可以通过温度来控制聚合速度。

3. 凝胶龟裂　凝胶龟裂通常只在高浓度凝胶上发生，常常是由聚合反应本身产生过量的热引起，可以用冷溶液来补救。电泳时凝胶发生龟裂，是由于输入的电流过大从而使凝胶过热引起，可以用较小的电流在较长的时间内电泳来弥补。

4. 染色不佳　考马斯亮蓝染色后凝胶呈现金属光泽，通常是因为溶剂蒸发后使染料在凝胶的该部位上干燥。脱色后凝胶的表面有时可观察到一薄层考马斯亮蓝膜，此时可以将凝胶浸入 50%甲醇中快速冲洗，或者用甲醇浸泡的滤纸轻擦凝胶的表面将膜除去。

5. 凝胶上出现污渍　凝胶上有蓝色污渍，通常是两层以上凝胶叠放时上下凝胶中染色谱带留下的印记。同工酶染色时未完全溶解的染色剂也会在凝胶上形成污渍。

6. 电泳谱带拖尾　在板胶的样品轨迹或整个柱胶上观察到蛋白质区带，可能是由于样品缓冲液被污染。若污染贮液槽缓冲液，则整个凝胶（其中包括板胶中不加样品的样品槽）均出现连续不断的染色区。

7. 谱带分界不清　某一柱胶或板胶样品轨迹在染色后其蛋白质区带界限不明显且染色后的本底高，是由于样品蛋白质水解过度。这类现象也可以在 SDS 试剂不纯和 SDS 不连续系统中观察到。同一样品用纯的 SDS 进行分析能获得清晰的区带。

8. 蛋白质没有分离　蛋白质主要部分不能进入分离胶，引起凝胶起始染色带加深，可能是凝胶浓度太高、孔径太小所致。若凝胶浓度合适，也可能是由于电泳前样品中的蛋白质凝聚引起，或者是由于在非解离不连续缓冲系统中，电泳时在浓缩胶中形成高浓度的蛋白质区带而引起蛋白质沉淀。若属于后者，建议操作者应用连续缓冲系统和浓度较低的样品。

9. 谱带运动轨迹不直　在正常情况下，蛋白质或同工酶在电场作用下直线泳动而形成正常的谱带，但是由于凝胶浓度不均匀、存在气泡和温度太高等因素的影响而可能形成弯曲的谱带。

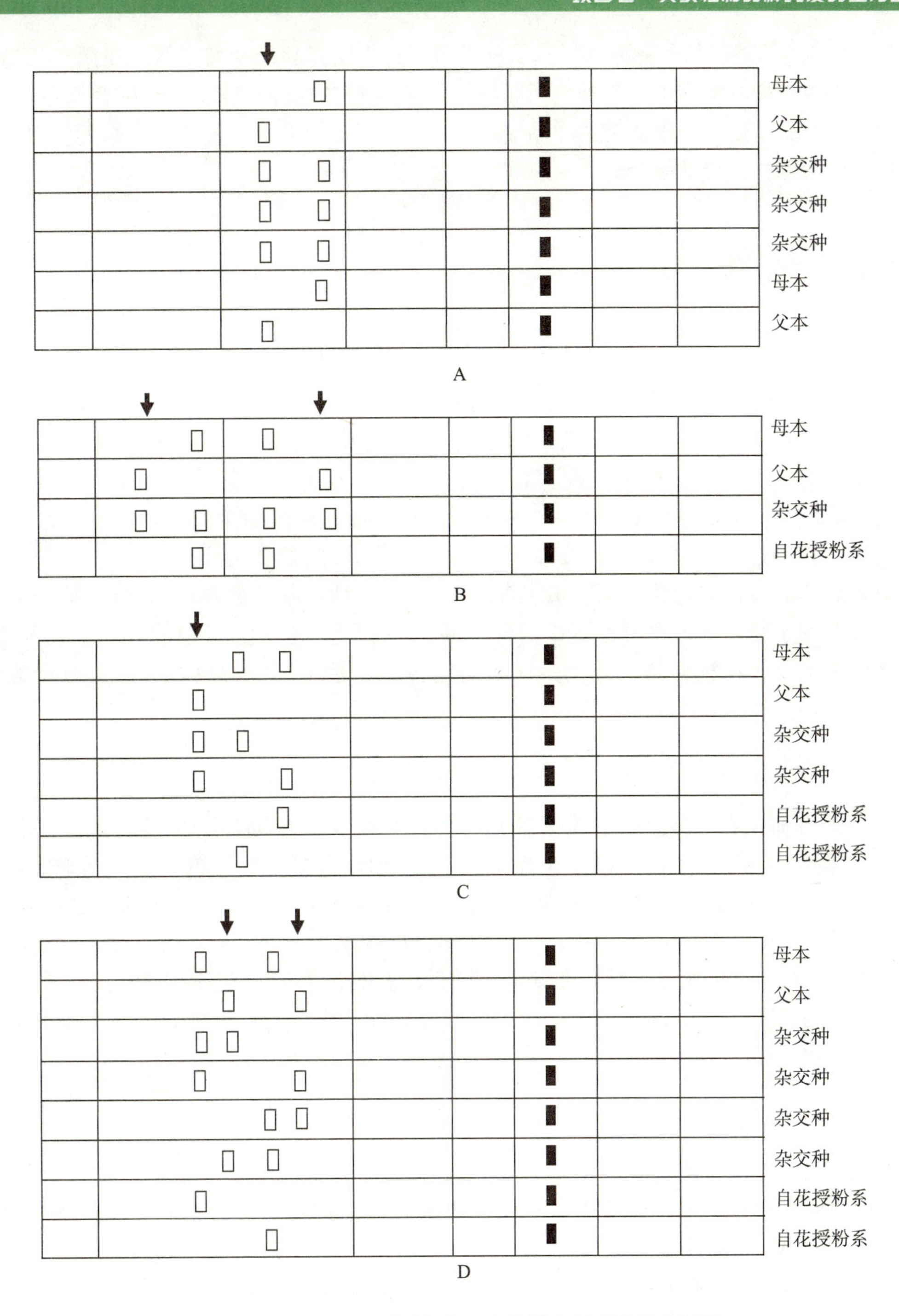

图 7-2 ISTA 鉴定不同杂交玉米的蛋白质电泳标准图谱

A. 父本存在标记谱带，而母本缺少标记谱带 B. 鉴定单交种、杂交种，只有一条特征谱带，而其他谱带是来自自花授粉（同母本相同谱带类型）或来自混杂 C. 鉴定三交种，母本的自交系，按照孟德尔规则，可能出现两种谱带类型，但大多数品种仅出现一种类型 D. 鉴定双交种，两种亲本谱带来自杂交，按照孟德尔规则，可能出现 4 种谱带类型

（国际种子检验协会，1996. 国际种子检验规程）

10. 加样后不能在样品槽底形成一层样品层 这表明样品缓冲液中偶然遗漏加蔗糖或甘油，或者是由于样品梳齿未能与玻璃板贴紧，结果凝胶在梳齿和玻璃板间聚合而影响载体。后一问题的补救是用一个更适宜的样品梳，若时间不长则可利用一支连接水泵的注射器，迅速从样品槽中除去过量的凝胶。

拓展阅读

DNA 分子标记鉴定法

DNA 分子标记技术在种子纯度鉴定上具有许多优点：①从理论上说，核 DNA 中可供选择的 DNA 分子标记的数量是无限的，这是同工酶及种子蛋白电泳技术所无法比拟的；②DNA分子标记无器官、组织及发育特异性，不管是用种子或幼苗，还是在植株生长发育的其他阶段均可取材鉴定；③DNA 分子标记不受任何环境因素影响，因为环境只影响基因表达（转录与翻译），而不改变基因结构，即 DNA 的核苷酸序列；④DNA 分子标记完全遵守简单的孟德尔遗传方式，并具有体细胞稳定性。基于此，DNA 分子标记可以弥补和克服在种子纯度的形态学鉴定以及同工酶、种子蛋白电泳鉴定中的许多缺陷和难题，目前该项技术已在物种分类、进化、种属间遗传多态性基因定位以及分子育种研究中广泛应用。

一、DNA 分子标记技术的原理及特点

DNA 分子标记技术又称 DNA 指纹技术。它直接反映不同品种的遗传基础不同，其 DNA 上的碱基排列顺序不同。用于作物品种鉴定的 DNA 分子标记技术，其基本原理是直接对品种 DNA 的多态性即 DNA 碱基顺序的差异进行分析，根据不同品种的特定 DNA 指纹图谱的差异来进行品种鉴定。这种技术直接反映 DNA 水平上的差异，是当今最先进的遗传标记系统。该技术的应用使品种纯度测定由形态、生化指标进入到基因水平的测定，其检测对象是种子的 DNA 片段（基因），没有器官的特异性，也不受环境的影响，有很高的准确性、稳定性和重复性。

二、DNA 分子标记技术的分类

目前，用于作物品种鉴定的 DNA 分子标记技术主要有简单重复序列（简称 SSR）、限制性片段长度多态性（简称 RFLP）、随机扩增多态性 DNA（简称 RAPD）和扩增片段长度多态性（简称 AFLP）等。

1. SSR 技术 又称微卫星 DNA，是一类由几个核苷酸（一般为 1～5 个）为重复单位组成的长达几十个核苷酸的串联重复序列。每个座位上重复单位的数目及重复单位的序列都可能不完全相同，因而造成了每个座位上的多态性。基因组 DNA 经引物进行多聚酶链式反应（PCR）扩增后，不同大小的 SSR 在高分辨率的测序凝胶或特殊琼脂糖凝胶上电泳，获得多位点、高分辨率的 DNA 指纹图谱。微卫星 DNA 目前已应用于大豆、水稻、玉米、油菜、甜菜等作物。SSR 标记的主要优点有：①数量丰富，广泛分布于整个基因组；②具有较多的等位变异，信息含量高；③以孟德尔方式遗传，共显性标记，可鉴别出杂合子和纯合子；

④多态性高，试验程序简单，重复性好，结果可靠；⑤易于用PCR技术分析，对DNA数量及质量要求不高。其缺点是由于创建新的SSR标记时需知道重复序列两端的序列信息，因此其引物开发有一定困难，费用也较高。现在DNA检测工作逐步完善，相继制定了检测标准，从而使DNA检测工作走向科学化、规范化和标准化。如农业农村部行业标准《玉米品种鉴定技术规程　SSR标记法》（NY/T 1432—2014）。该标准的实施使鉴定玉米品种有了可依据的方法及判定标准，该方法适用于玉米自交系和单交种的品种鉴定。目前它主要用于玉米品种的区试及审定中的监控、品种纯度和真实性鉴定、侵权案司法鉴定、种质资源遗传多样性分析。

2. RFLP技术　RFLP是检测不同生物个体间基因微细差异的可靠方法。基本原理是：生物在长期的自然选择和进化过程中，由于基因内个别碱基的突变以及序列的缺失、插入或重排，会造成种（品种）、属间DNA的核苷酸序列出现差异，从而导致限制性内切酶的识别位点不同。当用限制性内切酶切割不同品种的DNA时，所产生的DNA片段的数目和大小便会不同，电泳后利用Southern Blot杂交分析就能得到DNA的限制性片段多态性，从而将不同品种的种子区别开来。目前已有利用RFLP标记技术进行水稻、玉米、小麦等作物品种检测的应用研究。

RFLP技术的具体操作方法是：①DNA提取与纯化；②用单一限制性内切酶（如EoR I、BamH I等）酶切DNA；③将不同大小的DNA片段通过琼脂糖凝胶电泳分开；④把琼脂糖凝胶中DNA转移到硝酸纤维素膜上；⑤用经放射性同位素标记的某个基因作探针进行Southern Blot杂交，经放射自显影后即可在X光片上看到具有多态性的DNA片段，从而将不同品种的种子区分开来。由于同一作物不同品种间能够找到很多RFLP标记，因而该项技术是进行真实性及品种纯度鉴定的最可靠方法。

RFLP标记技术优点：多态性稳定，重复性好；无表型效应，不受环境影响；简单共显性遗传，可以区别纯合和杂合基因型；在非等位的RFLP标记间不存在上位效应，互不干扰。缺点：DNA用量大，成本较高，操作烦琐，周期长，多态性低，检测所用的放射性同位素对人体有害。

3. RAPD技术　RAPD是利用随机核苷酸序列作为引物扩增基因组DNA的随机片段，再用随机片段的多态性作为品种的遗传标记。由于不同作物和品种的基因组DNA序列有很大的差异，复制特定DNA序列所需的引物也不一样。同一引物可使某一品种的DNA片段得到扩增，但对另一品种则不能诱导复制，因此，只要将待定引物诱导复制的特定DNA片段进行PCR扩增，再经过琼脂糖凝胶电泳和聚丙烯酰胺凝胶电泳分离，得到多态性的DNA谱带，就能鉴别不同的品种。目前RAPD已经在玉米、小麦、大麦、花生、水稻、大豆、棉花、甘薯、一些蔬菜和果树等作物上得到研究和应用。RAPD分析方法具有操作简单、经济快捷、DNA用量较少、灵敏度高、无放射性污染等优点。缺点一是由于扩增的随机性，每一个引物只能检测基因组的有限区域，有些引物不能区分亲缘关系很近的自交系所配成的杂交种，必须利用几个引物才能区分；二是RAPD属于显性标记，不能区分杂合型和纯合型，而且RAPD检测分析受条件的影响很大。

4. AFLP技术　AFLP实质是以PCR为基础，RFLP和PCR相结合的一种方法。其基本原理是通过选择性扩增基因组DNA的酶切片段而产生多态性。选择性扩增是通过在引物的3′末端加上选择性核苷酸而实现的。通过改变选择性核苷酸的数目，就可以预先决定所要扩增的片段的数目。目前已应用于大豆、水稻、玉米、棉花等作物。它结合了RFLP和PCR的特点，具有RFLP的可靠性和PCR技术的高效性。AFLP可以分析基因组较大的作物，具有多态性高、重复性好、准确性高等优点。其缺点是需要放射性同位素标记、较高的试验操作技能、高精密的仪器设备，因此很难在作物品种鉴定中普及应用。

除了上述介绍的4种常用分子标记技术以外，还有VNTR、STS、SCAR、SPA、SNP、ISSR等标记技术。

技能训练

技能训练1　品种纯度的形态鉴定技术

一、实训目的

掌握品种纯度的形态鉴定方法。

二、材料用具

1. 材料　玉米杂交种及其相应的亲本种子或果穗。

2. 用具　检验桌、小碟或小盘、放大镜、解剖镜、标准样品鉴定图片或种子标签等。

三、方法步骤

1. 样品数取　从杂交种及其相应的亲本种子或果穗中，随机取两份样品，果穗每份取10个正常果穗，种子每份取200粒，参照其标准样品及其亲本种子的原种（果穗）特征进行分析鉴别。

2. 样品鉴定　鉴定的依据如下。

(1) 果穗长度与形状。不同品种的果穗长度与形状不同。穗长是量穗的基部到穗的尖部距离。根据各穗的长度计算平均数。穗的形状分为长筒形、锥形和长锥形。如农大108玉米果穗长为14～18 cm，穗形为筒形。

(2) 穗轴性状。玉米不同品种的轴色不尽相同，一般分为红色、淡红色、粉色、白色等。如农大108玉米的轴色为粉色，农大2238的轴色为红色，冀单28的轴色为白色。穗轴中部直径有细、中、粗之分。

(3) 粒型。以多数果穗的中部粒型为准。粒型主要分为马齿型、半马齿型、硬粒型。东单7号为马齿型，吉单101为硬粒型，农大108和农大2238籽粒为半马齿型。

(4) 粒色。不同品种的种子具有不同的颜色，并且其粒色的分布也不尽相同。一般分为黄色、黄白色、棕黄色、白色、红色、紫色等。如农大108玉米的籽粒为黄色，沈单10号籽粒为橙黄色。

(5) 种脐颜色。同一品种的种脐及其穗轴的颜色是相同的，一般分为白色、红色、淡红色。

(6) 籽粒大小。籽粒的长度、宽度、厚度。

3. 结果计算

（1）品种纯度计算。算出两份试样品种纯度的平均值，即为该种子的品种纯度。

$$品种纯度=\frac{供检样品种子数-异品种种子数}{供检样品种子数}\times 100\%$$

（2）查容许差距。品种纯度是否达到国家种子质量标准、合同和标签的要求，可利用表 7-1 进行判别。

四、作业

（1）分小组或单独按照方法步骤完成实训，将每一步的数据及时填入下列表格（表 7-3），并完成实训报告。

（2）对实训结果进行分析，找出操作过程中出现的问题并分析其原因。

五、考核标准

学生单独进行操作，并填写表 7-3。

表 7-3 真实性和品种纯度鉴定结果记载

<table>
<tr><td>样品登记号</td><td colspan="2"></td><td>作物名称</td><td></td><td colspan="2">品种（组合）名称</td><td colspan="2"></td></tr>
<tr><td>样品状况</td><td colspan="8"></td></tr>
<tr><td>鉴定方法</td><td colspan="8"></td></tr>
<tr><td>检测依据</td><td colspan="8"></td></tr>
<tr><td rowspan="2">项目
重复</td><td rowspan="2">供检株（粒）数</td><td rowspan="2">本品种株（粒）数</td><td colspan="4">混杂类型及株（粒）数</td><td rowspan="2">品种纯度/%</td><td rowspan="2">平均值/%</td></tr>
<tr><td></td><td></td><td></td><td></td></tr>
<tr><td>Ⅰ</td><td></td><td></td><td></td><td></td><td></td><td></td><td></td><td></td></tr>
<tr><td>Ⅱ</td><td></td><td></td><td></td><td></td><td></td><td></td><td></td><td></td></tr>
<tr><td>Ⅲ</td><td></td><td></td><td></td><td></td><td></td><td></td><td></td><td></td></tr>
<tr><td>Ⅳ</td><td></td><td></td><td></td><td></td><td></td><td></td><td></td><td></td></tr>
<tr><td>电泳测定值 X/%</td><td></td><td>计算公式</td><td colspan="3">Y=52.9+0.461X</td><td></td><td></td><td></td></tr>
</table>

审核人： 校核人： 检验员：

技能训练 2 品种纯度的快速鉴定技术

一、实训目的

掌握苯酚染色法鉴定品种纯度的基本原理及操作程序。

二、材料用具

1. 材料 小麦、水稻及早熟禾种子。

2. 用具 培养箱、培养皿、滤纸等。

三、方法步骤

1. 基本原理 苯酚染色法是一种快速实用的品种鉴定方法，可应用于小麦、水稻、大麦、燕麦、黑麦草、早熟禾等品种鉴定。苯酚又称石炭酸，其染色原理是单酚、双酚、多酚在酚酶的作用下氧化成为黑色素。由于每个品种皮壳内酚酶活性不同，导致苯酚氧化呈现深浅不同的褐色。

2. 操作程序

（1）小麦。《国际种子检验规程》采用的苯酚染色法是取 100 粒试样两份，浸入清水 24 h，取出后放在经 1%石炭酸湿润的滤纸上，经 4 h（室温），鉴别种子染色深浅。通常将颜色分为浅色、浅褐色、褐色、深褐色、黑色等。将与基本色不同的种子作为异品种，计算品种纯度。还可用快速法鉴别，即将小麦种子放在 1%苯酚溶液中浸泡 15 min，倒去药液，将种子腹沟向下置于苯酚湿润过的纸间，盖上培养皿盖，置于 30～40 ℃培养箱 1～2 h，根据染色深浅进行鉴定。

（2）水稻。数取 100 粒试样两份，将其浸入清水 6 h，倒去清水加入 1%石炭酸溶液浸 12 h，取出用清水冲洗，然后将其放在吸水纸上经一昼夜，鉴定种子染色程度。谷粒染色分为不染色、淡茶褐色、茶褐色、黑褐色、黑色。此法可以鉴别籼、粳稻，一般籼稻染色深，粳稻不染色或染色浅。米粒染色分为不染色、淡茶褐色、褐色或紫色。

（3）早熟禾。数取 100 粒试样两份，分别浸入水中 18～24 h，取出置于 1%苯酚纸间 4 h，并进行一次观察，到 24 h 再进行第 2 次观察后与对照样品种子比较颜色，进行鉴定，一般分为浅褐色、褐色和深褐色。

3. 结果计算

（1）品种纯度计算。算出两份试样品种纯度的平均值，即为该种子的品种纯度。

$$品种纯度=\frac{供检样品种子数-异品种种子数}{供检样品种子数}\times 100\%$$

（2）查容许差距。品种纯度是否达到国家种子质量标准、合同和标签的要求，可利用表 7-1 进行判别。

四、作业

（1）分小组或单独按照方法步骤完成实训，记录每一步的数据，并完成实训报告。

（2）对实训结果进行分析，找出操作过程中出现的问题并分析其原因。

五、考核标准

学生单独进行操作，并填写表 7-3。

技能训练 3　品种纯度的电泳鉴定技术

一、实训目的

了解玉米种子盐溶蛋白聚丙烯酰胺凝胶电泳测定的基本原理，学会电泳法鉴定品种纯度的操作技术，掌握根据电泳谱带鉴定品种纯度的标准。

二、材料用具

1. 材料　玉米种子。

2. 仪器试剂

（1）仪器。电泳仪（500 V）、垂直板电泳槽、单粒粉碎机、天平、酸度计、高速离心机（5 000 r/min）、电冰箱、电炉、离心管（1.5 mL）、移液管、微量进样器、拨板针等。

（2）试剂。丙烯酰胺、N，N'-亚甲基双丙烯酰胺、乳酸、乳酸钠、甘氨酸、抗坏血酸、硫酸亚铁、氯化钠、蔗糖、甲基绿、三氯乙酸、过氧化氢、考马斯亮蓝 R-250、无水乙醇、正丁醇等（所用试剂均为分析纯，所用水均为去离子水）。

三、方法步骤

1. 试剂配制

（1）电极缓冲液。称取甘氨酸 6.0 g，倒入 2 000 mL 烧杯中，加入约 1 800 mL 去离子水（或蒸馏水）溶解，用 2.0 mL 乳酸调至 pH 3.3，加水定容至 2 000 mL，混匀。

（2）样品提取液。称取氯化钠 5.8 g、蔗糖 200 g、甲基绿 0.15 g，倒入 1 000 mL 烧杯中，加去离子水约 800 mL 溶解，加热至微沸、放冷，用新煮过的去离子水定容至 1 000 mL。放冰箱中保存。

（3）分离胶缓冲液。取 1.43 mL 乳酸钠于 1 000 mL 烧杯中，加水约 980 mL，用乳酸调至 pH 3.0，定容至 1 000 mL，贮于棕色瓶中，低温保存。

（4）分离胶溶液。称取丙烯酰胺 112.5 g、N，N'-亚甲基双丙烯酰胺 3.75 g、抗坏血酸 0.250 g、硫酸亚铁 8.0 mg，用分离胶缓冲液溶解，定容至 1 000 mL。过滤于棕色瓶中，低温保存（不超过 2 周）。

（5）浓缩胶缓冲液。取 0.30 mL 乳酸钠于 100 mL 烧杯中，加水约 90 mL，用乳酸调至 pH 5.2，定容至 100 mL，贮于棕色瓶中，低温保存。

（6）浓缩胶溶液。称取丙烯酰胺 6.0 g、N，N'-亚甲基双丙烯酰胺 1.00 g、抗坏血酸 0.030 g、硫酸亚铁 0.8 mg，用浓缩胶缓冲液溶解，定容至 100 mL。贮于棕色瓶中，低温保存（不超过 1 周）。

（7）3%的过氧化氢溶液。取 30%的过氧化氢 1 mL，加 9 mL 去离子水。贮于棕色瓶中，低温保存。

（8）染色液。称取考马斯亮蓝 R-250 2.0 g 倒入研钵中，用 100 mL 无水乙醇多次研磨溶解，用漏斗过滤于棕色瓶中。取 10 mL 该溶液，加到 200 mL 10%（m/V）的三氯乙酸溶液中，混匀。根据染色时间和使用次数可适当增补考马斯亮蓝或三氯乙酸溶液的量。

2. 样品制备　从送验样品中随机数取玉米种子 100 粒在单粒粉碎机中粉碎后，分别收集到 1.5 mL 离心管中，按体积比约 1∶1 的量用滴管加入样品提取液，摇匀，放置 5 min 后，再摇一次，30 min 后用离心机离心 15 min，取上清液点样。

3. 凝胶制备

（1）胶室制备。将洗净晾干的两块玻璃板装入胶条中，然后将胶条固定在电泳槽内，保持水平，短板向正极，拧紧螺栓，备用。

（2）封底缝。根据电泳槽大小，取适量分离胶溶液于烧杯中，用微量进样器加入适量3%的过氧化氢溶液（一般5 mL胶液加20 μL 3%的过氧化氢溶液）迅速摇匀，并从长玻璃板外侧沿玻璃板倒下，放正电泳槽震动几下，5 min后胶液凝固，将底缝封住。

（3）灌分离胶。底缝封住后，用滤纸条插入两玻璃板之间，吸去因凝胶而析出的水，量取分离胶混合液适量，加入3%过氧化氢溶液（一般每15 mL分离胶液加20 μL 3%的过氧化氢溶液）迅速摇匀，将电泳槽倾斜，将分离胶混合液倒入两玻璃板之间，高度距短玻璃板上沿1.2 cm，放正电泳槽并在实验台上震动几下后，迅速用预先准备好的注射器沿玻璃板上沿注入正丁醇溶液（注意：动作要轻，不能冲坏胶面）。5～10 min后胶凝固，用注射器吸出胶面上的正丁醇溶液，并用去离子水冲洗胶面2～3次，倒出去离子水，用滤纸吸干（注意：滤纸不能接触胶面；正丁醇可重复使用）。

（4）灌浓缩胶。量取浓缩胶混合液适量，加入3%过氧化氢溶液（一般每5 mL浓缩胶液加40 μL 3%的过氧化氢溶液）迅速摇匀，倒入两玻璃板之间，马上插好样品梳，用夹子夹住。

4. 点样 浓缩胶凝胶后，倒入电极缓冲液，上槽电极缓冲液要高于短玻璃板，然后小心拔出样梳，用微量进样器吸取5～20 μL玉米蛋白质提取液上清液，依次在样品槽中按粒点样，每点一次后，要用去离子水清洗进样器2～3次。

5. 电泳 点样完毕，将电源线正极接上槽，负极接下槽，接通冷却水，打开电泳仪电源开关，采用稳压方式，调节电压稳定至500 V，开始电泳，待甲基绿指示剂绿线下移至胶底部边缘0.5～1.0 cm处时，关闭电泳仪。

6. 卸板 倒出电极缓冲液，将玻璃板和密封胶条一同取出，卸下密封胶条，用不锈钢刀撬开玻璃，用拨板针剥离凝胶板，剥离完后将凝胶板放入染色液中。

7. 染色 染色时间12 h。

8. 洗板 将染过色的胶板放入白磁盘中，用刷子蘸取0.5%洗衣粉水洗刷胶板表面，然后用水冲洗干净。

9. 鉴定 在观片灯上观察胶板上电泳谱带的特征和一致性，并和标准种子的蛋白质谱带对照，计数样品中异型谱带粒数。

10. 结果计算

（1）电泳测定值计算。

$$X=\frac{\text{供检样品种子数}-\text{异品种种子数}}{\text{供检样品种子数}}\times 100\%$$

（2）样品纯度值计算。将电泳测定值 X 代入下式，计算出样品纯度 Y，再将 Y 与GB 4404.1—2008（附表1）中的纯度值进行比较，判定样品是否合格。

$$Y=52.9+0.461X$$

四、作业

（1）分小组按照方法步骤完成实训，记录每一步的数据，并完成实训报告。

（2）对实训结果进行分析，找出操作过程中出现的问题并分析其原因。

五、考核标准

学生分组进行操作，并填写表7-3。

思维导图

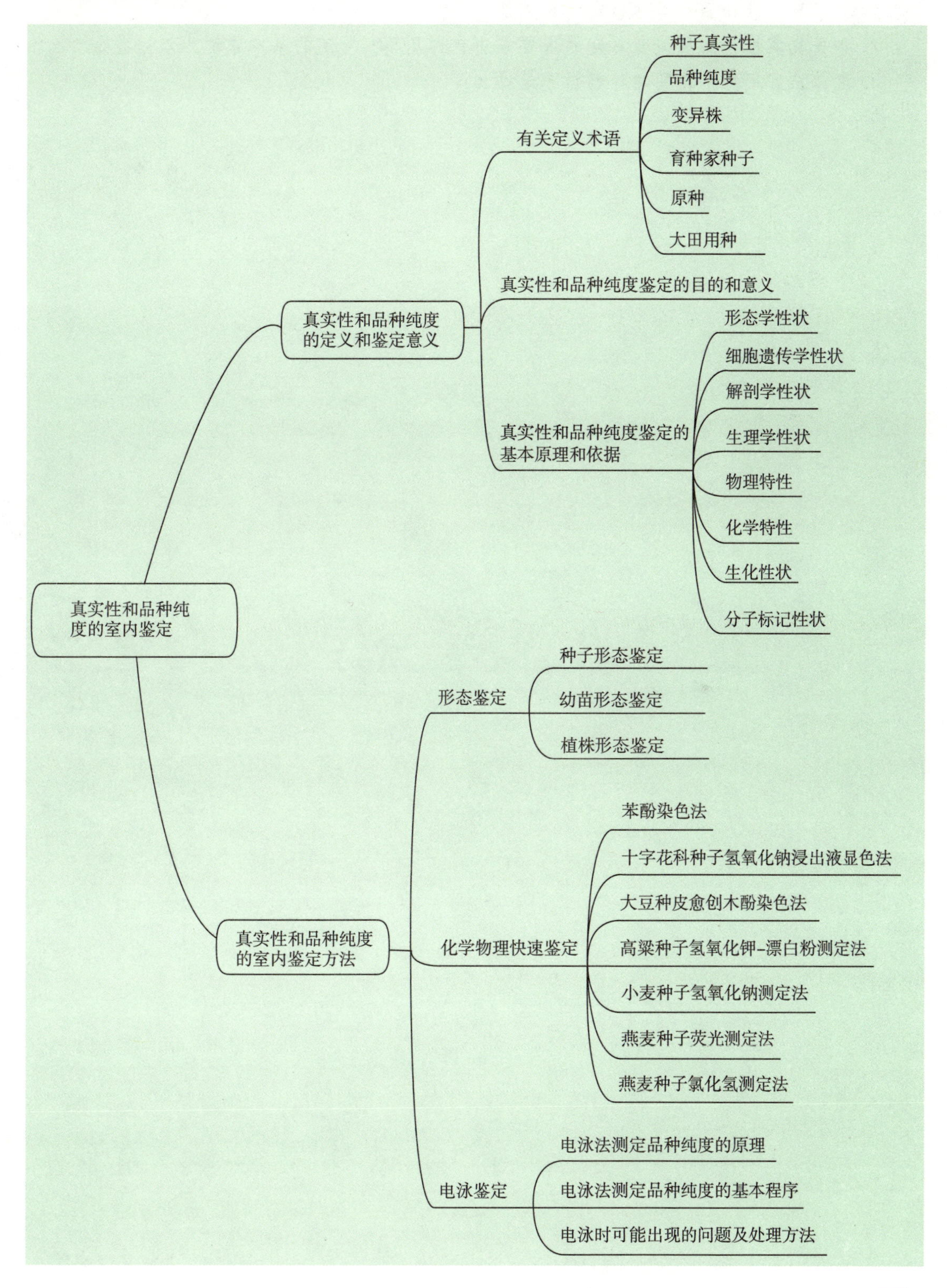

真实性和品种纯度的室内鉴定
真实性和品种纯度的定义和鉴定意义
有关定义术语
种子真实性
品种纯度
变异株
育种家种子
原种
大田用种
真实性和品种纯度鉴定的目的和意义
真实性和品种纯度鉴定的基本原理和依据
形态学性状
细胞遗传学性状
解剖学性状
生理学性状
物理特性
化学特性
生化性状
分子标记性状
真实性和品种纯度的室内鉴定方法
形态鉴定
种子形态鉴定
幼苗形态鉴定
植株形态鉴定
化学物理快速鉴定
苯酚染色法
十字花科种子氢氧化钠浸出液显色法
大豆种皮愈创木酚染色法
高粱种子氢氧化钾-漂白粉测定法
小麦种子氢氧化钠测定法
燕麦种子荧光测定法
燕麦种子氯化氢测定法
电泳鉴定
电泳法测定品种纯度的原理
电泳法测定品种纯度的基本程序
电泳时可能出现的问题及处理方法

复习思考

1. 种子真实性和品种纯度鉴定的意义是什么?
2. 种子真实性和品种纯度鉴定的主要方法有哪几类? 鉴定的基本原理或依据各是什么?
3. 电泳法鉴定种子纯度的一般程序是什么?

项目八　种子真实性和品种纯度的田间检验

项目导读

田间检验与田间小区种植鉴定是最可靠的品种鉴定方法。在种子生产过程中，通过田间检验，可以防止遗传分离、自然变异、外来花粉、机械混杂和其他不可预见的因素对种子质量的影响。在种子收获后通过田间小区种植鉴定，保证种子纯度鉴定结果准确可靠。由此看出，虽然二者是在不同时期采用不同程序与方法来完成的，但均是在植株不同生长发育时期依据被检品种的特征特性检查和鉴定品种纯度，因此，做好种子纯度鉴定和田间检验工作，熟悉植物的特征特性、掌握检验程序和方法是至关重要的。

任务一　鉴定品种的性状

- 【知识目标】

了解田间检验的概念和基本原则，熟悉主要农作物品种和蔬菜品种鉴定依据的性状。

- 【技能目标】

能够按照品种鉴定依据的主要性状区分不同的品种。

一、概述

（一）田间检验的概念

田间检验是指在种子生产过程中，在田间对品种真实性进行验证，对品种纯度进行鉴定，对作物生长状况、病虫危害、异作物和杂草等情况进行调查，并确定其与特定要求符合性的活动。

（二）田间品种纯度检验的基本原则

品种纯度检验主要是检验品种内个体间的一致性和遗传的相对稳定性，即形态特征、生理特性、经济性状等符合本品种的特征特性的程度。进行品种纯度检验是以品种的性状为依据，但是各作物品种的性状稳定程度不同，有遗传性较稳定的质量性状，又有变异性较大的数量性状；同时，各品种间明显差异的性状也不同。因此在品种纯度检验时，必须注意品种性状的区分与差异。在纯度鉴定时应分清主要性状（指品种所固有的不易变化的明显性状）、次要性状（即细微性状，指细小、不易观察但稳定的性状）、易变性状（指容易随外界条件的变化而变化的性状）和特殊性状（指某些品种所特有的性状）。从生产角度讲，由于产量等重要的经济性状都是数量性状，因此，鉴别品种纯度以数量性状为依据更科学。但由于它们的变化是连续的，子代没有明显的显、隐性现象，而且易受外界条件影响，可塑性大，因此往往不易区分。相反，质量性状比较稳定，不同品种间差异显著，鉴别简便而准确，所以在纯度检验中多注重质量性状。但质量性状与数量性状的划分不是绝对的，如豌豆的株高是质量性状，同时又有数量性状的特征。莫惠栋指出这类性状实际是由主效基因与微效基因共同控制的。在实际工作中应着眼于性状的稳定性和品种间差异的显著性。为了准确地鉴定品种纯度，必须坚持以下原则。

1. 综合判断　要正确观察品种的主要性状和特殊性状，主要依据是育种单位提供的品种说明书。在缺少这方面的资料和标本时，应在种子生产过程中注意观察与作物经济性状相关的质量性状及其一致性，正确地确定主要性状和特殊性状，以此为主要依据。同时结合次要性状和某些重要的易变性状，如株高、生育期等，综合加以判断，才会提高鉴定的准确性。

2. 在品种典型性状表现明显的时期进行检验　品种的各种性状都是在一定生育阶段才能表现出来，有些质量性状在幼苗期能表现出来，如幼叶颜色、叶形，但有些性状必须在开花期才能表现，如花的颜色、花药的颜色等。因此，品种纯度检验必须抓住时机，在差别性状表现明显的时期进行，并且一般要进行多个时期的鉴定。

3. 注意环境条件对性状的影响　品种的各种性状表现都是其遗传性在一定环境条件下的产物，即：表现型变异＝基因型变异＋环境变异。可见，即使品种的基因型是纯合的，生长在不同环境条件下表现型也会有一定差异。因此，检验时应根据栽培条件、气候状况等实际情况加以判断，消除环境因素的影响。

总之，只有熟悉被检品种的主要性状和典型性状，才能正确判断品种的纯度，提高纯度检验的准确性。

二、主要农作物品种鉴定依据的性状

鉴别品种的性状因作物而异，并且各生育时期也有一定的差异。现将几种主要农作物品种纯度各时期检验性状分别介绍如下。

（一）小麦

1. 幼苗期

（1）芽鞘的颜色和长短。

（2）叶片的形状和颜色。

（3）幼苗生长习性。分匍匐、直立、半匍匐。

（4）幼苗长势。分好、中等、差。

2. 抽穗期

（1）株高。分高秆（>100 cm）、中秆（80～100 cm）、矮秆（<80 cm）。

（2）株高的整齐度。株高相差10%以下为整齐，相差10%～20%为中等整齐，相差20%以上为不整齐。

（3）茎秆蜡粉。分有（多或少）和无。

（4）叶片。叶片宽窄（宽、中、窄）、叶色（深绿、绿、浅绿）、叶相（挺直、下披、中间）、叶片和叶鞘的蜡粉多少。

（5）株型。分紧凑、中等、松散。

（6）穗部性状。包括穗粒数、着粒密度、芒的有无等。

3. 蜡熟期

（1）植株性状。

①株高、茎色。

②茎粗。直径>6 mm 为粗，4～6 mm 为中等，<4 mm 为细。

（2）穗部性状。

①穗形。分棍棒形、长方形、纺锤形、椭圆形、圆锥形、分枝形。

②小穗密度。以 10 cm 穗轴内小穗数表示，一般用密度指数 D 表示。

$$\text{密度指数}(D)=\frac{\text{小穗数}-1}{\text{穗轴长（cm）}}\times 10$$

密度指数分 4 级：疏（$D<22$）、中（$22\leqslant D<28$）、密（$28\leqslant D<34$）、极密（$D\geqslant 34$）。

③穗长。分长穗（>8.5 cm）、中穗（6.5～8.5 cm）、短穗（<6.5 cm）。

④穗色。分为红壳、白壳两类，红壳又有深浅之分。

（3）芒的性状。

①芒长。分长芒、中芒、短芒、顶芒、无芒。

②芒分布。分平行形、宽扇形、窄扇形。

③芒色。分红色、白色、黑色 3 种。

（4）籽粒性状。

①粒质。分硬质（玻璃质）、软质（粉质）、中间质（半硬质）3 种。

②形状。分长椭圆形、椭圆形、卵圆形、短筒形 4 种。

③大小。分大、中、小 3 级。

④粒色。分白色和红色。

⑤茸毛。分有和无。

⑥腹沟。分深与浅。

（5）护颖性状。

①形状。一般分为披针形、长方形、椭圆形、卵圆形 4 种。

②颖尖。也称颖嘴，是护颖上端的突起。形状有钝形、锐形、鸟嘴形、外曲形等。

③颖肩形状。分无肩、斜肩、方肩、丘形肩、圆肩。

④颖脊形状。有宽窄明显与否之分。

（二）水稻

1. 幼苗期 主要检验叶部性状。

（1）叶鞘色。分无色、淡红色、紫红色。

（2）叶片色。分淡绿色、绿色、浓绿色、紫色。

（3）叶耳色。分无色、绿色、紫色。

（4）叶舌色。分无色、绿色、紫色。

（5）叶片茸毛。分无、疏、中、密。

2. 抽穗期 重点检验植株与剑叶性状。

(1) 剑叶。剑叶的长短、宽窄及其与茎秆夹角的大小。

(2) 叶色。绿色的深浅不同，少数呈紫色。叶紫色者，颖壳、芽鞘、叶鞘等皆呈紫色。

(3) 茎秆性状。

①株高。分高（>130 cm）、中（100～130 cm）、矮（<100 cm）。

②茎秆粗细。分粗（直径>6 mm）、中（直径 4～6 mm）、细（直径<4 mm）。

(4) 穗部性状。包括穗码松紧、着粒密度、芒的有无等。

3. 蜡熟期 是关键的检验时期，以穗部特征为检验重点。

(1) 穗部性状。

①穗型。按枝梗长短、多少分紧穗型、散穗型及中间型；按穗长分为长（>25cm）、中（15～25 cm）、短（<15 cm）3 级；按生长状态分直立型、弧型、半圆型、弯型、垂头型。

②着粒密度。10 cm 内的着粒数（包括实粒、秕粒、脱落粒），<54 粒以下为稀，54～78 粒为中，>78 粒为密。

(2) 芒的性状。

①芒的有无和长短。分无芒（全无或有芒粒数<10%）、短芒（芒长<1 cm）、中芒（芒长 1～3 cm）、长芒（芒长 3～5 cm）、特长芒（芒长>5.0 cm）。

②芒色。分黄色、浅红色、褐红色、紫褐色。

(3) 谷粒性状。

①粒型。以谷粒的长宽比来衡量。粳稻分长粒（长宽比>1.8）、中粒（长宽比1.6～1.8）、短圆粒（长宽比<1.6）。籼稻分细长粒（长宽比>3）、中长粒（长宽比 2～3）、短粒（长宽比<2）。

②粒色。包括颖色和颖尖色。颖色分淡黄色、黄色、金黄色、赤褐色、黑褐色等；颖尖色分黄色、赤色、赤褐色、淡褐色、淡紫色、深紫色等。

③籽粒大小。分极大（千粒重>30 g）、大（27～30 g）、中（24～27 g）、小（20～23 g）和极小（<20 g）。

④护颖性状。包括护颖色和护颖长短。护颖色分黄色、赤色、赤褐色、紫色等；长短分长、中、短。

⑤其他性状。包括糙米色泽、米质透明度、腹白大小等，也是鉴别品种纯度的依据。

(三) 玉米

1. 幼苗期

(1) 叶鞘色。分绿色、红色、紫红色、紫色。比较稳定，是苗期检验的主要依据。

(2) 叶色。分淡绿色、绿色、浓绿色，有的自交系叶缘紫色，叶背带紫晕。

(3) 叶形。包括宽窄、长短、波曲与平展、上冲与下披等。

2. 抽穗开花期 根据植株、雄雌花器、叶片等特征的表现进行鉴定。

(1) 穗部性状。

①雄穗性状。包括花药色（分紫色、红色、黄色）、花粉量（分多、中、少）、雄穗主轴长度、雄穗分枝数和护颖颜色（分紫色、绿色、绿紫 3 种）。

②雌穗性状。主要指花丝颜色，一般分为红色、粉色和白色。

(2) 株型性状。包括株高、茎粗、穗位高及叶片大小、叶角、叶向等性状，作为检验的参考性状。

3. 成熟期 重点检验果穗特征。

（1）穗部性状。

①穗形。一般分为圆锥形和圆柱形两类，且有长短之分。

②穗轴色。分白色、浅红色、红色、紫红色。

③穗行数、行粒数、穗长、穗粗。

（2）籽粒性状。

①粒型。分马齿型、硬粒型、半马齿型、粉质型、糯质型、甜质型、爆裂型、甜粉型、有稃型。

②粒色。分白色、浅黄色、黄色、橙黄色、紫红色等，应以成熟种子两侧角质胚乳部分的颜色为准。

③籽粒大小。以百粒重表示。

（3）其他。包括穗柄长度及角度、苞叶长度等，品系间也有一定差别。

（四）大豆

1. 幼苗期

（1）幼茎色。分紫色和绿色。

（2）茸毛多少。分极多、中等、极少。

（3）茸毛色泽。分棕、灰及中间型等。

（4）单叶形状。分卵圆形、狭长形等。

2. 开花期 根据开花习性、花的颜色、茸毛的颜色和多少、叶片大小及形状等进行检验。

（1）花的性状。

①花色。分紫色、白色两种，比较稳定，一般幼苗上胚轴紫色和紫色叶枕者开紫花，绿胚轴者开白花。

②花序长短。长者 10 cm 左右，短者花束簇生，差别显著，但有过渡类型。

（2）叶的性状。

①小叶形状。分卵圆形、椭圆形、披针形 3 种。

②叶片大小。通常以中间小叶为准，分大、较大、中等、较小。

③叶色。分淡绿色、绿色、深绿色。

（3）茎的性状。

①生长习性。分直立、半直立、半蔓生、蔓生。

②株高。分高（>90 cm）、较高（70～90 cm）、中等（50～70 cm）、较矮（30～50 cm）、矮（<30 cm）。

③株型。分收敛型（分枝角度小，上下均紧凑）、开张型（分枝角度大，上下均松散）、半开张型（介于上述两者之间）。

④茎粗。以主茎第 5 节为标准，分粗、较粗、中等、较细、细。

3. 成熟期

（1）荚部性状。

①豆荚颜色。分草黄色、黄色、淡褐色、深褐色、黑褐色。

②荚形。分直形、弯镰形和中间形，由于粒形不同，荚面有的扁平，有的呈半圆形突起。

③荚的大小和荚粒数。荚的大小和粒型大小有关，荚粒数也受栽培条件的影响，每株上下变化很大，但品种间平均数差异却比较稳定，一般品种2～3粒荚居多。

④结荚习性。根据开花习性和花荚分布习性划分为有限、无限、亚有限3种。

⑤结荚高度。分高（>15 cm）、中（10～15 cm）、低（<10 cm）。

（2）种子性状。

①皮色。分黄色、青色、褐色、黑色、双色5种，黄色占多数，并可按深浅分淡黄、黄、金黄、深黄。

②脐色。分黄色、青色、极淡褐色、淡褐色、褐色、深褐色、蓝色和黑色。

③脐的形状。分长椭圆形、倒卵形、长方形、圆形、肾形。

④脐的大小及胎座疤的有无。

⑤种子形状。有球形、近球形、椭圆形、长扁圆形、扁圆形、长圆形等。

⑥子叶色泽。有青色、黄色两种。

⑦种子大小。品种间差异明显，但受气候、环境条件的影响。

（3）其他。株高、株型、节数、结荚部位、褐斑率、虫食率与紫斑率等也都可作为纯度检验的参考项目。

（五）高粱

1. 幼苗期

（1）苗势强弱。苗态的匍匐与直立。

（2）叶的性状。

①叶鞘色。分紫红色、淡紫红色、绿色等。

②幼叶色。分淡绿色、鲜绿色和暗绿色等。

③叶片与茎的角度。分直立、上冲、平展。

④叶片的宽窄、长短。

2. 抽穗开花期

（1）茎的性状。

①株高。由地面到穗顶的高度，有高、中、矮之分。

②茎粗。由地面起第2节的直径，有粗、中、细。

（2）叶的性状。

①叶片长度和叶片宽度。

②叶片数。由第1片真叶到剑叶的数目。

③叶色。分淡绿色、鲜绿色、紫绿色、绿色。

④旗叶角度。

（3）穗部性状。

①穗型。分紧穗型、中间型、散穗型和扫帚型4种。

②穗形。分纺锤形、椭圆形、筒形、棒形、牛心形等，一般紧穗型多为纺锤形，中间型多为筒形。

③花药。正常高粱花药为鲜黄色、肥大，有大量饱满的花粉；不育的花药为乳白色或淡

黄色、铁锈色、浅黄（红或白）带褐色斑点，瘦小干秕，无花粉或只有少量无生命的花粉。

3. 成熟期 以穗部检验为重点。

（1）穗部性状。

①穗型和穗形。

②穗柄类型。以穗柄偏离茎秆角度分直立（<45°）、弯曲（45°～90°）、倒垂（>90°）三种。

③穗长与穗粗。

（2）护颖性状。

①护颖形状。有圆形、长圆形和菱形。

②色泽。以黑色、红色、黄色 3 种颜色最普遍，此外还有褐色、紫色、青黄色、白色等。

③壳型。分软、硬、半硬型。

（3）籽粒性状。

①粒色。分深褐色、褐色、红色、黄色、白色 5 种。

②粒形。分圆形、椭圆形、长椭圆形 3 种。

③其他。包括千粒重、着壳率、角质率、结实率、落粒性等。

（六）谷子（粟）

1. 幼苗期 主要根据苗色进行检验，一般出苗后即可分为绿色和紫色两种。出苗后 20 d 左右可进一步分为黄绿色、绿色、浓绿色、紫绿色、紫色 5 种。

2. 抽穗与成熟期 两个时期检验项目相似，但要以成熟期检验为主。

（1）穗部性状。

①穗形。分圆锥形、圆筒形、棍棒形、龙爪形、鸭嘴形和分枝形 6 种。

②穗码松紧。分紧、中、松 3 种，紧穗型小穗着生密而多，成熟时穗梗硬；松穗型穗轴长，分枝亦长，小穗间松散；中间型介于两者之间。

③刺毛性状。包括刺毛长短、刺毛多少、刺毛颜色（分黄、白、褐、棕等）。

④护颖色。有白色、黄色、赤色、褐色、灰黑色等。

（2）籽粒性状。

①粒形。分圆形、长圆形和扁圆形 3 种。

②粒色。分黄白色、淡黄色、黄色、浓黄色、黄褐色、褐色、灰黑色等。

③籽粒大小。分大（千粒重>2.9 g）、中（千粒重 2.1～2.9 g）、小（千粒重<2.1 g）。

（七）棉花

1. 苗期

（1）用棉苗下胚轴及子叶边缘腺体的有无来区别普通棉和低酚棉。

（2）子叶性状。

①子叶形状及大小。

②子叶的颜色及基部是否有红色斑点。

（3）真叶性状。

①叶形。包括叶片大小、缺刻深浅、叶片平整度、托叶大小及形状等。

②叶柄长短。

（4）茎的性状。

①茎的颜色。分紫色和绿色。

②茎上茸毛的有无、长短和疏密。

（5）幼苗长势的强弱。

2. 现蕾期

（1）叶片性状。

①叶片大小。分大、中、小。

②叶裂的多少与深浅。

③叶色深浅、叶面光泽、茸毛的多少和长短。

（2）植株性状。

①株型。分塔型、筒型和丛矮型等。

②果枝的着生姿态。分平行、上举和下斜等。

③茎秆。包括颜色、高矮、粗细、茸毛有无及多少等。

④腺体。分有、无两种。

（3）现蕾的迟早及蕾的颜色。

3. 铃花期

（1）铃的性状。

①铃的形状。分卵圆形、圆形、圆锥形及尖长形等。

②铃的表面光滑与否及凹点深浅。

③铃的大小、每铃室数及铃柄长短等。

④铃的色泽。

⑤铃壳的薄厚。

（2）棉籽性状。

①纤维平均长度及整齐度。

②棉籽大小、形状、颜色、短茸多少及有无等。

③棉仁腺体的有无。

（3）吐絮的迟早和棉絮的色泽。

三、主要蔬菜作物品种鉴定依据的性状

（一）大白菜

1. 叶的性状

（1）叶色。分深绿色、绿色、浅绿色、黄绿色。

（2）叶柄色。分绿色、浅绿色、绿白色、白色。

（3）叶缘。有无缺刻及缺刻深浅，是否波状。

（4）叶形。分倒卵圆形、宽倒卵圆形、短椭圆形、椭圆形和圆形等。

（5）叶面。茸毛多、中、少，有褶或无褶，皱瘤多、中、少。

2. 叶球性状

（1）叶球形状。分圆筒形、锥形、卵圆形、平头形和圆形（图 8－1）。

（2）叶球包合类型。分叠抱、褶抱、拧抱等。

（3）叶球紧密度。分紧、中、松。

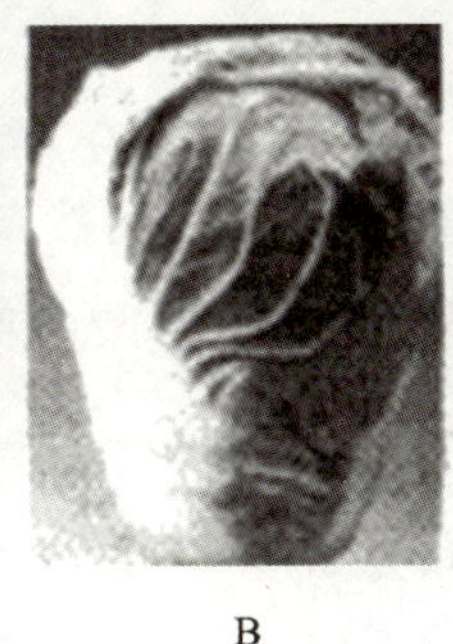

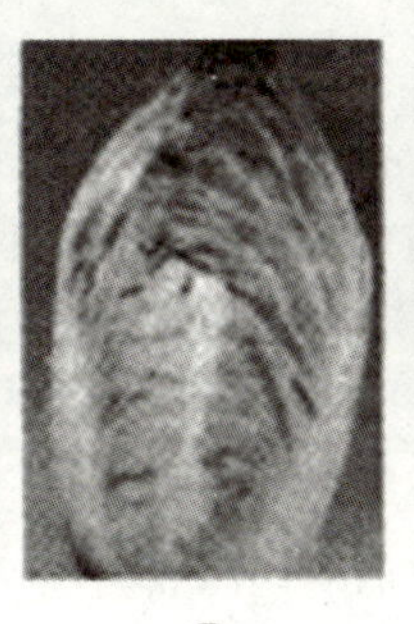
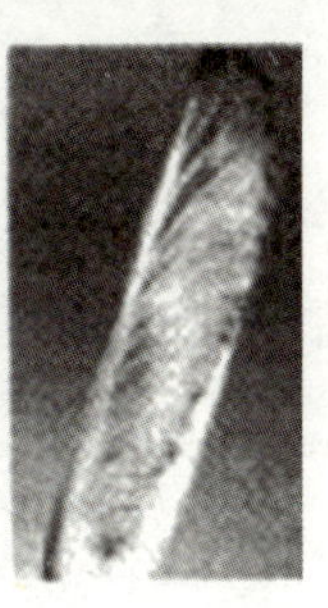

A　B　C　D　E

图 8-1　叶球形状
A. 圆形　B. 卵圆形　C. 平头形　D. 锥形　E. 圆筒形
（张春庆等，2006. 种子检验学）

（4）球心颜色。分浅绿色、绿白色、黄绿色、浅黄色、白色。

（5）叶球纵径（高度）、叶球横径（宽度）。

3. 种株性状

（1）株高。终花期种株基部至花序顶的高度。

（2）植株开展度。量种株最大开展度。

（3）枝秆硬度。分强、中、弱。

4. 花的性状

（1）花期。分早、中、晚。

（2）分枝。分多、中、少。

（3）花期自交亲和指数。

（二）甘蓝

1. 苗期性状

（1）叶色。分绿色、深绿色、灰绿色、紫色。

（2）叶形。分近圆形、卵圆形、椭圆形。

（3）叶缘。分全缘、有锯齿。

（4）蜡粉。分多、中、少。

（5）下胚轴色。分黄绿色、绿色、深绿色、淡紫色。

2. 外部叶性状（成株期）

（1）植株开展度。收获时植株外叶开展最大距离，以厘米表示。开展度＜50 cm 为小，50～70 cm 为中，＞70 cm 为大。

（2）外部叶数。收获时调查现有外叶数（不包括落叶）。外叶数＜11 为少，11～14 为中，＞14 为多。

（3）外部叶色泽。分黄绿色、浅绿色、绿色、深绿色、灰绿色、紫色。

（4）外部叶着生情况。分较直立、较平展、斜向上生长。

（5）外部叶形状。分倒卵形、倒卵圆形、近圆形、扁圆形、椭圆形。

（6）叶缘。分全缘、缺刻深浅。收获时中下部外叶叶尖（主脉前端）边缘的凹凸状况。

（7）叶柄及中肋颜色。分绿白色、绿色、灰绿色、紫红色。

(8) 叶面。分平滑、微皱、皱缩、有褶。

(9) 蜡粉。分无、轻、中、多、极多。

(10) 株高。收获时植株基部与地面接触处至植株最高处的自然高度，以厘米表示。株高<20 cm为极矮，20～25 cm为矮，25～30 cm为中，30～40 cm为高，>40 cm为极高。

(11) 株型。

①直立。收获时外部叶与土壤平面所成的夹角>60°。

②半直立。收获时外部叶与土壤平面所成的夹角为30°～60°。

③半平铺。收获时外部叶与土壤平面所成的夹角<30°。

3. 叶球性状

(1) 叶球形状。收获时叶球纵切面的形状。分为扁平形、半平形、长椭圆形、圆形、宽椭圆形、宽倒卵形、矮尖形和尖形。

(2) 叶球顶。收获时叶球顶部的形状。分为平、半平、圆、略尖和尖。

(3) 叶球基部形状。收获时目测。分为圆形、平形、拱形、倒卵形。

(4) 叶球紧实度。收获时测量，按下列公式计算出叶球紧实度。

$$\text{叶球紧实度} = \frac{6m}{\pi DH^2}$$

式中：m——单叶球重（g）；

D——叶球横径（cm）；

H——叶球纵径（cm）。

叶球紧实度<0.38为松，0.38～0.50为中，0.50～0.60为紧，>0.60为极紧。

(5) 叶球外露性。收获时观察叶球和外叶的相对位置。

①不露。叶球高度等于或小于外叶的高度。

②轻露。叶球高度高于外叶高度<3 cm。

③中露。叶球高度高于外叶高度3～7 cm。

④多露。叶球高度高于外叶高度>7 cm。

(6) 叶球色泽。绿色、淡绿色、黄绿色、绿白色、紫红色。

(7) 球高。收获时测量叶球纵切面的最大纵径，以厘米表示。叶球高度<13 cm为矮，13～16 cm为中，>16 cm为高。

(8) 叶球宽。收获时测量叶球横切面的最大横径，以厘米表示。叶球宽度<16 cm为窄，16～22 cm为中，>22 cm为宽。

(9) 球内中心柱长。叶球纵切后测量从球茎底部到茎尖处最大距离，以厘米表示。中心柱长/球高<1/3为极短，1/3～1/2为短，1/2～3/5为中，3/5～2/3为长，>2/3为极长。

(10) 球内中心柱宽。叶球纵切后，测量球茎最宽处的距离，以厘米表示。中心柱宽度<3.0 cm为窄，3.0～4.0 cm为中，>4.0 cm为宽。

(11) 叶球内颜色。叶球纵切面颜色分白色、浅黄色、黄色、浅绿色、绿色。

(12) 叶球中肋形状。收获时叶球最外部叶片下部中肋横切面的形状。分为扁形、中等、圆形。

4. 种株性状

(1) 花期。分早、中、晚。

（2）株高。终花期种株基部至主花序顶的高度。

（3）茎色。分绿白色、绿色、灰绿色、紫红色等。

（4）自交亲和指数。开花当日采用系内混合花粉进行花期自交授粉，测定亲和指数。

$$亲和指数=(结籽粒数/授粉花朵数)\times 100\%$$

亲和指数＜1 为不亲和，1～3 为弱亲和，3～7 为中亲和，＞7 为亲和。

（三）萝卜

1. 苗期性状　第 1 片真叶出现时观测。

（1）子叶大小。分大、中和小。

（2）子叶颜色。分淡绿色、绿色和浓绿色。

（3）子叶叶柄色。分绿色、浅绿色、绿中带红色、红色和暗红色。

（4）胚轴色。分白色、绿色、淡绿色、粉红色、红色和紫红色。

（5）根部髓的颜色（根纵剖）。分浅绿色、红色、鲜红色、暗红色和茄红色。

2. 叶部性状　肉质根充分长成时测定。

（1）叶簇。分直立、半直立、水平。

（2）叶型。分全缘、普通、浅裂、深裂。

（3）叶色。分纯绿色、微黄绿色、微灰绿色、浅绿色、绿色、深绿色、粉红色、红色、紫色和青紫色。

（4）花青素着色的程度。仅限心叶、展开的小叶、全部叶片。

（5）叶形。分窄卵形、卵圆形、宽卵圆形。

（6）叶柄色。分浅绿色、绿色、红色、紫红色和紫绿色。

（7）叶脉色。分浅绿色、绿色、黄绿色、浅红色、红色、红带绿色和紫带绿色。

（8）叶缘。全缘（平展、波伏、齿状）、羽状全裂（裂刻分深、中、浅，侧裂片的对数）。

（9）叶片数。分多、中、少。

（10）叶尖形状。分尖角、圆角。

（11）叶片刺毛。分多、中、少。

3. 直根性状　肉质根充分长成时观测。

（1）肉质根和直根粗度。分粗、中、细。

（2）直根形状。分圆锥形（长圆锥、短圆锥）、圆柱形（短圆柱形、长圆柱形）、椭圆形、卵形、倒卵圆形、扁圆形、球形、其他形状。

（3）外皮色。分白色、浅绿色、绿色、深绿色、黄绿色、灰绿色、粉红色、棕红色、砖红色、红色和紫色（有些品种根头与根尾部分颜色不同）。

（4）萝卜皮的厚度。分薄、中、厚。

（5）萝卜头颈部形状。分凹入、平面、凸起。

（6）萝卜底部形状。分渐尖（窄锐角、锐角）、钝圆、圆形、扁平。

（7）直根凹眼。分多少、深浅、表面光滑或粗糙。

（8）肉色。分白色、淡绿色、浅绿色、绿色、翡翠绿色、浅红色、粉红色、浅紫色、紫红色、紫红色条纹和红色条纹。

（9）味及肉质。分味甜、淡、辣、稍辣，质细嫩、松脆、硬，是否糠心。

4. 种株花色　分白色、浅红色、浅紫色、紫色和紫红色。

（四）黄瓜

1. 叶的性状 子叶性状在1叶1心时调查。真叶性状观测主蔓第15片真叶以上发育成熟叶片。

（1）子叶形状。子叶横宽与纵长的比例（%）。<45%为细长，45%～55%为中等，>55%为宽阔。

（2）子叶大小。分小、中、大。

（3）子叶颜色。分淡绿色、绿色、浓绿色。

（4）叶形。分近三角形、掌状形、星形五角、心形五角和近圆形（图8-2）。

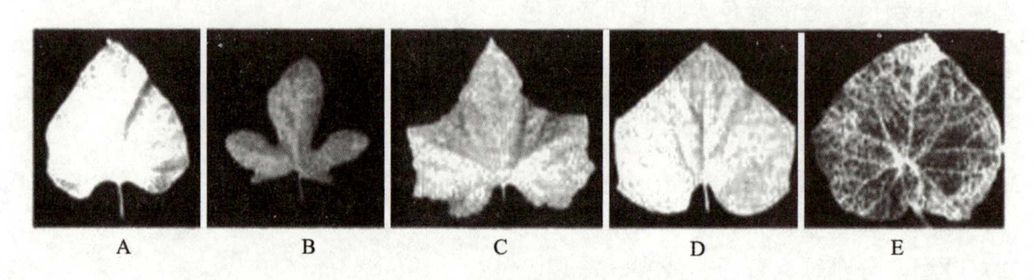

图8-2 黄瓜叶形

A. 近三角形 B. 掌状形 C. 星形五角 D. 心形五角 E. 近圆形

（张春庆等，2006. 种子检验学）

（5）叶片大小。主蔓第15片真叶以上成熟叶片的横径大小。<15 cm为极小，15～20 cm为小，20～28 cm为中，>28 cm为大。

（6）叶裂。分浅、中、深。

（7）叶毛数量。分无、稀、疏、中等、浓密。

（8）叶色。分墨绿色、深绿色、绿色。

2. 茎的性状

（1）下胚轴长度。第3片真叶展开时子叶着生位置与地表之间的高度，分为长、中、短。

（2）生长习性。生长后期观测整株，分为无限生长、矮生、自封顶。

（3）分枝性。分强、中、弱。

（4）主蔓粗细。在第20片真叶展开时，测第10～15节间主蔓粗细，分为粗、中、细。

（5）主蔓节间长度。在第20片真叶展开时，测第10～15节间主蔓长度，分为长、中、短。

（6）植株生长势。分弱、中、强。

3. 花的性状

（1）性型。植株生长发育过程中雄花、雌花及两性花的表现特性。

①混性型。也称混合型。雌花节位和雄花节位混在一起，雌花的着生密度因品种、环境的不同而异。另外，上部的节位虽有随着生长出现雌花节变密的倾向，但在一般栽培条件下很难产生连续雌花节。我国生产上使用的大部分品种属于这种类型。

②混性雌性型。先发生雄花节后，雌花节与雄花节混生，再往后转变为连续雌花节。

③雌性型。全株均着生雌花的类型，但受环境条件的影响有时也会在下部节上分化出若

干雄花节。

④雄性两性同株型。两性花（完全花）与雄花共生在一个植株上，两性花是同一朵花中兼有雌、雄两种器官。

（2）第1雌花节位。分低、中、高。早熟型3～5节，中晚熟型6～8节或更多。

（3）雌花节率。主蔓上雌花数与总节数的比值。

（4）结果习性。主蔓结瓜为主，侧蔓结瓜为主，主、侧蔓同时结瓜。

4. 果实性状

（1）幼瓜表面刺毛。雌花开花刚结束时进行观测。分为无、仅有软毛、刺稀疏、刺密集。

（2）瓜条形状。分球形、卵圆形、纺锤形、椭圆形、圆筒状、棒状和蛇形。

（3）果形。以果形指数表示。

果形指数＝果长/横径

分为长果形（果形指数＞8）、中果形（4～8）、短果形（＜4）。

（4）瓜条长度。＜13 cm为极短，13～25 cm为短，25～32 cm为中等，32～45 cm为长，＞45 cm为极长。

（5）果皮性状。

①果皮色。分白色、黄白色、半白色、淡绿色、绿色、深绿色。

②瓜棱。分无、微棱、浅棱、深棱。

③瓜瘤。分大、中、小，无、稀少、中等、密集。

④瓜刺。分无、稀疏、中等、密集，呈白色、褐色、黑色。

（6）瓜把形状。分颈脖状、尖形、钝粗形。

（7）瓜把长度。测量瓜条从果柄着生处到心腔基端的长度，计算瓜把长与瓜条总长度的比值。＜1/7为短，1/7～1/5为中，＞1/5为长。

（8）瓜横径。测定距瓜条基部1/3长度处瓜条的横径。＜2.5 cm为小，2.5～4.0 cm为中等，＞4.0 cm为大。

（9）瓜条横断面形状。观察正常商品瓜距基部1/3～2/3长度处瓜条横断面的形状。分为圆形、圆三角形、三角形。

（10）果肉。从距基部1/3～2/3长度处横切，观测。

①果肉厚度。分薄、中、厚。

②果肉颜色。分白色、乳绿色、浅绿色。

③心腔大小。测定距基部1/3长度处心腔横径与瓜条横径，计算其比值。＜瓜横径1/2为小，≥瓜横径1/2为大。

④果苦味。分为无、果基部有苦味、果味极苦。

⑤肉质。分脆、绵、硬，水分多、中、少。

5. 种瓜性状

（1）皮色。分白色、黄色、绿色、红褐色、茶褐色。

（2）网纹。分无、疏、中、密。

6. 种子性状

（1）种子形状。种子纵长与横宽的比值。＜3.5为宽阔，3.5～4.5为中等，＞4.5为细长。

（2）种子大小。种子纵长<8.0 mm为小，8.0～10.0 mm为中，>10.0 mm为大。

（五）西葫芦

1. 植株性状

（1）株型。分矮生型、半蔓生型、蔓生型。

（2）蔓长短。分短蔓（蔓长<0.5 m）、中蔓（蔓长0.5～1.0 m）、长蔓（蔓长>1.0 m）。

（3）第1雌花着生节位。分矮生型（第3～8节）、半蔓生型（第8～10节）、蔓生型（10节以后）。

2. 果实性状

（1）果实形状。分长筒形、圆筒形。

（2）果实皮色。分深绿、绿、浅绿或绿白或具绿色花纹，成熟果黄色。

（3）果面有无纵棱。

3. 种子性状

（1）种子形状。分扁平形、长圆形。

（2）种皮颜色。分灰白、黄褐。

（六）西瓜

1. 叶片性状

（1）子叶性状。在植株1叶1心期观测。

①子叶形状。分长椭圆形、椭圆形、短椭圆形、倒卵圆形。

②子叶大小。测量子叶最大宽度，宽度<1 cm为小，1～2 cm为中，>2 cm为大。

③子叶颜色。分浅、中、深。

④子叶斑点、子叶叶脉凹陷。分有、无。

（2）幼苗下胚轴长度。>8 cm为高，4～8 cm为中，<4 cm为低。

2. 植株性状

（1）植株形态。分丛生、紧凑、长蔓。

（2）植株蔓上分枝。分无、少、中、多。

（3）植株主蔓粗度。主蔓粗度>0.7 cm为粗，0.3～0.7 cm为中，<0.3 cm为细。

（4）植株主蔓长度。植株子叶部位至植株主蔓生长点。主蔓长度>2 m为长，1～2 m为中，<1 m为短。

3. 真叶性状 结果初期调查。

（1）叶形。分扁圆形、圆形、偏长形。

（2）大小。测量真叶最大宽度。真叶宽度>20 cm为大，10～20 cm为中，<10 cm为小。

（3）颜色。分绿色、黄绿色、深绿色。

（4）斑点。分有、无。

（5）缺刻。分无、轻、中等、严重。

（6）边缘波状。分轻、中、重。

（7）叶柄长度。叶柄长度<5 cm为短，5～10 cm为中，>10 cm为长。

4. 花 在盛开期雌、雄花开放时观测。

（1）第1雄花开放时间。分早、中、晚。

（2）第1雄花开放节位。从子叶至第1雄花的节位数。雄花开放节位＜5为近，5～10为中，＞10为远。

（3）雌花花蕾顶部形状。分尖、中、圆。

（4）第1雌花开放时间。分早、中、晚。

（5）第1雌花开放节位。雌花开放节位＜10为近，10～15为中，＞15为远。

（6）雌花花瓣大小。花瓣宽度＜2 cm为小，2.0～3.5 cm为中，＞3.5 cm为大。

（7）花粉育性。分镜检分类，分无、低、高。

（8）子房形状。分圆、椭圆、长椭圆。

（9）子房大小。分小、中、大。

（10）子房茸毛。分少、中、多。

5. 果实性状　在果实膨大期或采瓜期观测。

（1）坐瓜远近。分近、中、远。

（2）坐瓜率。观测授粉瓜。分低、中、高。

（3）果柄长度。采瓜期测量果柄长度。果柄长度＜4 cm为短，4～10 cm为中，＞10 cm为长。

（4）果柄粗度。采瓜期测量果柄粗度。果柄粗度＜0.5 cm为细，0.5～1.0 cm为中，＞1.0 cm为粗。

（5）果实裂果性。裂果率＜5%为轻，5%～10%为中，＞10%为重。

（6）果实成熟期。成熟期＜30 d为早，30～35 d为中，＞35 d为晚。

（7）果实形状。分圆形、高圆形、椭圆形、长椭圆形、橄榄形。

（8）果实大小。瓜重＜4 kg为小，4～8 kg为中，＞8 kg为大。

（9）果实脐部形状。分凸、平、凹。

（10）果脐大小。果脐大小＜0.5 cm为小，0.5～1.0 cm为中，＞1.0 cm为大。

（11）果实蒂部形状。分凸、平、凹。

（12）果蒂大小。果蒂大小＜1 cm为小，1～2 cm为中，＞2 cm为大。

（13）果实表面霜。分无、淡、浓。

（14）果实表面平滑度。分光滑、凸凹、沟、棱。

（15）果皮底色。分绿白色、浅黄色、金黄色、浅绿色、黄绿色、绿色、深绿色和墨绿色。

（16）果皮复色。分无色、黄色、绿色。

（17）果皮复色形状。分网条、锐齿条、宽花条、放射条和其他。

（18）果皮复色网纹。分宽、中、窄。

（19）果皮硬度。果皮硬度＜15 kg/cm^2为脆，15～30 kg/cm^2为中，＞30 kg/cm^2为硬。

（20）果皮厚度。果皮厚度＜0.8 cm为薄，0.8～1.5 cm为中，＞1.5 cm为厚。

（21）果肉颜色。分白色、黄色、橙黄色、粉红色、桃红色、红色、橘红色和深红色。

（22）果肉硬度。分软、中、硬。

（23）果肉纤维。分少、中、多。

（24）果肉可溶性固形物。可溶性固形物含量＜7%为极低，7%～9%为低，9%～11%

为中，11%～13%为高，>13%为极高。

(25) 果肉酸味。分微酸、酸、高酸。

(26) 单瓜种子数量。种子数量<50 粒为极少，50～100 粒为少，100～300 粒为中，300～500 粒为多，>500 粒为特多。

6. 种子性状

(1) 千粒重。<10 g 为极小，10～20 g 为小，20～30 g 为较小，30～50 g 为中，50～100 g 为较大，>100 g 为大。

(2) 种子形状。分短椭圆、椭圆、长椭圆。

(3) 种皮颜色。分白色、黄白色、土黄色、黄红色、红褐色、褐色、黑色。色斑分布在脐部、中部、尾部、边缘。种脐斑有或无。

(4) 种子表面光滑度。分光亮、光滑、粗糙、裂纹、裂刻。

(七) 番茄

1. 植株性状

(1) 下胚轴颜色。在展开 4 片真叶前观测。分绿茎、紫茎。

(2) 植株生长类型。在第 3 花序盛花期观测，2 个花序之间间隔 1～2 片叶者为有限生长型，间隔 3 片叶和 3 片叶以上者为无限生长型。整株主干 3 个小穗以下封顶者为自封顶。主干 4 个小穗以上封顶者为高封顶。不封顶者为无限生长型。

(3) 主茎第 1 花序着生叶位。在第 1 花序开花期观测主茎第 1 真叶到第 1 花序下第 1 叶的叶片数。6 叶或以下为少（低），7～8 叶为中，9 叶或以上为多（高）。

(4) 无限生长型植株 4 穗株高。在植株第 3 穗果实成熟期观测。4 穗平均株高<75 cm 为矮，75～90 cm 为中，>90 cm 为高。

(5) 茎生长状态。在植株第 3 穗果实成熟期观测。茎细软、匍匐地面生长为蔓生，茎粗壮而较软、仍需支架才能直立为半蔓生，茎矮硬、不用支架能直立为直立。

(6) 茎叶着毛。密长茸毛、稀短茸毛、无茸毛。

(7) 自封顶植株主茎株高。在第 3 穗果实成熟期观测地表至最高主茎的高度。主茎平均株高<40 cm 为矮，40～60 cm 为中，>60 cm 为高。

(8) 幼苗期叶片生长相对主轴姿态。在幼苗第 1 穗花现蕾时观测幼苗期叶片和主茎。叶片上举，叶柄伸展方向与主茎生长方向夹角 45°左右为半直立；叶片平伸，柄茎角 90°左右为水平；叶片下垂，柄茎角明显>90°为下垂。

(9) 叶片长度。在第 3 穗果实成熟期观测第 3 穗果实上部第 3 片完整而生长正常的叶片，此叶片是最大叶片，测量该叶片叶柄着生处至主脉最顶端的长度。平均最大叶长<30 cm为短，30～40 cm 为中，>40 cm 为长。

(10) 叶片宽度。用尺量取整个叶片两侧最宽处的直线距离。平均最大叶片宽度<20 cm 为窄，20～40 cm 为中，>40 cm 为宽。

(11) 叶片形状。在第 3 穗果实成熟期观测第 3 穗果实上下完整而生长正常的叶片。分羽状、二回羽状。

(12) 叶片类型。

①复细叶。小叶片极多，带有小叶柄的叶片遍生于主脉和小叶上。

②复宽叶。小叶片多而宽厚，带有小叶柄的叶片着生于主脉和小叶上。

③普通叶。小叶片少，带小叶柄的小叶和不带小叶柄的叶片只着生在主脉上。

④薯叶。小叶片极少。顶端的小叶特大，主脉只着生少量带叶柄的宽大小叶，第1真叶全缘无缺刻。

(13) 叶片颜色。在第3穗果实成熟期观测整个植株叶片颜色。分黄绿色、浅绿色、绿色、深绿色。

(14) 叶片生长相对主轴姿态。在第3穗果实成熟期观测主轴的叶柄夹角。主轴相对叶片夹角近45°为直立，近135°为下垂，近90°为中间型。

2. 花的性状

(1) 簇生花的分级。检测10株的花全为正常花，只有5%以下簇生为无，80%以上簇生为有。

(2) 花柱长度。在第2花序盛开期观测主茎1～2序，记录花柱柱头外露花朵数占整个统计花数的比例。花朵的花柱柱头外露于聚药雄蕊顶端，称长柱头花朵。长柱花率>80%为长柱花，>95%的花柱头藏于聚药雄蕊药筒之内为正常花。

(3) 花色。黄色、橘黄色。在第1花序盛开期观测花序中盛开的花朵。

(4) 花梗离层。在第1花序盛开期观测花序中花梗离层有无。所观察花梗全部无果柄节或果柄节不明显为无离层，所有植株花梗均有膨大的果柄节为有离层。

3. 果实性状　在第2果穗成熟期调查。

(1) 果柄长度。第2果穗成熟果果柄离层到花萼底部的距离称为果柄长。无离层品种则观测果柄着生点到花萼底部的距离。平均果柄长<1.0 cm为短，1.0～1.5 cm为中，>1.5 cm为长。

(2) 果实大小。观测生长正常的成熟果实。平均单果重<5 g为微小；5～20 g为微中；20～40 g为微大；40～90 g为小；90～150 g为中；150～200 g为大；>200 g为特大。

(3) 果形（纵径/横径，H/D）。H/D<0.70以下为扁平；0.70～0.86为扁圆；0.86～1.00为圆；1.00～1.50为高圆；>1.5以上为长圆。

(4) 果实棱沟。无，肩部光滑无棱；弱，肩部有肉眼可辨的小浅棱；中，肩部有明显少而浅的棱条；强，肩部有多而较深的棱条；很强，有多数深褶棱沟。

(5) 果肩部裂口。无，肩部光滑无裂；轻，肩部有肉眼可辨的小浅纵裂或环裂，总长度<2 cm；中，肩部有明显1～2条或深达果肉的总长度<5 cm的裂口；重，肩部有3条或深达果肉的总长度>5 cm的裂口；很重，肩部有4条或深达果肉的总长度>10 cm的裂口。

(6) 果柄洼大小。很小，果实50 g，果梗洼直径<0.20 cm；小，果实为50～100 g，果梗洼直径0.20～0.50 cm；中，果实为100～150 g，果梗洼直径0.50～1.50 cm；大，果实为150～200 g，果梗洼直径1.50～1.90 cm；很大，果实>200 g，果梗洼直径>1.90 cm。

(7) 果梗洼处木栓化大小（直径）。很小，果实<50 g，梗洼木栓化<0.20 cm；小，果实为50～100 g，梗洼木栓化0.20～0.40 cm；中，果实为100～150 g，梗洼木栓化0.40～1.00 cm；大，果实为150～200 g，梗洼木栓化1.00～1.40 cm；很大，果实>200 g，梗洼木栓化>1.40 cm。

(8) 果皮颜色。无色透明，橙黄半透明。

(9) 果脐形状。深凹，80%果顶部明显凹陷；微凹近平，80%果顶部微凹近平；圆平，

80%果顶部圆平；微凸近平，80%果顶部微凸尖，呈钝尖状突起；尖形，80%果顶部尖形明显，呈钝尖（喙）状突起。

（10）果实横切面果心大小。目测，用刀在接近果肩纵径1/3处横切果实，按果心大小评价。很小，＜50 g果实横切面中除果皮心皮外的最大直径（果心大小）＜2.0 cm；小，50～100 g果实果心大小为2.0～4.0 cm；中，100～150 g果实果心大小为4.1～6.0 cm；大，150～200 g果心大小为6.0～8.0 cm；很大，＞200 g果心大小为＞8.0 cm。

（11）果皮和心皮厚度。薄，＜0.50 cm；中，0.50～0.80 cm；厚，＞0.80 cm。

（12）果实心室数。很少，平均为2个心室；少，3～4个心室；中，5～6个心室；多，＞7个心室。

（13）果实有无绿色果肩。无，幼果果肩色与果面一致；有，幼果果肩色明显深于果面，果实成熟后绿果肩转色消失；熟后有，幼果果肩色明显深于果面，果实成熟后果肩仍绿而不转色。

（14）果实绿果肩覆盖程度。在第1穗果实白熟期观测。少，绿肩仅在果洼周边，占果面＜20%；中，绿肩占果面20%～30%；多，绿肩占果面＞30%。

（15）果实绿肩颜色的深度。分浅绿色、绿色、深绿色。

（16）果实成熟后颜色。分黄色、橙黄色、粉红色、红色。

（17）胎座胶状物颜色。分红色、粉红色、绿色、黄绿色、黄色。

（18）开花期与果实成熟期。分早、中、晚。

（19）果实干物质含量。含干物质＜4.0%为低，4.0%～7.0%为中，＞7.0%为高。

（八）甜（辣）椒

1. 植株性状

（1）株型。分无限生长型、有限生长（丛生）型。

（2）叶形。分卵圆形、长卵形、披针形。

（3）叶色。分绿色、深绿色、黄绿色。

（4）茎色。分浅绿色、绿色、深绿色、黄绿色，分叉处有或无紫斑。

（5）茸毛。分多、少、无和色泽。

2. 花的性状

（1）第1花着生节位。

（2）花冠色泽。分白色、白色有紫晕、浅绿黄色、紫色。

3. 果实性状

（1）果柄着生方向。分向下、向上、向侧。

（2）果形。分方灯笼形、长灯笼形、扁柿形、长羊角形、短羊角形、长锥形、短锥形、长指形、短指形和樱桃形。

（3）青熟果色。分绿色、浅绿色、深绿色、浅黄绿色、乳黄色、墨绿色和墨紫色。

（4）老熟果色。分深红色、暗红色、橘红色和橘黄色。

（5）果顶。分细尖、钝尖、平凹下。

（6）果皮厚度。分厚、中、薄。

（7）心室数、果实大小。

任务二 田间检验

●【知识目标】

明确田间检验的内容和目的，清楚田间检验的时期和次数，掌握田间检验的方法和步骤。

●【技能目标】

能够按照田间检验的方法步骤进行真实性和品种纯度的田间检验，学会数据分析和结果计算、填写种子田间检验报告单。

一、田间检验的内容和目的

同一作物不同品种的种子在外部形态上差别很小，室内检验很难根据种子外形准确地判断种子的真实性及纯度。而在作物生长期间，根据整株植物的特征特性或从亲本上进行识别，就能够做出准确判断。田间检验内容首先检验品种真实性和纯度，其次是检验异作物、杂草、病虫感染情况、生育状况和倒伏情况等。因此，田间检验是保证种子质量和大田生产不受损失的重要措施。田间检验的目的在于判明残余分离、机械混杂、变异、不适宜花粉和其他不可预见因素以及种子本身的生长发育情况对种子质量的影响，做出能否作为种子应用的结论。可见，田间检验是确保种子生产质量的首要环节，没有田间检验，流向生产的种子就不可能从源头上得到质量保证。

二、田间检验的时期和次数

品种纯度田间检验是在繁种田内农作物生育期间根据品种的特征特性进行鉴定，田间检验最好时期是在作物典型性状表现最明显的时期。一般在苗期、花期、成熟期进行，常规种至少在成熟期检验一次，杂交水稻、杂交玉米、杂交高粱和杂交油菜花期必须检验，蔬菜作物在商品器官成熟期（如叶菜类在叶球成熟期，果荚类在果实成熟期，根茎类在直根、根茎、块茎、鳞茎成熟期）必须检验。具体时期与要求见表 8-1 和表 8-2。

表 8-1 主要大田作物品种纯度田间检验时期

作物种类	检验时期			
	第 1 期		第 2 期	第 3 期
	时期	要　求	时期	时期
水　稻	苗期	出苗 1 个月内	抽穗期	蜡熟期
小　麦	苗期	拔节前	抽穗期	蜡熟期
玉　米	苗期	出苗 1 个月内	抽穗期	成熟期
花　生	苗期		开花期	成熟期
棉　花	苗期		现蕾期	结铃盛期
谷　子	苗期		穗花期	成熟期
大　豆	苗期	2～3 片真叶	开花期	结实期
油　菜	苗期		苔花期	成熟期

资料来源：张春庆等，2006，种子检验学。

表 8-2　主要蔬菜作物品种纯度田间检验时期

作物种类	检验时期							
	第 1 期		第 2 期		第 3 期		第 4 期	
	时期	要　求	时期	要　求	时期	要　求	时期	要　求
大白菜	苗期	定苗前后	成株期	收获前	结球期	收获剥除外叶	种株花期	抽薹至开花时期
番　茄	苗期	定植前	结果初期	第 1 花序开花至第 1 穗果坐果期	结果中期	在第 1～3 穗果成熟		
黄　瓜	苗期	真叶出现至长出 4～5 片真叶止	成株期	第 1 雌花开花	结果期	第 1～3 果商品成熟		
辣（甜）椒	苗期	定植前	开花至坐果期		结果期			
萝　卜	苗期	2 片子叶张开时	成株期	收获时	种株期	收获后		
甘　蓝	苗期	定植前	成株期	收获时	叶球期	收获后	种株期	抽薹开花

资料来源：张春庆等，2006，种子检验学。

三、田间检验的方法

田间检验分取样、检验、结果计算与报告三大步骤。

（一）取样

1. 了解情况　田间检验前必须掌握检验品种的特征特性，同时需了解繁种田面积、种子来源、种子世代、隔离和栽培管理等情况，并检验品种证明书。

经济合作与发展组织（OECD）提出，为进一步核实品种的真实性，有必要核查标签，为此，生产者应保留种子批的两个标签，一个在田间，一个自留。对于杂交种必须保留其父母本的种子标签备查。检验员还必须了解种子田过去 5 年种植的有关作物的详细情况。在同一地块上不能连续进行同一种的杂交种的生产，以避免来自前几年杂交种的母本自生植株的生长。

隔离情况的检查，种植者应向检验员提供种子田及其周边田块的地图，以提示检验员检查外来花粉源。检验员应绕种子田外周步行一圈，检查隔离情况。对于由昆虫或风传粉杂交的作物种，应检查种子田周边与种子田传粉杂交的规定最小隔离距离内的任何作物，若种子田与花粉污染源的隔离距离达不到要求，检验员必须部分或全部消灭污染源，以使种子田达到合适的隔离距离。

检验员也应该检查种子田和相邻的田块中的自生植株或杂草，它们可能是花粉污染源。检查也应该保证种子田与其他已污染种传病害的作物的隔离。

对种子田的整体状况检查后，检验员应该对种子田进行更详细的检查。尤其是四周的情况。必须仔细观察一些迹象，部分田块可能播有不同的种子而有可能成为污染源。例如，田间的入口处或边界，对田块播种开始的地方检查可知条播机在用前是否经过适当的清理。还要特别注意种子田中其他物种、杂草、种传病害和与花粉污染源的隔离情况。

对于严重倒伏、杂草危害或另外一些原因引起生长不良的种子田，不能用于品种纯度评价，而应该被淘汰。对种子田的总体评价要确定是否有必要进行品种纯度的详细检查。

2. 划分检验区　同一品种、同一来源、同一繁殖世代、耕作制度和栽培管理相同而又连在一起的地块可划分为一个检验区，一个检验区的最大面积为 500 亩*。

3. 设点　田间检验员应制订详细的取样方案，方案应考虑样区的大小（面积）、样区的点数（频率）和样区的分布。

设点的数量主要根据作物种类、田块面积而定（表 8-3），同时考虑生育情况、品种田间纯度高低酌情增减。一般生长均匀的田块可酌情少设点，纯度高的地块应增加取样点数。

表 8-3　种子田最低样区频率

面积/hm^2	最低样区频率		
	生产常规种	生产杂交种	
		母本	父本
≤2	5	5	3
3	7	7	4
4	10	10	5
5	12	12	6
6	14	14	7
7	16	16	8
8	18	18	9
9～10	20	20	10
>10	在 20 基础上，每公顷递增 2	在 20 基础上，每公顷递增 2	在 10 基础上，每公顷递增 1

资料来源：胡晋等，2016，种子检验技术。

一般来说，总样本大小（面积和点数）应与种子田作物生长类别（原种、大田用种）联系起来，并符合 $4N$ 原则，即如果规定的杂株标准为 $1/N$，样本大小至少应为 $4N$。如品种最小纯度标准为 99.9%（即杂株率 1/1 000），$4N$ 为 4 000 株。

4. 样点分布　取样点数确定后，将取样点均匀分布在田块上。取样点的分布方式与田块形状和大小有关。常用的取样方式见图 8-3。OECD 指出，取样样区的位置应覆盖整个种子田，取样样区分布应是随机和广泛的，不能故意选择比一般水平好或坏的样区。

（1）梅花形取样。适于较小的方形田块，在田块 4 角及中心共设 5 个点。

（2）对角线取样。取样点设在田块的 1 条对角线或 2 条对角线上，各点保持一定距离，

---

* 亩为非法定计量单位，1 亩≈667m^2，下同。——编者注

适用于面积较大的长方形或方形田块。

(3) 棋盘式取样。适于不规则田块，在田块的纵横每隔一定距离设点呈棋盘状。

(4) 大垄取样。适于垄栽作物，每隔一定的垄数任意设点，各垄取样点应错开不在一条直线上。国际上常用的取样方法见图 8-4。

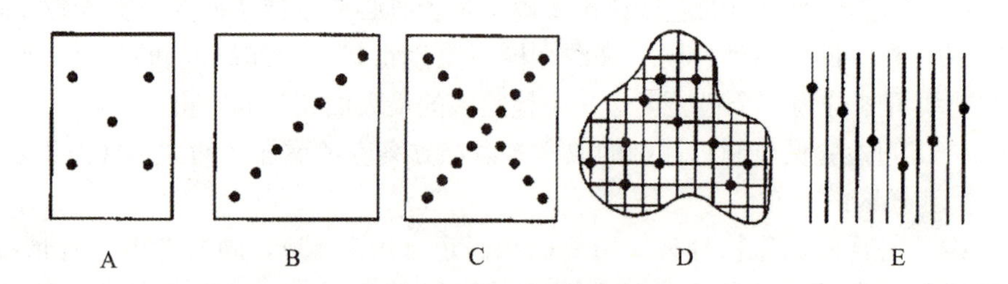

图 8-3 田间取样方式

A. 梅花形 B. 单对角线 C. 双对角线 D. 棋盘式 E. 大垄取样

•为取样点

(张春庆等，2006. 种子检验学)

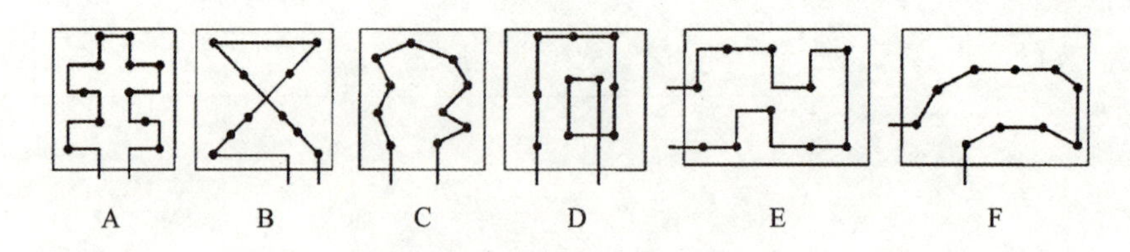

图 8-4 国际上常用的取样方法

A. 观察 75%的田块 B. 观察 60%～70%的田块 C. 随机观察

D. 顺时针路线 E. 观察 85%的田块 F. 观察 60%的田块

•为取样点

(张春庆等，2006. 种子检验学)

(二) 检验

通常是边设点边检验，直接在田间进行分析鉴定，在熟悉供检品种特征特性的基础上逐株观察，最好有标准样品作对照。检验时按行长顺序前进，以背光行走为宜，避免阳光直射影响视觉。一般田间检验以朝露未干时为好，此时品种性状和色素比较明显，必要时可将部分样品带回室内分析鉴定。每点分析结果按本品种、异品种、异作物、杂草、感染病虫株(穗) 数分别记载。同时注意观察植株田间生长、种子成熟等是否正常。

对于玉米杂交种繁育制种田，抽雄前至少要进行两次检验，重点检查隔离条件、种植规格和去杂情况是否符合要求。苗期检验主要依据的性状有叶鞘色、叶形、叶色和长势等。开花期至少要检验 3 次，检验内容主要有母本去雄情况、父本去杂情况。母本花丝抽出后萎缩前，如果发现植株上出现花药外露的花在 10 个以上时，即定为散粉株。检验的主要性状有株型、叶形、叶色、雄穗形状和分枝多少、护颖颜色、花药颜色和花丝颜色等。

OECD 指出，种子田中存在明显不同的、很容易被观察到的差异，如株高、颜色、形状、成熟度可清楚地被鉴定出来。而不易观察的叶形、叶茸毛、花和种子的性状只有通过检查植株的特定部分才能观察到。检测混杂物明显的样本比不明显的样本大，样本随机取得，样区面积尽可能大。

对于生产杂交种的作物，要检查样区内的所有植株，不仅要检查品种纯度，还要检查收获种子的亲本的雄性不育性。

（三）结果计算与报告

检验完毕后，将各点检验结果汇总，计算品种纯度及各项成分的百分率。

$$\text{品种纯度}=\frac{\text{本品种株（穗）数}}{\text{供检本作物总株（穗）数}}\times 100\%$$

$$\text{异品种百分率}=\frac{\text{异品种株（穗）数}}{\text{供检本作物总株（穗）数}}\times 100\%$$

$$\text{异作物百分率}=\frac{\text{异作物株（穗）数}}{\text{供检本作物总株（穗）数}+\text{异作物株（穗）数}}\times 100\%$$

$$\text{杂草百分率}=\frac{\text{杂草株（穗）数}}{\text{供检本作物总株（穗）数}+\text{杂草株（穗）数}}\times 100\%$$

$$\text{病（虫）感染百分率}=\frac{\text{感染病（虫）株（穗）数}}{\text{供检本作物总株（穗）数}}\times 100\%$$

杂交制种田应计算母本散粉株及父母本散粉杂株。

$$\text{母本散粉株百分率}=\frac{\text{母本散粉株数}}{\text{供检母本总株数}}\times 100\%$$

$$\text{父母本散粉杂株百分率}=\frac{\text{父母本散粉杂株数}}{\text{供检父母本总株数}}\times 100\%$$

在检验点以外，如有零星发生的检疫性杂草、病虫感染株，要单独记载。填写结果单（表 8－4 或表 8－5）。根据检验结果提出建议和意见，最后对照国家质量分级标准，确定被检种子田种子等级和能否作种用。如不符合最低标准，就不应作为种子。

田间检验结果报告一式 3 份，检验部门保存 1 份，繁种单位保存 2 份。

表 8－4　农作物常规种田间检验结果单

字第　　号

<table>
<tr><td colspan="2">繁种单位</td><td colspan="3"></td></tr>
<tr><td colspan="2">作物名称</td><td></td><td>品种名称</td><td></td></tr>
<tr><td colspan="2">繁种面积</td><td></td><td>隔离情况</td><td></td></tr>
<tr><td colspan="2">取样点数</td><td></td><td>取样总株（穗）数</td><td></td></tr>
<tr><td rowspan="3">田间检验结果</td><td>品种纯度/%</td><td></td><td>杂草/%</td><td></td></tr>
<tr><td>异品种/%</td><td></td><td>病虫感染/%</td><td></td></tr>
<tr><td>异作物/%</td><td></td><td></td><td></td></tr>
<tr><td colspan="2">田间检验结果建议或意见</td><td colspan="3"></td></tr>
</table>

检验单位（盖章）：　　　　　　　　　　　　　　　　检验员：

检验日期：　　　年　　月　　日

表 8-5　杂交种田间检验结果单

字第　　号

繁种单位				
作物名称			品种（组合）名称	
繁种面积			隔离情况	
取样点数			取样总株（穗）数	
田间检验结果	父本杂株/%		母本杂株/%	
	母本散粉株/%		异作物/%	
	杂草/%		病虫感染/%	
田间检验结果建议或意见				

检验单位（盖章）：　　　　　　　　　　　　　　检验员：

检验日期：　　　年　　月　　日

任务三　田间小区种植鉴定

•【知识目标】

了解田间小区种植鉴定的目的和作用，掌握小区种植鉴定流程和注意事项。

•【技能目标】

能够按小区种植鉴定方法进行品种纯度鉴定。

一、概述

田间小区种植鉴定是指对种子真实性和品种纯度进行鉴定。在室内检验难以做出正确判断和结论的情况下，必须进一步做田间小区种植鉴定，即将种子样品播到田间小区中，并以标准品种作为对照，根据田间作物生长期间表现的特征特性鉴定其品种纯度。田间小区种植鉴定是评价种子真实性和品种纯度最为可靠的方法，它适用于国际贸易、省区间调种的仲裁检验，并可作为赔偿损失的依据。品种纯度室内检验虽然有多种方法，但往往仍难以准确鉴定，特别对于杂交种（玉米、西瓜）F_1代种子更加难以准确鉴定其真实性和纯度，在此情况下田间小区鉴定就显得十分必要，因为田间小区鉴定时，可以根据植株在生育期间不同时期的特征特性将不同品种加以鉴别，这对异花授粉作物纯度鉴定尤为重要。

（一）小区种植鉴定的目的

小区种植鉴定的目的：一是鉴定种子样品的真实性与品种描述是否相符，即通过将田间小区种植的有代表性样品的植株与标准样品生长植株进行比较，并根据品种描述判断其品种真实性；二是鉴定种子样品纯度是否符合国家规定标准或种子标签标注值的要求。在种子繁殖和生产过程中，田间小区种植鉴定是监控品种是否保持原有的特征特性或符合种子质量标准要求的主要手段之一。

（二）小区种植鉴定的作用

小区种植鉴定从作用来说可分为前控和后控两种。

1. 前控　当种子批用于繁殖生产下一代种子时，该批种子的小区种植鉴定对下一代种子来说就是前控。如同种子繁殖期间的亲本鉴定。在种子生产时，如果对生产种子的亲本种子进行小区种植鉴定，那么亲本种子的小区种植鉴定对于种子生产来说就是前控。前控可在种子生产的田间检验期间或之前进行，可作为淘汰不符合要求的种子田的依据之一。

2. 后控　通过小区种植鉴定来检测生产种子的质量便是后控。如对收获后的种子进行小区种植鉴定、很多企业在海南岛进行的异地小区种植鉴定等。后控也是我国农作物种子质量监督抽查工作中鉴定种子样品的品种纯度是否符合种子质量标准要求的主要手段之一。

前控和后控的主要作用有以下几方面。

（1）为种子生产过程中的田间检验提供重要信息，是种子认证过程中不可缺少的环节。

（2）可以判别品种特征特性在繁殖过程中是否保持不变。

（3）可以鉴定品种的真实性。

（4）可以长期观察，观察时期从幼苗出土到成熟期，随时观察小区内的所有植株。

（5）小区内所有品种和种类的植株的特征特性能够充分表现，可以使鉴定记载和检测方法标准化。

（6）能够确定小区内有没有自生植物生长、播种设备是否清洁，明确小区内非典型植株是否来自种子样品。

（7）可以比较相同品种不同种子批的种子遗传质量。

（8）可以根据小区种植鉴定的结果淘汰质量低劣的种子批或种子田，使农民用上高质量的种子。

（9）可以采取小区种植鉴定方法解决种子生产者和使用者的争议。

综上所述，小区种植鉴定主要用于两方面：一是在种子认证过程中，作为种子繁殖过程的前控与后控，监控品种的真实性和品种纯度是否符合种子认证方案的要求。主要测试种子批的一致性，判断在繁殖期间品种特征特性是否发生变化，为限制繁殖代数提供有效的依据。二是作为种子检验鉴定品种真实性和测定品种纯度。因为小区种植鉴定能充分展示品种的特征特性，所以该方法作为品种纯度检测的最可靠、准确的方法。但小区种植鉴定费工、费时，还要求在鉴定的各个阶段与标准样品进行比较。

二、小区种植鉴定程序

我国实施的小区种植鉴定方式多种多样，可在当地同季（与大田生产同步种植）、当地异季（在温室或大棚内种植）或异地异季（如水稻、玉米、棉花、西瓜等作物冬季在海南省，油菜等作物夏季在青海省）进行种植鉴定。

（一）标准样品的收集

田间小区种植鉴定应有标准样品作为对照。设置标准样品作对照的目的是为栽培品种提供全面的、系统的品种特征特性的现实描述。标准样品应代表品种原有的特征特性，最好是育种家种子或原种。

标准样品的管理主要包括来源、保持和确认3个方面。

1. 来源 标准样品应从育种家或其代理人那里获取。

2. 保持 标准样品的数量应尽可能多，以便能使用多年，并在低温干燥条件下贮藏。

3. 确认 当标准样品发芽率下降或库存不足时，应及时更新。新样品和旧样品要进行一个生长季节的测验比较，以检查新样品的可靠性。

（二）试验地的选择

在选择小区鉴定的田块时，必须确保小区种植田块的前作状况符合GB/T 3543.5—1995的要求，即试验的设计和布局上要选择气候环境条件适宜的、土壤均匀、肥力一致、前茬无同类作物和杂草的田块，并有适宜的栽培管理措施，以保证品种特征特性充分表现。

（三）田间小区的设置

为了使小区种植鉴定的设计便于观察，应考虑以下几个方面。

（1）在同一田块，将同一品种、类似品种的所有样品连同提供对照的标准样品相邻种植，以突出它们之间的任何细微差异。

（2）在同一品种内，把同一生产单位生产、同期收获的有相同生产历史的相关种子批的样品相邻种植，以便于观察记载。这样，搞清了一个小区内非典型植株的情况后，就便于检验其他小区的情况。

（3）当要对数量性状进行量化时，如测量叶长、叶宽和株高等，小区设计要采用符合田间统计要求的随机小区设计。

（4）如果资源充分允许，小区种植鉴定可设重复。

（5）小区鉴定种植的株数，因涉及权衡观察样品的费用、时间和产生错误结论的风险，究竟种植多少株很难统一规定。但必须牢记，要根据检测目的确定株数，如果是要测定品种纯度并与发布的质量标准进行比较，必须种植较多的株数。为此，OECD规定了一条基本的原则：一般来说，若品种纯度标准为$x\%$，种植株数400/（$100-x$）即可获得满意结果。假如纯度标准要求为99.0%，则种植400株即可达到要求。

（6）小区种植的行株间应有足够的距离，大株作物可适当增加行株距，必要时可用点播和点栽。《国际种子检验规程》推荐：小禾谷类作物及亚麻的行距为20～30 cm，其他作物为40～50 cm；每米行长中的最适种植株数为小的禾谷类作物60株，亚麻100株，蚕豆10株，大豆和豌豆30株，芸薹属30株。其实，在实际操作中，行株距都是依实际情况而定，只要有足够的行株距能保证植株正常生长就可以。

（四）田间小区管理

小区种植的管理，通常要求如同大田生产粮食的管理工作，包括适时播种、注意排灌、防治病虫害等。不同的是，不管什么时候都要保持品种的特征特性和品种的差异，做到在整个生长阶段都能允许检查小区的植株状况。

小区种植鉴定只要求观察品种的特征特性，不要求高产，土壤肥力中等即可。对于易倒伏作物的小区种植鉴定，尽量少施化肥，有必要时把肥料水平减到最低程度。小区种植鉴定在整个生长季节都可观察，有些品种在幼苗期就有可能鉴别出品种真实性和纯度，但成熟期（常规种）、花期（杂交种）和食用器官成熟期（蔬菜种）是品种特征特性表现最明显的时期，必须进行鉴定。记载的数据用于结果判别时，原则上要求花期和成熟期相结合，并通常以花期为主。小区种植鉴定记载包括种纯度和种传病害的存在情况。使用除草剂和植物生长调节剂必须小心，因为它们会影响植株的特征特性。

（五）鉴定和记载

在小区种植鉴定中判断某一植株是否划为变异株，需要田间检验员的经验。检验员应对种植样品的形态特征特性有研究，并熟悉该样品的特征特性，做出主观判断时要借助于官方品种描述，区分是遗传变异还是由环境条件所引起的变异。特别注意两种情况：一是某些特征特性（如植株高度与成熟度）易受小区环境条件的影响；二是特征特性可能受化学药品（如激素、除草剂）应用的影响。因此，田间检验员应掌握一个原则：在最后计数时，忽略小的变异株，只计数那些非常明显的变异株，从而决定接受或淘汰该种子批。

对那些与大部分植株特征特性不同的变异株应仔细检查，并有记录和识别的方法，通常采用标签、塑料牌或其他工具等标记系于植株上，以便于再次观察时区别对待。

估计每一小区的平均植株群体，便于计算变异株的水平。如果小区中的变异株总数接近或大于淘汰值，必须更加准确地估算相应小区的群体。

（六）结果计算与容许差距

品种纯度结果表示有以变异株数目表示和以百分率表示两种方法。

1. 以变异株数目表示　GB/T 3543.5—1995 所规定的淘汰值就是以变异株数表示，如纯度 99.9%，种 4 000 株，其变异株或杂株不应超过 9 株（称为淘汰值）；如果不考虑容许差距，其变异株不超过 4 株。

淘汰数值是在考虑种子生产者利益和有较少可能判定失误的基础上，把一个样本内观察到的变异株数与发布的质量标准进行比较，再充分考虑做出有风险接受或淘汰种子批的决定。不同标准的淘汰值不同，表 8－6 列举了不同标准的淘汰数值，错误淘汰种子批的风险为 5%。

表 8－6　不同规定标准与不同样本大小的淘汰值

规定标准/%	不同样本（株数）大小的淘汰值						
	4 000	2 000	1 400	1 000	400	300	200
99.9	9	6̲	5̲	4̲	—	—	—
99.7	19	11	9	7̲	4̲	—	—
99.0	52	29	21	16	9	7	6

资料来源：全国农作物种子标准化技术委员会，1996，《农作物种子检验规程　真实性和品种纯度鉴定》（GB/T 3543.5—1995）。

注：下方有“_”的数字或“—”均表示样本的数目太少。

表 8－6 栏目中有下划线的淘汰数值并不可靠，因为样本数目不足够大，具有极大的不正确接受不合格种子的危险性，这种现象发生在标准样本内的变异株少于 4N 的情况。

表 8－6 的淘汰值的推算是采用泊松分布，对于其他标准计算可采用下式：

$R=X+1.65\sqrt{X}+0.8+1$（结果舍去所有小数位数，注意不采用四舍五入或六入）

式中：R——淘汰值；

　　X——标准所换算成的变异株数。

如纯度 99.9%，在 4 000 株中的变异株数为 4 000×（100%－99.9%）＝4，$R=4+$

$1.65\times\sqrt{4}+0.8+1=9.1$，去掉所有小数后，淘汰值为 9。如纯度 99.7%，在 2 000 株中的变异株为 6，$R=6+1.65\times\sqrt{6}+0.8+1=11.84$，去掉所有小数，淘汰值为 11。

2. 以百分率表示 将所鉴定的本品种、异品种、异作物和杂草等均以所鉴定植株的百分率表示。小区种植鉴定的品种纯度结果可采用下式计算：

$$品种纯度=\frac{本作物的总株数-变异株（非典型株）数}{本作物的总株数}\times 100\%$$

ISTA 规定当鉴定的种子、幼苗或植株不多于 2 000 株时，这时品种纯度的最后结果用整数的百分率表示；如果多于 2 000 株，则百分率保留 1 位小数。由于我国现行农作物种子质量标准的品种纯度规定值和 GB/T 3543.5—1995 的容许差距均保留 1 位小数，为此，建议小区种植鉴定的品种纯度保留 1 位小数，以便于比较。对于有分蘖的植株，如水稻、小麦，联合国粮食及农业组织（FAO）1982 年组织专家编写的《禾谷类种子检验技术指南》认为计数应以穗为单位。但 GB/T 3543.5—1995 是以株数为单位，它比以穗为单位的要求要严格一些。

使用 GB/T 3543.5—1995 表 2（即项目七的表 7-1）规定的容许差距，如果在表中查不到，可用下式进行计算：

$$T=1.65\sqrt{\frac{p\times q}{N}}$$

式中：p——品种纯度的数值；

q——$100-p$；

N——种植株数。

例如，纯度 90%，种植 78 株，那么 p 为 90，q 为 10，N 为 78，求得其容许差距为 5.6。

（七）结果填报

田间小区种植鉴定结果除品种纯度外，还应填报所发现的异作物、杂草和其他栽培品种的百分率。我国的田间小区种植鉴定的原始记录统一按表 8-7 的格式填写。结果报告按 GB/T 3543.1—1995 执行。

表 8-7 真实性和品种纯度鉴定原始记载表（田间小区）

样品登记号： 种植地区：

作物名称	小区号	品种或组合名称	鉴定日期	鉴定生育期	供检株数	本品种株数	杂株种类及株数				品种纯度/%	病虫危害株数	杂草种类	检验员	校核人	审核人
检测依据																
备注：																

资料来源：屈长荣等，2019，种子检验技术。

拓展阅读

种子田生产质量要求

不同作物种类和种子类别的生产要求有所不同，其中种子田不存在检疫性病虫害是我国有关法律法规规定的强制性要求，此外，还要求前作、隔离条件、田间杂株率和散粉株率符合一定的要求。

一、前作

要求种子田绝对没有或尽可能没有对生产种子产生品种污染的花粉源，种子田都要达到适宜的安全生产要求，从而保证生产的种子保持原有的“品种真实性”。

前作的污染源通常表现为下列 3 种情况。

(1) 同种的其他品种污染。

(2) 其他类似植物种的污染。例如，前茬种植某一品种的大麦，这茬种植了某一品种的小麦，那么这茬的小麦很可能受到前茬再生大麦的污染，因为收获后的小麦种子在加工时很难将大麦种子清选干净。

(3) 杂草种子的严重污染。杂草种子有时在大小、形状和质量与该拟认证种子类似，无法通过加工清选而清除；或者杂草种子可以通过加工而清除，但这需要增加成本，因为在清选杂草种子时，不得不把一些饱满种子也清除出去。

另外，种子生产者应提供前作档案，证实水稻、玉米、小麦、棉花、大豆种子田不存在自生植株；油菜种子生产时，种子田前作若为十字花科植物，则至少间隔两年；西瓜种子生产时，种子田前作不应有自生植株，不允许重茬栽培。

二、隔离条件

隔离条件是指与周围附近的田块有足够的距离，不会对生产种子构成污染危害。有关隔离条件，存在着以下两种情况。

(1) 与同种或相近种的其他品种的花粉的隔离。

(2) 与同种或相近种的其他品种防止机械收获混杂的隔离，如欧盟的种子认证方案规定，小麦种子田与另一禾谷类种子田之间必须有物理阻隔或至少有 2 m 宽的沟，以防止机械收获时的混杂。

一些作物的隔离条件见表 8 - 8。

表 8 - 8　种子田的隔离要求

作物及类别		空间隔离/m
水稻	常规种、保持系、恢复系	20～50
	不育系	500～700
	制种田	200（籼），500（粳）
玉米	自交系	500
	制种田	300

（续）

作物及类别		空间隔离/m
小麦	常规种	25
棉花	常规种	25
大豆	常规种	25
西瓜	杂交种	1 500
油菜	原种 杂交种	800

资料来源：屈长荣等，2019，种子检验技术。

三、田间杂株率和散粉株率

主要农作物的田间杂株率和散粉株率见表 8－9。

表 8－9　主要农作物的田间杂株率和散粉株率

作物名称		类别		田间杂株（穗）率不高于/%	散粉株率不超过/%
水稻	常规种	原种		0.08	
		大田用种		0.1	
	不育系、保持系、恢复系	原种		0.01	
		大田用种		0.08	
	杂交种	大田用种	父本	0.1	任何一次花期检查 0.2%或两次花期检查累计 0.4%
			母本	0.1	
玉米	自交系	原种		0.02	
		大田用种		0.5	
	亲本单交种	原种	父本	0.1	任何一次花期检查 0.2%或 3 次花期检查累计 0.5%
			母本	0.1	
	杂交种	大田用种	父本	0.2	任何一次花期检查 0.5%或 3 次花期检查累计 1%
			母本	0.2	
小麦		原种		0.1	
		大田用种		1	
棉花		原种		1	
		大田用种		5	
大豆		原种		0.1	
		大田用种		2	
油菜	亲本	原种		0.1	
		大田用种		2	
	制种田	大田用种		0.1	
西瓜	亲本	原种		0.1	
		大田用种		0.3	
	制种田	大田用种		0.1	

资料来源：屈长荣等，2019，种子检验技术。

技能训练

种子真实性和品种纯度的田间检验技术

一、实训目的

明确种子田间检验的意义；学会观察不同品种植株和穗部性状；掌握鉴定品种的主要性状；掌握田间检验的时期、方法和步骤。

二、材料用具

1. 材料　种子田。

2. 用具　米尺、铅笔、镊子、放大镜、记录本等。

三、方法步骤

（一）田间检验时间

在品种典型性状最明显的时期进行，具体时期见表 8-1 和表 8-2。

（二）田间检验方法

1. 取样　参考项目八任务二中田间检验的方法。

2. 检验　参考项目八任务二中田间检验的方法。

3. 结果计算　参考项目八任务二中田间检验的方法。

4. 填报检验报告并作出判定　田间检验完成后，应及时填报检验报告。田间检验员应根据检验结果签署鉴定意见。

（1）如果田间检验的所有要求如隔离条件、品种纯度等都符合生产要求，达到国家标准，则建议被检种子田符合要求。

（2）如果田间检验所有要求如隔离条件、品种纯度等有一部分不符合生产要求，未达到国家标准，但通过整改措施可以达到生产要求，应签署整改建议。整改后还要复查，确认是否符合要求。

（3）如果通过整改仍不能符合要求，不能达到国家标准或完全不能整改的种子田，应建议淘汰种子田。

填写结果单（表 8-4 或表 8-5），一式 3 份。根据检验结果提出建议和意见。

四、作业

（1）分小组或单独按照方法步骤完成实训，将每一步的数据及时记载，并完成实训报告。

（2）对实训结果进行分析，找出操作过程中出现的问题并分析其原因。

五、考核标准

学生能够独立完成种子真实性和品种纯度的田间检验实训，结果计算正确。

思维导图

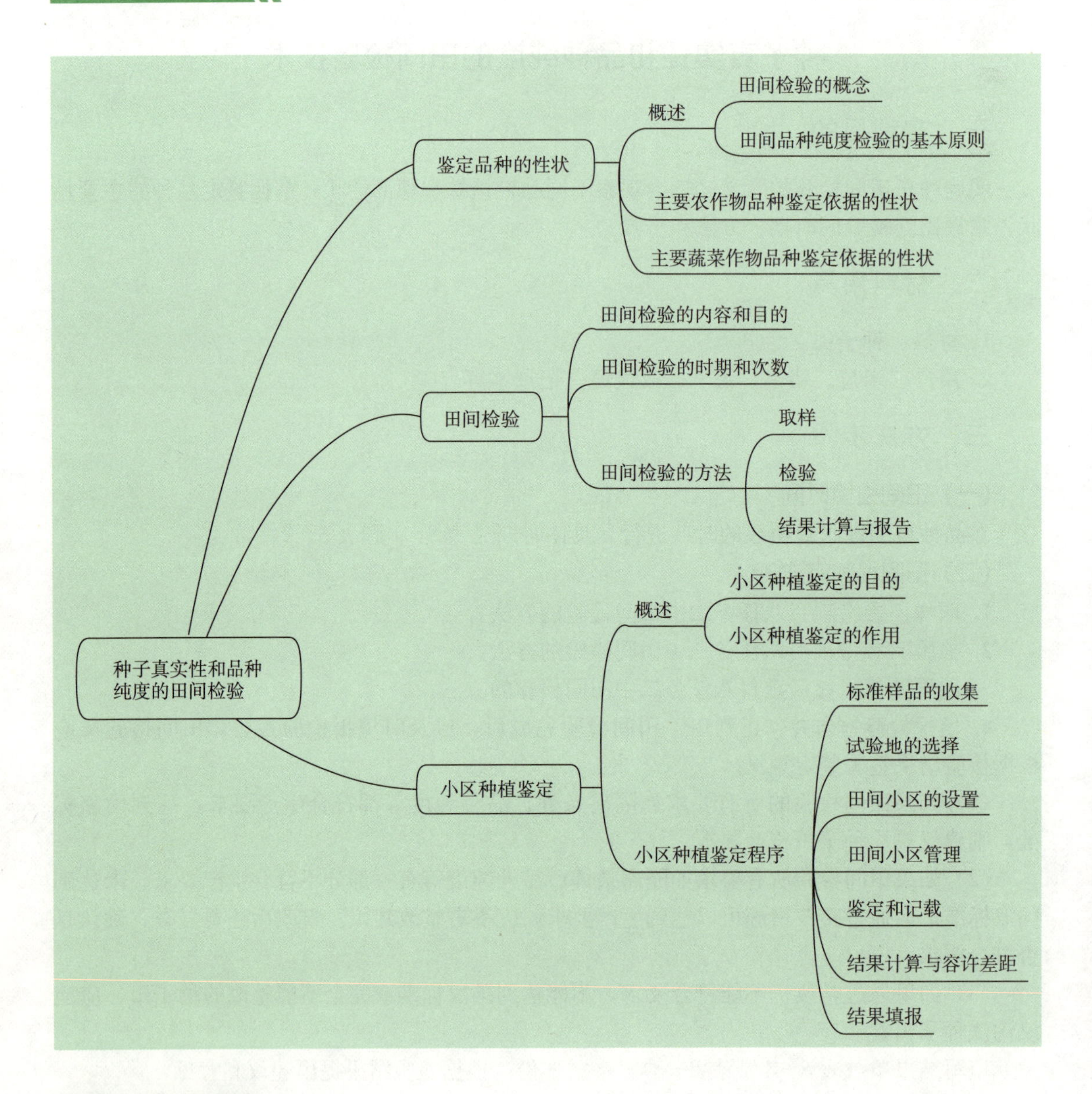

复习思考

1. 种子田间检验的内容是什么？
2. 为什么要进行田间检验？
3. 不同面积的种子田取样设点的标准是什么？
4. 田间检验与小区种植鉴定在职能上有何异同？
5. 如何保证田间检验结果的准确性？
6. 以某一作物为例，说明田间检验的程序和方法。

项目九　种子水分测定

项目导读

种子水分是我国种子质量标准中的四大必检指标之一。含水量高的种子新陈代谢旺盛，容易生虫、发霉，加快种子劣变；种子水分也直接关系到种子的安全包装、贮藏和运输，并且对保持种子生活力和活力具有重要作用。种子水分测定过程会受到种子本身化学成分以及外界因素的影响，正确的种子水分测定方法有助于判断种子的真正含水量以指导生产实践。本项目主要介绍种子水分测定概述、种子水分标准测定方法、种子水分快速测定方法，通过学习与训练让学生掌握种子水分测定的方法和相关仪器的操作方法，以培养学生的技能实操水平和严谨细致的工作态度。

任务一　种子水分测定概述

- 【知识目标】

明确种子水分的含义、种子水分测定的意义及常用的种子水分测定方法，清楚种子中水分、油分的性质与种子水分测定的关系（即水分测定的理论基础）。

- 【技能目标】

学会准确计算种子水分含量。

种子水分对种子的生命活动起着重要的作用，是种子生理代谢的介质。种子的物理性质和生化变化都和水分的状态及含量密切相关，种子水分含量的高低直接影响种子的寿命、活力及生活力等。我国粮食作物、经济作物、瓜类作物、叶菜类作物及绿肥作物种子质量标准要求中都将它与净度、发芽率和品种纯度并列为种子质量四大指标（详见附录一）。因此，测定和控制种子水分是保证种子质量的重要途径。

一、种子水分的含义

种子水分是指按照规定程序把种子样品烘干所失去的质量，用失去质量占供检样品原始质量的百分率表示。

$$种子水分=\frac{试样烘前重（g）-试样烘后重（g）}{试样烘前重（g）}\times100\%$$

各国都在种子质量控制上明确规定了各种正常种子安全贮藏的水分最高限度，如禾谷类种子安全水分一般为12.0%～14.0%，油料作物种子为9.0%～10.0%。

二、种子水分测定的重要性

由于种子水分受成熟度、收获时间、加工干燥、包装贮藏、自然伤害（热伤、霜冻、病虫危害）、机械损伤等诸多因素影响，所以测定并控制种子水分成为保证种子质量的重要手段。从种子贮藏理论的角度讲，种子水分低，更有利于保持其活力，保持寿命。一般来说，为保证种子质量，种子从田间收获到销售期间，种子水分测定一直贯穿始终，绝不允许不符合安全水分标准的种子入库或进入市场。

随着农业现代化的发展，机械收获将会被普遍采用。为了避免机械收获伤害种子，收获前应先测定种子水分，当田间种子水分随成熟度而降低，硬度增加、对机械抗性提高时，确定种子的最佳收获时间。在人工干燥种子前，应先测定种子水分，以确定种子干燥的温度、时间和分次干燥方法。在加工后也要测定种子水分，检查是否达到要求的标准。种子包装和贮藏前也要了解种子水分，确保种子的安全包装和安全贮藏，以及确定保存时间的长短。在种子贮藏期间和调运前也需测定种子水分，以确保种子贮藏期间、运输途中的安全及目的地的种子安全。

研究表明，对大多数常规的农作物、蔬菜和牧草种子而言，种子水分越低，越有利于保持寿命和活力。因此，种子水分测定是很重要的检测项目，对指导种子收获、加工、贮藏、运输和贸易都有着极其重要的作用。

三、常用的水分测定方法

目前最常用的种子水分测定法是烘干减重法（包括烘箱法、红外线烘干法等）和电子水分仪速测法（包括电阻式、电容式和微波式水分速测仪）。一般在正式报告和质量标签中需采用标准法（即烘干减重法）进行种子水分测定，而在种子收购、调运、干燥加工等过程中，为了快速了解种子水分含量，常采用电子仪器速测法测定。

四、种子中水分、油分的性质与水分测定的关系

（一）种子水分

种子中的水分按其特性可分为3种状态，即自由水、束缚水和化合水。

1. 自由水 也称游离水，自由水是生物化学的介质，存在于种子表面和细胞间隙内，具有一般水的特性，沸点为100 ℃，0 ℃结冰，可作为溶剂，很容易受外界环境条件的影响，容易蒸发出去。因此在种子水分测定前，必须采取措施尽量防止这种水分的损失。为防止自由水的蒸发，要求送检样品必须装在防湿容器中，并尽可能排除其中空气；样品接收后应立即测定，如果样品接收当天不能测定，应将样品贮藏在4～5 ℃冰箱中，但不能在低于0 ℃的冰箱中贮存；为避免蒸发，在测定过程中取样、磨碎、称量须迅速操作；由于高水分种子自由水含量更高，更易蒸发，因此需磨碎的高水分种子须用高水分预先烘干法测定水分。

2. 束缚水 也称结合水，束缚水与种子内的亲水胶体如淀粉、蛋白质等物质中的化学

基团（如羧基、氨基与肽基等以氢键或氧桥等相连接）牢固地结合在一起，不能在细胞间隙中自由流动，不具有普通水的性质，不易受外界环境条件影响。束缚水较难从种子中蒸发出去，只有在较高温度下，经过较长时间的加热才能将其全部蒸发出来。在对种子进行烘干时，水分开始蒸发较快，这是由于自由水容易蒸发，随着烘干的进行，蒸发速度逐渐缓慢，这是由于束缚水与种子内胶体牢固结合，不易蒸发出来。因此用烘干法测定水分时，应通过适当提高温度（如 130 ℃）或延长烘干时间才能把束缚水蒸发出来。

3. 化合水　种子中还有一种特殊的水，称为化合水，也称分解水或组织水，不以水分子形式存在，而是以一种潜在的能转化为水的形态存在于种子中，不是真正意义上的水分。如种子中的糖类，含有一定比例能形成水分的氢（H）和氧（O）元素。通常将种子有机物分解产生的水分（H 和 O 元素）称之为化合水或分解水。如果失掉这种水分，糖类就会分解变质。如果用较高温度（不超过 130 ℃）烘干时间过长，或用过高的温度（超过 130 ℃）烘干，有可能使样品烘焦，释放出分解水而导致水分测定结果偏高。所以必须严格控制规定的温度和时间。

（二）油分

有些植物种子（如一些蔬菜种子和油料种子）含有较高的油分，油分沸点较低，尤其是芳香油含量较高的种子，温度过高时就易挥发，使样品减重增加，测得的水分结果偏高。而含亚麻酸等不饱和脂肪酸较高的油料种子（如亚麻），如果种子磨碎、剪碎，或烘干温度过高，不饱和脂肪酸易氧化，不饱和键上结合了氧原子，使样品质量增加，导致水分测定结果偏低，因此，应严格控制烘干温度，并且不应磨碎或剪碎。

综上所述，为准确测定种子水分含量，在测定时必须保证使种子中自由水和束缚水全部除去，同时要尽最大可能减少氧化、分解或其他挥发性物质的损失。据此，必须设计较好的水分测定程序，特别要注意烘干温度、种子磨碎和种子原始水分等因素的影响。

任务二　种子水分标准测定方法

●【知识目标】

了解烘干减重法的原理，明确种子水分测定所需的仪器设备及正确使用方法，掌握低恒温烘干法、高恒温烘干法和高水分种子预先烘干法的测定程序与方法。

●【技能目标】

能够按照规程规定的标准方法测定种子的水分，学会正确计算结果及填写报告，学会使用相关仪器。

ISTA 国际种子检验规程和我国农作物种子检验规程 GB/T 3543.6—1995 中规定种子水分的标准测定方法是烘干减重法，包括低恒温烘干法、高恒温烘干法和高水分种子预先烘干法。

一、烘干减重法的原理

烘干减重法测定种子水分利用的主要仪器是电热干燥箱。干燥的原理是干燥箱内的电热丝通电发出的热，经过对流和传导，使箱内空气温度不断上升，箱内空气相对湿度降低，种子样品的温度也随着升高，种子内的水分受热汽化，样品内的蒸汽压大于干燥箱内的蒸汽压，种子内水分向外扩散到空气中而蒸发。根据样品烘干后失去水分的质量可计算出样品的含水量。

二、仪器设备

1. 电热恒温干燥箱 电热恒温干燥箱由箱体（保温部分）、加热部分和恒温部分组成。箱体工作室内装有可移动的多孔铁丝网，顶部孔内插入一支量程为 200 ℃的温度计，温度计精确度为 0.5 ℃，可测得工作室内的温度。用于测定水分的干燥箱，应绝缘性能良好，箱内各部位温度均匀一致，能保持规定的温度，加温效果良好，即在预热至所需温度后，放入样品，可在 5～10 min 内回升到所需温度。干燥箱温度控制范围为 0～200 ℃或 50～200 ℃。

2. 电动粉碎机 用于磨碎样品，常用的有滚刀式和磨盘式两种。国际种子检验规程对粉碎机有如下要求：①须用不吸湿的材料制成；②其构造为密闭系统，以使被磨碎的种子和磨碎的样品在磨碎过程中尽可能避免受室内空气的影响；③磨碎速度要均匀，不至于使磨碎材料发热，尽量降低会引起水分损失的空气流动；④粉碎机可调节到所规定的磨碎细度。需配备孔径为 0.5 mm、1.0 mm、4.0 mm 的金属丝筛子。

3. 电子天平 要求称量快速，感量为 0.001 g。

4. 样品盒 样品盒用导热率高的材料制成，常用的是铝盒，盒与盖标有相同的号码，样品盒有两种规格。一种规格是直径 4.6 cm 左右，可盛样品 4.5～5.0 g；另一种规格为直径大于或等于 8 cm，一般用于高水分种子预先烘干。样品烘干时必须使样品在盒内的分布为每平方厘米不超过 0.3 g，以保证样品内水分的有效蒸发。

5. 干燥器和干燥剂 用于样品或样品盒烘干后的冷却，防止回潮。干燥器必须配有一块厚金属片或玻璃片，以促使样品快速冷却。干燥器的盖与底座边缘涂上凡士林后密闭性能良好，打开干燥器时要将盖向一边推开。干燥器内需放干燥剂，如五氧化二磷、活性氧化铝（活性矾土）或粒径为 1.59 mm 的 4A 型分子筛，我国一般使用变色硅胶。变色硅胶在未吸湿前呈蓝色，吸湿后呈粉红色，因此极易区分其是否仍有吸湿能力。吸湿后的变色硅胶可放入烘箱加热烘干（150 ℃加热除湿）使其恢复吸湿性能。

6. 其他用具 需要有洗净烘干的磨口瓶、称量匙、粗纱线手套、毛笔、坩埚钳等。

三、测定程序

（一）低恒温烘干法

低恒温烘干法是将样品放置在（103±2)℃的烘箱内一次性烘干 8 h。此法适用于葱属、花生、芸薹属、辣椒属、大豆、棉属、向日葵、亚麻、萝卜、蓖麻、芝麻、茄子（番茄用高恒温烘干法）。该法必须在相对湿度 70%以下的室内进行，若室内相对湿度过高，水分烘后散发不出去，会使测定结果偏低。

1. 样品盒预先烘干 在水分测定前预先准备。将待用铝盒（含盒盖）洗净后，于130 ℃的条件下烘干 1 h，取出后冷却称量，再继续烘干 30 min，取出后冷却称量，当两次烘干结果误差小于或等于 0.002 g 时，取两次质量平均值；否则，继续烘干至恒重。

2. 预调烘箱温度 按规定要求调好所需温度，使其稳定在（103±2)℃，如果环境温度较低，也可适当预置稍高的温度（110～115 ℃），防止打开箱门放置样品时温度下降过多，回升时间变长。

3. 样品处理　送验样品需磨碎的种类不得低于 100 g，不需要磨碎的种类为 50 g。

从送验样品中取样时应先将其充分混合，用称量匙在样品罐内搅拌，或将原样品罐的罐口对准另一个同样大小的空罐口，把种子在两个容器间往返倾倒。

从充分混合的送验样品中取 15～25 g 的试验样品两份，放入磨口瓶中，并密封备用。取样时勿直接用手触摸种子，而应用勺或铲子。需磨碎的样品按表 9－1 的要求进行处理后立即装入磨口瓶中备用，最好立即称样，以减少样品水分变化。

表 9－1　必须磨碎的种子种类及磨碎细度

作物种类	磨碎细度
燕麦属、水稻、甜荞、苦荞、黑麦、高粱属、小麦属、玉米	至少有 50%的磨碎成分通过 0.5 mm 筛孔的金属丝筛，而留在 1.0 mm 筛孔的金属丝筛子上不超过 10%
大豆、菜豆属、豌豆、西瓜、巢菜属	需要粗磨，至少有 50%的磨碎成分通过 4.0 mm 筛孔
棉属、花生、蓖麻	磨碎或切成薄片

资料来源：全国农作物种子标准化技术委员会，1996，《农作物种子检验规程　水分测定》（GB/T 3543.6—1995）。

进行测定须取两个重复的独立试验样品。必须使样品在样品盒的分布为每平方厘米不超过 0.3 g。

4. 样品称量　将处理好的样品在磨口瓶内充分混合，用感量 0.001 g 的天平称取 4.500～5.000 g 的试样两份（磨碎种子应从不同部位取得），分别放入经过烘干至恒重的样品盒，盒盖套于盒底下，记下盒号、盒重和样品的实际质量，摊平样品。

5. 烘干　将样品（带盒、盖）立即放入预先调好温度的烘箱内，尽可能让铝盒距温度计水银球 2.0～2.5 cm，迅速关闭箱门。当箱内温度回升至规定温度时开始计时，烘干 8 h 后，戴好纱线手套，打开箱门，取出铝盒，迅速盖好盒盖，放在干燥器中冷却到室温（需 30～45 min）后称量。

（二）高恒温烘干法

1. 适用范围　适用于芹菜、石刁柏、燕麦属、甜菜、西瓜、甜瓜属、南瓜属、胡萝卜、甜荞、苦荞、大麦、莴苣、番茄、苜蓿属、草木樨属、烟草、水稻、黍属、菜豆属、豌豆、鸦葱、黑麦、狗尾草属、高粱属、菠菜、小麦属、巢菜属、玉米等。

2. 方法要点　首先将烘箱预热至 140～145 ℃，打开箱门迅速将样品盒放入箱内，当箱内温度回升至 130～133 ℃时开始计时，烘干 1 h。必须严格控制烘干温度和时间，防止温度过高或时间过长引起种子干物质氧化、挥发性物质损失等造成的结果偏差。

3. 测定步骤　同低恒温烘干法。

（三）高水分种子预先烘干法

1. 适用范围　当需磨碎的禾谷类作物种子水分超过 18.0%，豆类和油料作物种子水分超过 16.0%时，必须采用预先烘干法（也称为二次烘干法）。这是因为高水分种子不易在粉碎机上磨至规定细度，若要磨到规定细度，则需较长时间，加之高水分种子自由水含量高，磨碎时水分容易散发，影响种子水分测定结果的正确性。对于不需要磨碎的小粒种子，含水量高时可直接烘干。

2. 方法要点 先将整粒种子作初步烘干，然后进行磨碎或切片，再测定种子水分。

3. 测定步骤 称取两份样品，各（25.00±0.02）g，置于直径大于 8 cm 的样品盒中，在（103±2)℃烘箱中预烘 30 min（油料种子在 70 ℃预烘 1 h），取出后放在室温冷却和称量。此后立即将这两个半干样品分别磨碎，并将磨碎物各取一份样品按低恒温或高恒温烘干法进行测定。

四、结果计算

（一）计算

1. 低恒温烘干法和高恒温烘干法 根据烘后失去水的质量计算种子水分百分率，按下列公式计算并修约到小数点后 1 位。

$$种子水分=\frac{M_2-M_3}{M_2-M_1}\times100\%$$

式中：M_1——样品盒和盖的质量（g）；

M_2——样品盒和盖及样品的烘前质量（g）；

M_3——样品盒和盖及样品的烘后质量（g）。

2. 高水分预先烘干法

（1）样品的总水分含量可用第一次烘干和第二次烘干所得的水分结果换算样品的原始水分。样品的总水分含量为：

$$种子水分=（S_1+S_2-S_1\times S_2）\times100\%$$

式中：S_1——第一次整粒种子烘后失去的水分（%）；

S_2——第二次磨碎种子烘后失去的水分（%）。

（2）也可用下列公式计算：

$$种子水分=\frac{M\times M_2-M_1\times M_3}{M\times M_2}\times100\%$$

式中：M——第一次整粒试样质量（g）；

M_1——第一次整粒试样烘后质量（g）；

M_2——第二次磨碎试样质量（g）；

M_3——第二次磨碎试样烘后质量（g）。

水分测定实例：

【例 1】现有 1 份供水分测定的送验样品，用低恒温烘干法测定水分。其中第 1 份试样结果如下：样品盒质量为 12.545 g，样品盒及试样烘前的质量为 17.508 g，样品盒及试样烘后质量为 16.930 g。试计算该试样种子水分百分率。

已知 $M_1=12.545$ g，$M_2=17.508$ g，$M_3=16.930$ g；则：

$$种子水分=\frac{M_2-M_3}{M_2-M_1}\times100\%=\frac{17.508-16.930}{17.508-12.545}\times100\%=11.6\%$$

【例 2】现有 1 份玉米高水分种子送验样品，采用高水分预先烘干法测定水分。其中一重复第 1 次取整粒试样 25.00 g，预烘后质量为 22.58 g，第 2 次取磨碎试样 5.000 g，烘后质量为 4.419 g，求该重复种子的水分百分率。

已知 $M=25.00$ g，$M_1=22.58$ g，$M_2=5.000$ g，$M_3=4.419$ g；则：

$$S_1=\frac{M-M_1}{M}\times100\%=\frac{25.00-22.58}{25.00}\times100\%=9.68\%$$

$$S_2=\frac{M_2-M_3}{M_2}\times100\%=\frac{5.000-4.419}{5.000}\times100\%=11.62\%$$

$$\begin{aligned}种子水分&=S_1+S_2-S_1\times S_2\times100\%\\&=9.68\%+11.62\%-9.68\%\times11.62\%\times100\%=20.2\%\end{aligned}$$

$$\begin{aligned}种子水分&=\frac{M\times M_2-M_1\times M_3}{M\times M_2}\times100\%\\&=\frac{25.00\times5.000-22.58\times4.419}{25.00\times5.000}\times100\%=20.2\%\end{aligned}$$

（二）容许差距

若一个样品的两次测定结果之间的差距不超过 0.2%，其结果可用两次测定值的算术平均数表示。否则，需重做两次测定。

五、结果报告

将计算结果填报在检验结果报告单的规定空格中，精确度为 0.1%。

任务三　种子水分快速测定方法

•【知识目标】

了解种子水分快速测定的主要电子仪器及其测定原理，清楚其使用范围、特点和注意事项。

•【技能目标】

能够正确使用各种电子水分仪快速测定种子水分。

种子水分快速测定主要使用电子仪器，其测定种子水分具有快速、简便的特点，尤其适于种子收购入库及贮藏期间的一般性检查，可以减少大量工作。电子水分仪可分为电阻式、电容式、红外及微波式水分测定仪。各种类型都有多种型号仪器，使用方法也各不相同，应严格按照说明书使用。在此主要介绍几种电子水分仪的原理。

一、电阻式水分测定仪

电阻式水分测定仪也习惯称作插针式水分仪。其测定原理是：根据欧姆定律，$I=V/R$，在一闭合电路中，当电压一定时，电流强度与电阻成反比。电阻越大，电流就越小。种子中含有水分，在一定范围内，自由水含量越多，溶解的物质越多，导电率越大。将种子放在电路中作为一个电阻，种子的水分越高，电阻越小，电流强度越大；反之，则电流强度越小。因此种子水分与电流强度呈正相关的线性关系，但二者之间并非是完全直线关系。这样，只要有不同水分的标准样品，就可在电表上刻出标准水分与电流强度变化的对应关系，即把电表的刻度转换成相应水分的刻度，或者经电路转换、数码显示，就可直接读出水分的百分率。

由于种子水分与电流强度的关系在一定范围内并非是完全的直线关系，因此在电表上的刻度不是均等的刻度。并且每种作物种子化学成分不同、束缚水的多少不同、可溶性物质的多少及种类等不同，这些差异会造成电流强度的变化，因此每种种子应有相应的刻度线，或者在仪器上设有作物种类选择按钮。操作前应选择所测作物的特定表盘或按钮。

样品电阻的大小同时受到待测样品温度的影响。当水分一定时，温度升高，电阻变小，电流强度变大，测定值偏高；反之，测定值偏低。因此，在不同温度条件下测定种子水分还需要进行温度校正。一般仪器以 20 ℃为准，高于或低于 20 ℃时都要对读数进行校正。如 LSKC-4 型水分测定仪是在 20 ℃下标定表盘水分读数的。当测定温度高于 20 ℃时，每高 1 ℃应减去 0.1%水分；当测定温度低于 20 ℃，每低 1 ℃应加上 0.1%水分，这样才能校正因温度变化所引起的偏差。现在大部分仪器已设定自动校正功能。

二、电容式水分测定仪

电容是表示导体容纳电量的物理量。电容器（传感器）的电容量与组成它的导体大小、形状、两导体间相对位置以及两导体间的电介质有关。把电介质放进电场中，就出现电介质的极化现象，结果原有电场的电场强度被减弱。被减弱后的电场强度与原电场强度的比值称作电介质的介电常数。各种物质的介电常数不同，空气为 1，种子干物质为 10，水为 81。当被测样品放入传感器中，电容量的数值将取决于该样品的介电常数，而种子样品的介电常数主要随种子水分的高低而变化，所以通过测定传感器的电容量就可间接地测定被测样品的水分含量。

利用电容式水分测定仪测定种子水分时，由于种子形状、成熟度和混入的杂物不同，相同质量的种子在传感器中的体积就不同，就会引起传感器中两电极间对应面积和介电常数的变化，从而影响测定结果的正确性。因此，在测定时，采用固定容积的种子较为合理。为了准确测定不同作物、不同品种的种子水分，要分作物、分品种准备高、中、低 3 个水平的标准水分进行仪器标定。当种子水分在一定范围时，电容量与种子水分呈线性关系，测定结果比较准确；超出一定范围，测定准确性较差。因此，在配制标准水分样品时，其水分差异不宜太悬殊。

电容量还受温度的影响，电容式水分测定仪上都装有一个或两个温度传感器，对测定结果进行温度补偿。测定样品水分时，应保证样品和仪器温度相同，以减少温度传感器的测定误差。如果样品温度和仪器温度相差较大，可将样品装入仪器样品杯，然后倒出，再装入，反复几次，使样品和仪器之间达到热平衡。从冰箱中取出的样品至少放置 16 h 才能达到热平衡。大量生产实践证明，电容式水分仪是电子水分速测仪中较好的类型，已被全世界普遍采用。

三、红外水分测定仪

红外线分为近红外线（0.77～3.00 μm）、中红外线（3.0～30.0 μm）和远红外线（30.0～1 000.0 μm）。近红外水分测定仪原理是根据射线被物质吸收后引起的衰减来测定物质的含量，可应用于水分、灰分、蛋白质和脂肪等物质含量的测定。

红外水分测定仪是应用红外和远红外的辐射加热技术、单片微机技术，与电子天平联机组成水分测试系统。由于水分在远红外区有较宽的吸收带，可利用远红外加热种子。红外线穿透性很强，直接使样品的内部受热，使种子内水分很快蒸发，故在短时间内可测得种子水分。与电热恒温烘箱相比，红外线加热是从里到外，加热方向与水分蒸发方向相同，加速了水分的蒸发；而电热恒温烘箱加热是从外到里，与水分散失方向相反。从加热种子的方式来看，红外线加热更优。

四、微波式水分测定仪

微波式水分测定仪原理与红外水分测定仪基本相同。微波是波长 1～1 000 mm 的电磁波，即频率为 300～300 000 Hz 的分米波、厘米波和毫米波。由于微波的频率很高，对水介质具有吸收、穿透和反射的性能。通常能不同程度地吸收微波能量的介质为有耗介质。这种介质能把微波能量转变为热能。因此，当微波通过种子样品后，其能量被衰减。水的介电常数为 81，介质损耗为 0.2，种子水分越高，则衰减的能量越大，然后就可根据能量衰减与水分的对应关系而间接测出种子的水分。但由于元件质量要求高、价格贵，在实际应用中较少。

使用电子水分仪测定种子水分应注意以下两点：

第一，使用电子仪器测定水分前，必须和烘干减重法进行校对，以保证测定结果的正确性，并注意仪器性能的变化，及时校验。

第二，样品中的各类杂质应先除去，样品水分不可超出仪器量程范围，测定时所用样品量需符合仪器说明要求。

目前我国市场上常见的水分仪有 SC-4A/SC-4B 粮食水分测定仪（电阻式）、GMK-303F 谷物水分仪（电阻式）、GMK-107RF 无损谷物水分分析仪（电容式）、M-20P 美国帝强便携式谷物水分仪（电容式）、MA150 红外水分测定仪、DHS16-A 多功能红外水分仪等。

拓展阅读

种子水分测定的基准方法

种子水分的测定方法很多，常见的有烘箱干燥法、甲苯蒸馏法、溶剂提取法（包括近红外线传递分光仪、气相色谱法）、电子仪器速测法和化学方法（如卡尔·费休滴定法）等。

为了种子贸易，需要获得准确的水分测定结果，有些国家和国际组织已经规定了水分测定的标准法来测定禾谷类、禾谷类产物和油料种子的水分。而这些设计较好的程序必须与基准法进行校准。现在国际标准化组织一致同意卡尔·费休法作为基准方法。在 1996 年版的《国际种子检验规程》中，附加文件《申请列入本规程的新种及检验方法指南》明确规定，ISTA水分委员会推荐采用 ISO 制定的卡尔·费休法（Karl Fisher）作为种子水分测定的基准方法。

卡尔·费休法是卡尔·费休于 1935 年首先提出的一种利用容量分析测定水分的方法，是一种以滴定法测定种子水分的化学分析法。其试剂为碘（I_2）、二氧化硫（SO_2）、无水吡啶（C_5H_5N）、无水甲醇（CH_3OH）的混合液，简称卡尔·费休试剂。其测定的基本原理是当有水分存在时，碘和二氧化硫发生氧化还原反应，生成碘化氢（HI）和三氧化硫（SO_3）：

$$H_2O+I_2+SO_2 \rightleftharpoons 2HI+SO_3$$

由于该反应是可逆的，当反应体系中加入无水吡啶后，则反应向右进行，生成硫酸酐吡啶（$C_5H_5NSO_3$）和氢碘酸吡啶（C_5H_5NHI）：

$$H_2O+I_2+SO_2+3C_5H_5N \longrightarrow 2C_5H_5NHI+C_5H_5NSO_3$$

由于硫酸酐吡啶不稳定，可加入无水甲醇使之形成稳定的甲基硫酸氢吡啶［$C_5H_5N(H)SO_4CH_3$］：

$$C_5H_5NSO_3+CH_3OH=C_5H_5N(H)SO_4CH_3$$

以上总反应为：

$$H_2O+I_2+SO_2+3C_5H_5N+CH_3OH=2C_5H_5NHI+C_5H_5N(H)SO_4CH_3$$

用卡尔·费休试剂滴定水分时，根据卡尔·费休试剂的水当量数和滴定时所消耗的卡尔·费休试剂的毫升数，即可推算出样品的水分。滴定终点的确定：利用试剂中的碘作为指示剂，终点前滴定溶液呈淡黄色，接近终点时呈琥珀色，终点时呈淡的黄棕色，棕色时表示有过量的碘存在，这种确定终点的方法适合于测定含有1%或更多水分的样品。另一种是永停滴定法，常用于测定含微量水分或深色的样品。

由以上反应方程式可知，每1 mol的水需要1 mol碘、1 mol二氧化硫、3 mol无水吡啶和1 mol无水甲醇。实际上卡尔·费休试剂中二氧化硫、无水吡啶、无水甲醇都是过量的，卡尔·费休试剂的有效成分取决于碘的浓度，其浓度在存放中不断降低，因此，每次使用前应标定。卡尔·费休法被许多国家定为标准分析方法，用来校正其他分析方法和测量仪器。该方法可用于微量水分的测定，在种子生理和超干贮藏研究中具有一定的应用价值。

卡尔·费休法又可分为卡尔·费休容量法水分测定和卡尔·费休库仑法水分测定。容量法水分测定是利用电化学方法，通过计算和水分反应的滴定剂的消耗量来测定样品中的水分含量，测量极限达10^{-5} g/L。库仑法水分测定是在测定池内直接由阳极氧化产生滴定剂，通过计算反应过程中消耗的电量来测量样品中的水分含量，测量快速精确，测量极限达10^{-6} g/L，特别适合微量水分的测定，此方法广泛适用于石油化工、制药、食品等行业。

技能训练

种子水分测定技术

一、实训目的

掌握低恒温烘干法、高恒温烘干法和高水分种子预先烘干法测定种子水分的技术方法；学会正确计算结果；学会正确使用电子水分仪及相关仪器设备。

二、材料用具

1. 材料 玉米、小麦、水稻、高粱、大豆、棉花等种子。

2. 用具 电热恒温干燥箱（电烘箱）、电子天平（感量 0.001 g）、粗天平、样品盒、温度计、粉碎机、干燥器、磨口瓶、坩埚钳、手套、角匙、毛笔及当地常用的电阻式和电容式水分仪。

三、方法步骤

（一）种子水分测定的标准方法

1. 低恒温烘干法 [在（103±2)℃烘 8 h，并在空气相对湿度 70%以下的室内进行]

（1）把电烘箱的温度调节到 110～115 ℃进行预热，然后让其保持在（103±2)℃。

（2）样品盒预先烘干、称量，记下盒号和质量。

（3）把粉碎机调节到要求的细度，从充分混合的送验样品中分别取出两个独立的试验样品 15～25 g，按规定细度进行磨碎。

（4）称取试样两份，每份 4.5～5.0 g，放于预先烘干的样品盒内加盖称量。

（5）将样品盒盖置于盒底，迅速放入电烘箱内，尽量使样品盒距温度计水银球约 2.5 cm 处，迅速关闭箱门，待 5～10 min 温度回升至（103±2)℃时开始计算时间。

（6）8 h 后，打开箱门，用坩埚钳或戴好手套迅速盖上盒盖（在箱内盖好），立即置于干燥器内冷却，经 30～45 min 取出称量，并记录。

（7）结果计算。若一个样品两次测定之间的容许差距不超过 0.2%，则用两次测定的算术平均数来表示，否则，需重做两次测定。

2. 高恒温烘干法（在 130～133 ℃烘 1 h）

（1）把电烘箱温度调至 140～145 ℃。

（2）样品盒的准备、样品处理、称取样品与低恒温烘干法相同。

（3）将样品盒盖置于盒底，迅速放入烘箱内，关闭箱门，待 5～10 min 温度回升至 130 ℃时开始计时，温度保持 130～133℃烘干 1 h。

（4）到达时间后，取出样品盒，放入干燥器内冷却至室温，称量。

（5）结果计算。

3. 高水分种子预先烘干法

（1）从高水分种子（玉米、水稻等种子水分超过 18%，豆类、油料作物种子水分超过 16%）的送验样品中称取两份试样，各（25.00±0.02）g，分别置于直径大于 8 cm 的样品盒中。

（2）把烘箱温度调节至（103±2)℃，将样品放入箱内预烘 30 min（油料种子在 70 ℃预烘 1 h）。

（3）达到规定时间后取出，置室内冷却，然后称量，计算第 1 次烘失的水分 S_1。

（4）将预烘过的两份种子磨碎，从每份样品中各称取试样 4.500～5.000 g。

（5）在 130～133 ℃的烘箱内烘干 1 h 或在（103±2)℃温度下烘干 8 h，冷却、称量，计算第 2 次烘失的水分 S_2。

（6）计算出总的种子水分百分率。

$$种子水分=(S_1+S_2-S_1\times S_2)\times 100\%$$

将测定结果填写在表 9-2 中。

表 9-2 种子水分测定标准法记载

测定方法	作物	样品	称量盒重/g	试样/g	试样加盒重		烘失水分	
					烘前/g	烘后/g	失重/g	水分/%
低恒温烘干法		1						
		2						
		平均						
高恒温烘干法		1						
		2						
		平均						
高水分种子预先烘干法		样品	整粒样品质量	整粒样品烘后质量	磨碎试样质量	磨碎试样烘后质量	水分/%	
		1						
		2						
		平均						

(二)电子水分仪测定

了解学校现有的几种电子水分仪的构造、原理，掌握它们测定种子水分的正确使用方法(参照使用说明书)。比较它们的优缺点，并将其测定结果与标准法对比，分析结果差异的原因。

电子水分仪快速测定种子水分一般步骤有准备工作、调整仪器、取样磨碎、测量水分(注意测量范围)、温度校正等。

仪器使用时一般应注意下列事项：①样品与仪器温度应保持相同，两者温差在允许范围内；②样品的水分不均匀时，要特别注意取样的代表性和混合均匀；③种子样品中的杂质对测量结果有影响，应将其中的泥块、石子等杂质除去；④仪器应防止受震、防潮，保持清洁干燥，以免损坏部件，影响测量的准确性；⑤仪器长期不用或运输或使用外接电源时应取出干电池；⑥注意放入样品时的操作手法。测定时可多测几次，求其平均值（表 9-3）。

表 9-3 电子水分仪速测法记载

测定仪器	作物编号	1	2	3	平均
电阻式水分测定仪					
电容式水分测定仪					
红外水分测定仪					

四、作业

(1) 分小组或单独按照标准流程完成实训，记录数据并填写表格，完成实训报告。

(2) 对实训结果进行分析，找出操作过程中出现的问题并分析其原因。

五、考核标准

学生单独进行实训，要求每人都要能独立进行种子水分的测定。

思维导图

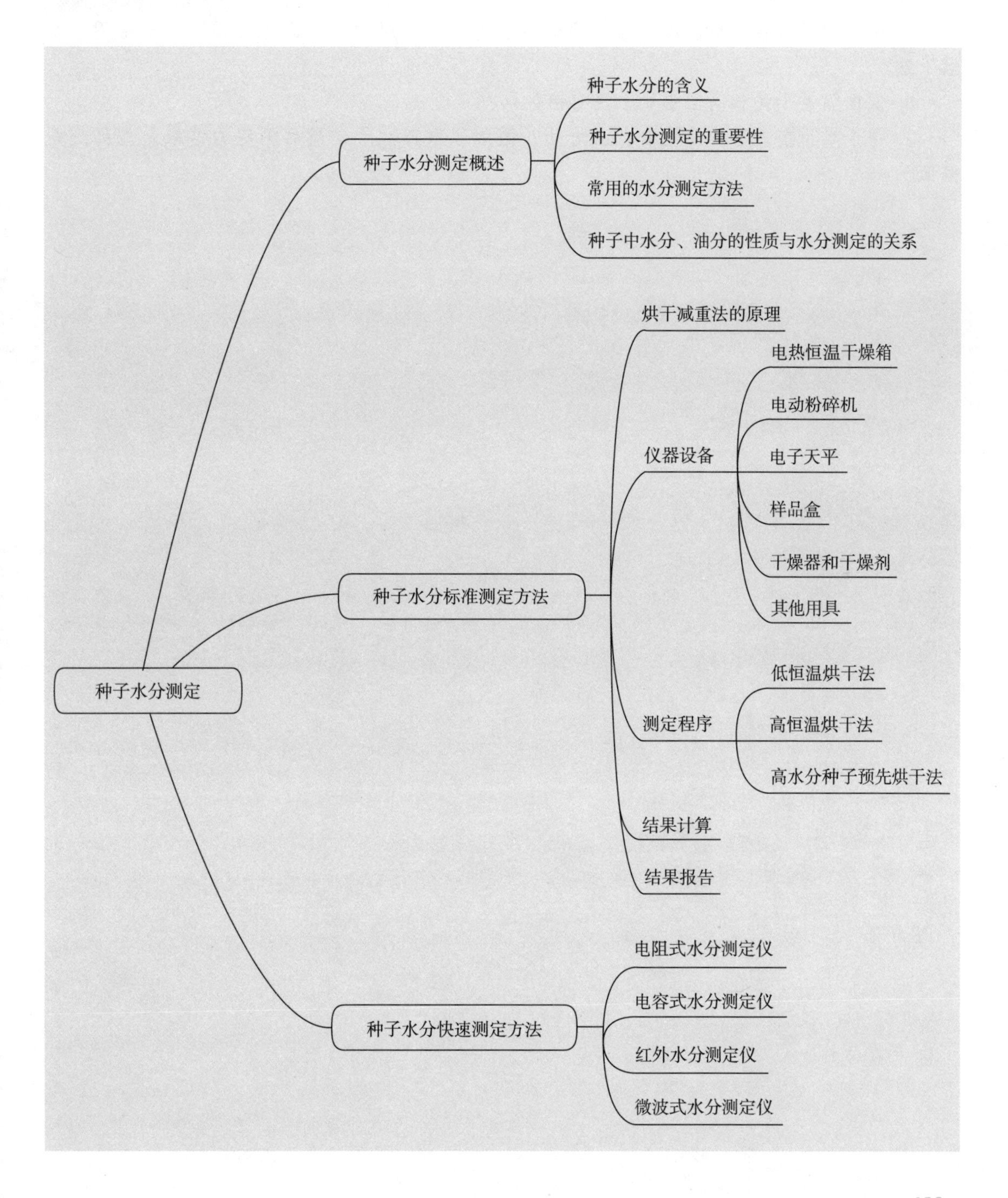

复习思考

1. 为什么说水分测定是重要的检测项目？

2. 种子水分的测定方法有哪些？

3. 种子中的水分与水分测定有何关系？

4. 种子中的油分与水分测定有何关系？

5. 哪些种子适合低恒温烘干法？哪些种子适合高恒温烘干法？什么样的种子采用二次烘干法？

6. 低恒温烘干法和高恒温烘干法有何区别？

7. 种子烘干前的磨碎处理有什么好处？假如不磨碎烘干，最后测定的结果是偏高还是偏低？

项目十　种子重量测定

项目导读

本项目主要介绍种子千粒重测定、种子容重测定。通过该项目的学习和技能训练使学生熟练掌握种子千粒重测定的3种方法及规定水分千粒重的换算，并能熟练操作相关仪器设备。

任务一　千粒重测定

●【知识目标】

理解种子千粒重的概念，明确千粒重测定的生产意义。

●【技能目标】

能够按种子检验规程的要求完成种子千粒重测定、结果计算与填写报告，学会使用相关仪器。

种子的大小、饱满、充实等质量状况一般可凭肉眼鉴定，但不可作为比较的标准。如果要进行比较，必须用各种仪器测定出这些性状的精确值，测定过程既复杂又费工、费时，且在生产上也不完全适用。而测定种子千粒重和容重是一种简便易行的方法。试验证明种子千粒重与种子饱满度、充实度、大小、均匀度显著相关；容重与种子饱满度、充实度等均显著相关。因此，种子千粒重也可作为评价种子质量的指标之一。

一、种子千粒重及其测定的意义

（一）种子千粒重的含义

种子千粒重通常是指自然干燥状态的1 000粒种子的质量。

我国农作物种子检验规程GB/T 3543.7—1995中，千粒重是指国家标准规定水分的1 000粒种子的质量，以克为单位。

（二）千粒重测定的意义

1. 千粒重是种子多项品质的综合指标，测定方便　千粒重与种子的饱满度、充实度、均匀度、粒大小呈正相关。如果要分别测定这4项品质指标则较为麻烦，饱满度需用量筒测量其体积，充实度则需用比重计测量比重，均匀度需用一套筛子来测得，种子大小则需用长宽测量器测量其长、宽、厚度；而测定千粒重则简单得多。

2. 千粒重是种子活力的重要指标之一 通常来说，同一作物品种在相同的水分条件下，种子的千粒重越大，表明种子充实、饱满，内部贮藏的营养物质就多，播种后可以快速整齐出苗，出苗率高，幼苗健壮，并能保证田间的成苗密度，从而为增加作物产量打好基础。

3. 千粒重是产量的构成要素之一 在预测作物产量时，要准确测定种子千粒重。例如，小麦、水稻大田测产时，根据有效穗数、每穗粒数和千粒重就可以预测其理论产量。

4. 千粒重是计算田间播种量的重要依据 计算播种量的另外两个因素是种用价值（种用价值=净度×发芽率）和田间栽培密度。同一作物不同品种的千粒重不同，其田间播种量也应有差异。具体方法如下。

（1）千粒重与每千克种子粒数换算。

$$\text{每千克种子粒数}=\frac{1\,000}{\text{千粒重（g）}}\times 1\,000$$

（2）根据规定密度（单位面积苗数）计算理论播种量。

$$\text{理论播种量（kg/hm}^2\text{）}=\frac{\text{每公顷总苗数}}{\text{每千克种子粒数}}$$

（3）根据种用价值计算实际播种量。

$$\text{实际播种量（kg/hm}^2\text{）}=\frac{\text{理论播种量}\times\text{理论种用价值}}{\text{实际种用价值}}$$

（4）综合上述3个公式计算单位面积播种量。

$$\text{每公顷播种量（kg）}=\frac{\text{每公顷苗数}\times\text{千粒重}\times\text{理论种用价值}}{1\,000\times 1\,000\times\text{实际种用价值}}$$

二、种子千粒重的测定方法

我国《农作物种子检验规程　其他项目检验》（GB/T 3543.7—1995）中种子千粒重测定列入3种方法：百粒法、千粒法和全量法。

测定时所用的仪器设备主要有电子自动数粒仪、数粒板、电子天平等。

（一）百粒法测定程序

1. 数取试样 将净度分析后的净种子充分混匀，然后用手或数粒仪从试验样品中随机数取8个重复，每个重复100粒。

2. 试样称量 将8个重复分别称量（g），称量的小数位数与表3-2相同。

3. 检查重复间容许变异系数，并计算实测千粒重 按以下公式计算8个重复的平均质量（$\overline{X}$）、标准差（S）及变异系数（CV）。

$$\text{标准差}(S)=\sqrt{\frac{n\left(\sum X^2\right)-\left(\sum X\right)^2}{n(n-1)}}$$

式中：X——各重复质量（g）；

n——重复次数。

$$平均重量(\overline{X})=\frac{\sum X}{n}$$

$$变异系数（CV）=\frac{S}{\overline{X}}\times100$$

式中：S——标准差；

$\overline{X}$——100 粒种子的平均质量（g）。

如带有稃壳的禾本科种子变异系数不超过 6.0，或其他种类种子的变异系数不超过 4.0，则可计算测定的结果，即计算实测千粒重。如变异系数超过上述限度，则应再测定 8 个重复，并计算 16 个重复的标准差。凡与平均数之差超过两倍标准差的重复略去不计。8 个或 8 个以上的每个重复的平均质量乘以 10（即 $10\times\overline{X}$）即为实测千粒重。

4. 换算成规定水分下的千粒重　根据种子质量标准要求（详见附录一）所规定的种子水分，将实测水分的千粒重换算成规定水分的千粒重，以便于比较不同水分下的种子千粒重。换算公式如下：

$$千粒重（规定水分，g）=实测千粒重（g）\times\frac{1-实测水分}{1-规定水分}$$

5. 结果报告　将规定水分下的种子千粒重测定结果填写在结果报告单相应的栏内，保留小数位数与表 3-2 中的规定相同。

（二）千粒法测定程序

1. 数取试样　将净度分析后的净种子充分混匀，分出一部分作为试验样品。然后用镊子人工随机数取或用电子自动数粒仪随机数取种子，两个重复。大粒种子每个重复 500 粒、中小粒种子每个重复 1 000 粒。

2. 试样称量　两个重复分别称量（g），称量的小数位数与表 3-2 中的规定相同。

3. 检查重复间容许差距　两个重复的差值与平均数之比不应超过 5%，若超过应再分析第 3 个重复，直至达到要求，取差距小的两个测定结果计算千粒重。

4. 换算成规定水分下的千粒重　换算方法与百粒法相同。若大粒种子用 500 粒测定时，将平均数乘以 2 即为实测种子千粒重。

5. 结果报告　将规定水分下的种子千粒重测定结果填写在结果报告单相应的栏内，保留小数位数与表 3-2 中的规定相同。

（三）全量法测定程序

1. 数取试样总粒数　净度分析后的全部净种子用电子自动数粒仪或人工数其总粒数。记下数值。

2. 试样称量　将所数的种子样品称量（g），保留小数位数同表 3-2。

3. 计算实测千粒重　按下式计算出实测千粒重。

$$实测千粒重（g）=\frac{W}{n}\times1\ 000$$

式中：W——净种子总质量（g）；

n——净种子总粒数。

4. 换算成规定水分下的千粒重　换算方法同百粒法。

5. 结果报告　将规定水分下的种子千粒重测定结果填写在结果报告单相应的栏内，保留小数位数与表 3-2 中的规定相同。

实例分析

有一批小麦种子，净度分析后从净种子中随机数取试样 8 份，每份重复为 100 粒，分别称其质量为 3.650、3.580、3.400、3.500、3.300、3.320、3.250 和 3.550 g。经测定种子水分为 14.0%，试求其千粒重。

解：已知 X 为 3.650、3.580、3.400、3.500、3.300、3.320、3.250、3.550，$n=8$。

$$\sum X^2=(3.650)^2+(3.580)^2+\cdots+(3.550)^2=95.026$$

$$\left(\sum X\right)^2=(3.650+3.580+\cdots+3.550)^2=759.003$$

$$\text{标准差}(S)=\sqrt{\frac{8\times 95.026-759.003}{8\times 7}}=0.147$$

$$\text{平均重量}(\overline{X})=\frac{\sum X}{n}=\frac{27.550}{8}=3.444$$

$$\text{变异系数}=\frac{S}{\overline{X}}\times 100=\frac{0.147}{3.444}\times 100=4.27$$

小麦为不带稃壳的种子，容许的变异系数不得超过 4.0，而实测的变异系数为 4.27，超过了规定限度，故应再做 8 次重复，并计算 16 次重复的标准差。

再次测定 8 次重复，其各重复的质量分别为 3.450、3.350、3.550、3.300、3.400、3.600、3.500、3.550 g。求 16 次重复的标准差。

解：已知 X 为 3.650，3.580，……，3.500，3.550。$n=16$。

$$\sum X^2=(3.650)^2+(3.580)^2+(3.400)^2+\cdots+(3.500)^2+(3.550)^2=191.016$$

$$\left(\sum X\right)^2=(3.650+3.580+\cdots+3.5+3.55)^2=3\,052.562\,5$$

$$\text{标准差}(S)=\sqrt{\frac{16\times 191.016-3\,052.562\,5}{16\times 15}}=0.124$$

$$16\text{ 次重量的平均值}(\overline{X})=\frac{\sum X}{n}=\frac{55.250}{16}=3.453$$

分别计算 16 次重复的质量与平均数的差距，如 $3.650-3.453=0.197<2\times 0.124=0.248$，该重复可计入。最后 16 次重复与平均数的差值均未超过 2 倍标准差的值。因此，用 16 次重复的平均数 3.453 算得千粒重为：$3.453\times 10=34.53$ g。

根据《粮食作物　第一部分：禾谷类》（GB 4404.1—2008）规定，小麦种子水分不得高于 13%，本实例规定水分下的千粒重为：

$$\text{规定水分千粒重（g）}=\text{实测千粒重（g）}\times\frac{1-\text{实测水分}}{1-\text{规定水分}}$$

$$=34.53\times\frac{1-14\%}{1-13\%}=34.13\text{（g）}$$

任务二 种子容重测定

●【知识目标】

了解种子容重的概念、影响因素及其测定的意义，明确种子容重测定的方法和步骤。

●【技能目标】

能够熟练安装容重器，学会使用容重器进行种子容重的测定。

一、种子容重及其测定的意义

（一）种子容重的概念

种子的容重是指单位容积内种子的绝对质量，单位为“g/L”。

种子容重的大小受多种因素的影响，如种子的颗粒大小、形状、整齐度、表面特性、内部组织结构、化学成分（特别是水分和脂肪）以及混杂物的种类和数量等。凡种子颗粒细小、参差不齐、外形圆滑、内部充实、组织结构致密、水分及油分含量低、淀粉和蛋白质含量高，并混有各种沉重的杂质（如泥沙等），则容重较大；反之，容重较小。一般情况下，种子水分越低，容重越大。

（二）容重测定的意义

1. 容重也是种子品质的综合指标，测定更为方便 容重与种子饱满度、充实度、干燥度呈正相关，但与粒大小无一定相关，而与均匀度呈负相关。一般来说，容重大则种子充实饱满，出苗迅速整齐。但容重所涉及的因素较为复杂，测定时必须做全面的考虑，否则可能引起误解而得出与实际情况相反的评价。如种子形状、化学成分、表面光糙及夹杂物等方面的影响会使得容重不能完全表明种子的品质，故国际种子检验规程已于 1976 年删去容重测定部分。但在某些情况下，测定种子的容重仍具有生产实践意义。

2. 容重是粮食品质的重要指标 通常大麦、小麦等种子容重大，则出粉率高。所以粮食部门收购小麦、大麦、玉米、大豆等粮食时均测定容重，作为粮食分级定价的依据。

3. 容重是计算仓容的必要依据 某一作物种子的仓容就是根据种子的质量和该作物种子的容重计算而得到的，因此，种子入库前也有必要测定种子容重来估算仓容。

$$容积（仓容）=\frac{种子质量}{种子容重}$$

二、种子容重测定的方法步骤

测定种子容重的方法比较简便迅速，目前常用的是 HGT-1000 型谷物电子容重器（图 10－1）、GHCS-1000 系列谷物电子容重器（图 10－2）等，也可用 1 L 的量筒进行测量。

下面以 HGT-1000 型谷物电子容重器为例进行介绍，该容重器由电子称量系统（电子秤）、容量筒、谷物筒和中间筒构成。利用带有排气砣的容量筒，使被测试样均匀地分布在容量筒内，从而反映试样单位容积的质量即实际容重，以“g/L”表示。

图 10－1　HGT-1000 谷物电子容重器　　　　图 10－2　GHCS-1000AP 两用型谷物电子容重器

1. 校准　在关机状态下，同时按住电源键和选择键不放，约过 3 s 后显示“CLA”时松开，再按一下选择键显示砝码值“3000”字样，将 3 000 g 的砝码放入，稍后显示“PASS”，接着再次出现“3000”字样。关机，取下砝码。再次按下开关键，放入 3 000 g 的砝码，检验称量是否准确，若称量正确，则校准完毕，否则重复上述步骤重新设定。

2. 测量　先将容量筒安装在塑料底座上，放置于水平面，然后把插板插入容量筒插板槽内，并将排气砣平置于插板之上，套好中间筒。

将准备的试样倒入谷物筒内，装满刮平。再将谷物筒套在中间筒上，打开漏斗开关，让谷物自由下落，待试样全部落入中间筒后，关闭漏斗开关。用手握住容量筒与中间筒的结合处，将插片迅速抽出，待排气砣和试样落入容量筒后，再将插板插入豁口槽中，依次取下谷物筒、中间筒、容量筒。倒净容量筒插片上多余的试样，抽出插片，将容量筒平稳地放在电子秤上称量。

每个样品重复两次，容许差距为 5 g/L，如在容许差距内，则求两次的平均值，否则再测一次，取其中接近的两次数值求其平均值，即为该品种的容重，结果保留整数。

3. 结束测量　关闭电源，拔下电源插头。

拓展阅读

丸化种子的质量测定和大小分级

丸化种子是指为适应精量播种，将非种子物质黏着在种子外面，做成在大小和形状上无明显差异的球形单粒种子单位。

丸化种子的质量测定是测定送验样品中每千粒丸化种子的质量。测定时，对已称量的一定数目的净丸化种子进行计数，并换算成 1 000 粒的质量。方法同前述的千粒重测定方法。

对甜菜和丸化种子大小分级测定，所需送验样品至少 250 g，分取两个试样各 50 g

（不少于 45 g，不大于 55 g）。然后对每个试样进行筛理。其圆孔筛的规格是：筛孔直径比种子大小的规定下限值小 0.25 mm 的筛子一个，在种子大小范围内以相差 0.25 mm 为等分的筛子若干个，比种子大小的规定上限大 0.25 mm 的筛子一个。将筛下的各部分称量，保留两位小数。各部分的质量以占总质量的百分率表示，保留 1 位小数。如果两份试验样品在规定分级范围内的百分率总和的差异不超过 1.5%，测定结果用两份试验样品的平均数表示。如果超过这一容许差距，则要再分析 50 g 的样品（如有必要，可分析第 4 份样品）。当每两份筛理分析结果的平均值处在容许差距限度内时，填报在检验证书上。

技能训练

种子千粒重的测定技术

一、实训目的

掌握国家标准规定的 3 种千粒重测定方法，学会使用相关仪器。

二、材料用具

1. 材料 本地区主要作物送验样品经净度分析后的净种子或相同作物不同品种的净种子。

2. 用具 电子自动数粒仪、不同感量的天平、镊子、分样板（尺）、培养皿、标签纸等。

三、方法步骤

（一）试验样品准备

将净度分析后的全部净种子混合均匀，分出一部分作为试验样品。

（二）检验方法

1. 百粒法

（1）用手或数粒仪从试验样品中随机数取 8 个重复，每个重复 100 粒。

（2）将 8 个重复分别称量（g），按表 3 - 2 保留小数位数。

（3）检查重复间容许变异系数，如符合规定则换算成千粒重。

2. 千粒法

（1）用手或数粒仪从试验样品中随机数取 2 个重复，大粒种子 500 粒，中小粒种子 1 000粒。

（2）两重复分别称量（g），按规定保留小数位数。

（3）两个重复的差值与平均数之比不应超过 5%，若超过应再分析第 3 个重复，直至达到要求，取差距小的两个测定结果计算千粒重。

3. 全量法

（1）将整个试验样品通过数粒仪，记下总粒数。

（2）把试验样品称量（g），按规定保留小数位数。

（3）计算千粒重。

（三）结果表示

根据实测千粒重和实测水分，按种子质量标准规定的种子水分换算成规定水分下的千粒重。

$$千粒重（规定水分，g）=实测千粒重（g）\times\frac{1-实测水分}{1-规定水分}$$

（四）填写检验结果报告

将规定水分下的千粒重测定结果填写在结果报告单相应的栏内。

质量测定原始记载表见表10-1。

表10-1　质量测定原始记载

<table>
<tr><td colspan="2">样品登记号</td><td colspan="3"></td><td colspan="2">作物名称</td><td colspan="3"></td></tr>
<tr><td colspan="2">品种（组合）名称</td><td colspan="3"></td><td colspan="2">检验方法</td><td colspan="3"></td></tr>
<tr><td colspan="2">规定水分/%</td><td colspan="3"></td><td colspan="2">实测水分/%</td><td colspan="3"></td></tr>
<tr><td rowspan="3">百粒法</td><td>重复</td><td>1</td><td>2</td><td>3</td><td>4</td><td>5</td><td>6</td><td>7</td><td>8</td></tr>
<tr><td>质量/g</td><td></td><td></td><td></td><td></td><td></td><td></td><td></td><td></td></tr>
<tr><td>平均百粒重（$\overline{X}$）/g</td><td colspan="2"></td><td>标准差（S）</td><td colspan="2"></td><td>变异系数（CV）</td><td colspan="2"></td></tr>
<tr><td rowspan="2">千粒法</td><td>重复</td><td colspan="2">Ⅰ（X_1）</td><td colspan="2">Ⅱ（X_2）</td><td colspan="2">平均</td><td colspan="2">（X_1-X_2）/$\overline{X}$</td></tr>
<tr><td>质量/g</td><td colspan="2"></td><td colspan="2"></td><td colspan="2"></td><td colspan="2"></td></tr>
<tr><td>全量法</td><td>样品重/g</td><td colspan="2"></td><td colspan="3">粒数（粒，n）</td><td colspan="3"></td></tr>
<tr><td colspan="2">实测千粒重/g</td><td colspan="8"></td></tr>
<tr><td colspan="2">规定水分千粒重/g</td><td colspan="8"></td></tr>
<tr><td colspan="2">备注：</td><td colspan="8"></td></tr>
</table>

检验员：　　　　　　复核人：　　　　　　审核人：

年　月　日

资料来源：杨念福，2016，种子检验技术。

四、作业

（1）分小组或单独按照方法步骤完成实训，将每一步的数据及时填入原始记载表，并完成实训报告。

（2）对实训结果进行分析，找出操作过程中出现的问题并分析其原因。

五、考核标准

学生能够独立进行种子千粒重的测定，结果计算正确。

思维导图

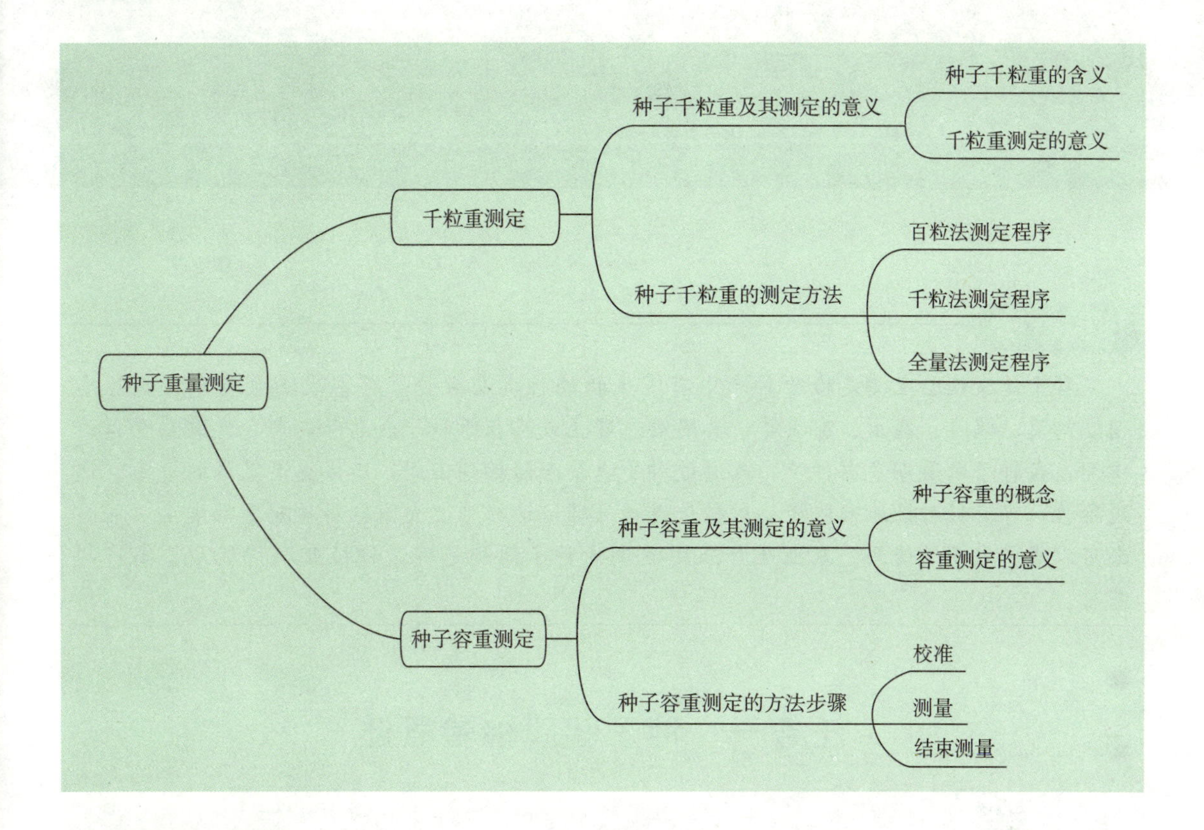

复习思考

1. 种子千粒重的含义是什么？
2. 为什么要进行种子千粒重检验？
3. 种子千粒重检验有哪些方法？
4. 结果填报时为什么要折算成规定水分的千粒重？
5. 生产上为什么要进行种子容重的测定？

项目十一　种子健康检验

项目导读

种子健康检验主要是检验种子中有害生物的种类及数量。有害生物主要包括病原真菌、细菌、病毒、线虫、害虫等，其附着、寄生或存在于种子表面和内部，或混杂于种子中间，在种子贮藏期危害种子，或通过种子携带而传播到田间，造成更大范围的危害。通过检验，可有针对性地采取措施对种子进行处理，这样可大大减轻种传病害的发生，同时还可以减少农药的使用。农业生产采用健康的种子播种是确保种植业取得优质、高产的基础。

任务一　种子健康检验概述

•【知识目标】

了解种子健康检验的概念，明确种子健康检验的目的、意义和应注意的问题，清楚种传病虫的侵染和传播途径。

•【技能目标】

能够掌握种子健康检验的内容和应注意的问题。

一、种子健康检验的概念

种子健康检验是通过对种子进行未经培养检验和培养后检验以及对生长植株进行检查，测定种子健康状况。种子健康状况是指种子是否携带病原菌（如真菌、细菌、病毒）及有害动物（如线虫、害虫等）。另外，如受到病原害虫和不利因素（如元素缺乏症）影响而引起的生物或生理性病害或损害也包括在内。

二、种子健康检验的目的和意义

（一）种子健康检验的目的

种子健康检验的目的是检验种子样品的健康状况，据此推测种子批的健康状况，从而获得比较不同种子批种用价值和种子质量的信息。通过种子健康检验可以有效防止和控制病虫的传播蔓延，保证作物产量和商品价值；防止进口种子批将病虫害带入国内，为国内种子贸易提供可靠的保证；了解幼苗的价值或田间出苗不良的原因，弥补发芽试验的不足；也对种子安全贮藏起重要作用。

（二）种子健康检验的意义

种子健康检验对保护正常种子贸易、保证生产安全、防止人畜中毒、降低生产成本、提高产量和产品品质有着极其重要的意义。

1. 种子携带的病原物可以引起田间病害，逐步蔓延，降低产量　种子是种植业的基本生产资料，各种作物种子或多或少携带能引起植物受害的种传病虫，在发芽、出苗、生长、开花、成熟植株上发生而使籽粒不饱满、瘦小、皱缩、干瘪、质量锐减，因而使作物大幅度减产，甚至颗粒无收。

2. 种传病虫导致作物品质下降，降低商品价值　种传病虫不但引起产量下降，而且导致品质变劣。首先，感病种子的色泽、形状变劣。例如，感染了紫斑病的大豆种子多呈黑色、青黑色、紫色，并产生龟裂干瘪。其次，种子内部的淀粉、蛋白质、脂肪含量减少，其他品质也受到影响。例如，大豆被灰斑病病菌或霜霉病病菌危害后，蛋白质含量降低，含油量明显下降，油质变劣；小麦种子被赤霉病病菌危害后，出粉率低，麸皮增多，面粉中面筋含量少，做成面食有黏重、未熟之感。

3. 带病种子田间成苗率降低　带病种子播种后，由于病菌的活动，引起种子腐烂或发生立枯病，导致田间成苗率下降。

4. 传播植物病虫害　目前随着国内外种子贸易的增加，种子携带病虫传播和蔓延的机会也随之增多，一旦种子携带的病虫害传入新区，就会给农业生产造成重大的损失和灾难，因此，现在种子健康检验日益得到重视。现今，世界上许多国家种子检验室也开展和发展种子健康检验，以满足各国种子贸易的需要，保护农业生产和农产品质量。

三、种子健康检验的内容和应注意的问题

（一）种子健康检验的内容

种子健康检验包括田间检验和室内检验两部分。田间检验是根据病虫害的发生规律，在一定生长时期进行检验。作物在田间生长时期，病虫害表现明显，容易进行检验，检验主要依靠肉眼检验，尽管比较粗放，但非常重要，因为有些带病种子在室内很难加以鉴定。室内检验的方法较多，是贮藏、调种和引种过程中进行病虫害检验的主要手段，方法主要有未经培养检验和培养后检验。

选择种子健康测定方法主要取决于种子种类、病害的种类以及检测的目的。对于调查、作出种子处理决定或进行田间评定等目的，只需评定种传病害感染率。而对于检疫目的或田间高发病率的种传病，对种子样品的检测精度则要求很高。

种子健康测定的方法一般要求该方法使病原体易于识别、结果有重演性、样品间结果有可比性和简单快速等特点。但在实际检测中，检测结果经常会受到一些因素的影响：①其他病原菌存在可能对被测病原菌产生干扰；②室内检验结果通常高于田间或温室的检测结果；③有些病原菌对培养条件敏感；④种子已经处理；⑤种传病原菌生活力随着长时间的储藏而衰退。

（二）种子健康检验应注意的问题

1. 测定方法　种子健康检验有多种不同的测定方法，但其准确性、重复性以及设备所

需费用有差异。应用哪种方法取决于所研究的病原菌、害虫、研究条件、种子种类和测定的目的。同时，在选择方法和评定结果时，检验者应掌握被选择方法的有关知识和经验。例如未经培养的检验，其结果就不能说明病原菌的生活力，是否具有再侵染能力。对已经处理过的种子，应要求送检者说明处理的方式和所用的化学药品。

2. 试验样品 用于种子健康测定的试验样品量可以根据测定目的和方法确定，有时是用净种子，有时是用送验样品的一部分，一般来说，用分离培养鉴定种子病害时，可用净种子，不少于400粒。肉眼直接检验种子中较大的病原体和散布于种子间的害虫时，可用送验样品的一部分，在每次换新的送验样品前，对所用过的分样器及其他容器用具等都必须经过酒精火焰灭菌，或充分洗涤烘干等灭菌手段处理，防止病菌从一批样品污染到另一批样品，以保证检验结果的正确性。

3. 结果计算和报告 用供检的样品质量中感染种子数的百分率或病原体数目表示结果。填报结果要填写病原菌的学名，同时说明所用的测定方法，包括所用的预措方法，并说明用于检验的样品或部分样品的数量。

四、种传病虫的侵染和传播

种传病虫因种类不同，其病原物的侵染和传播方式也不相同，所以检验方法也不一样。种传病虫的侵染是指病原物进入种子的方式及在种子上潜存的情况。种传病虫的传播则是指不同病原物如何伴随种子进行近距离和远距离传播。病原物随着种子传播，必须要与种子建立关系，即病原物与种子结合，其结合方式可分为：①种子黏附。指病原物黏附在种子表面，而不侵入种子内部。②种子感染。指病原物侵入种子组织内部。③种子伴随性污染。指种子中夹杂有病原物的组织体。

（一）病原真菌的侵染和传播

真菌种类多，分布广，80%左右的植物侵染性病害都是由真菌引起。真菌性病原物一般以它的营养体或繁殖体与种子结合，其结合方式较多。常见真菌性病原物的侵染和传播类型有以下几种。

1. 病原物混于种子间 此类型属于种子伴随性污染，由于种子间混有病原物或夹杂着病株残体而传播病害。例如，油菜、紫云英菌核病等病菌以菌核方式混于种子间；大麦、小麦、黑麦、燕麦以及禾本科牧草等种子中常常混有麦角病的麦角（即菌核）；水稻稻曲病包含有病粒的菌核混于种子间；等等。

这一类型的病菌常和种子一起经过休眠后，萌发作局部侵染或器官专化性侵染。如油菜菌核病的菌核随同油菜种子被播入苗床或土壤中，在温、湿度适宜时就萌发抽出子囊盘，从这些子囊盘中放射出子囊孢子侵染寄生叶、花等，在病部内外以菌丝体扩展蔓延和危害，最后在病茎、病角果的内外及病叶上结生大量菌核。收获前及收获过程中菌核又落入土中，或者脱粒时混入种子间越夏、越冬。又如麦角病病菌以麦角在土壤或夹杂在种子间越冬，第二年麦角抽出子座，在子座内产生子囊与子囊孢子，子囊孢子借风、雨、昆虫传到花器上危害，最后又产生麦角。稻曲病也是如此。这种专门侵染某种器官的侵染称为器官专化性侵染。

此外，真菌还可以营养体或者繁殖体生于病株残体上，再以病株残体的碎片混于寄主种子间而传播病害，如某种锈病和麦类全蚀病等。这些病害的病原体都比较大，混在种子中一般可以用肉眼、过筛等方法进行检验。

2. 病原物附着于种子表面 一般指真菌的无性孢子或有性孢子附着于种子表面传播病害。此类型的病害很多，有的病菌以冬孢子附在果皮或颖的外面，如小麦腥黑穗病、大麦坚黑穗病、高粱散黑穗病等；有的病菌以分生孢子黏附于寄主种子表面，如水稻恶苗病、麦类赤霉病、瓜类炭疽病等；有的病菌以卵孢子附着在种子表面，如小米白发病、油菜霜霉病、油菜白锈病等；此外，也有以菌核黏附于种粒的外部，以传播病害。

这一类病菌主要以孢子借风、雨及昆虫等传播，或在脱粒时，病粒破裂，散出冬孢子等黏附于种子表面。播后种子发芽时侵入幼苗，菌丝进而侵入植株生长点，引起系统侵染，如小麦腥黑穗病、大麦坚黑穗病等；有的病菌虽侵害幼苗，但不侵入生长点，则引起局部侵染，如黄麻炭疽病、棉花炭疽病和麦类赤霉病等。以卵孢子黏附种子表面而传播的病菌，往往卵孢子也可在土壤或带病粪肥中越冬。播后附着在种子上或在土中的卵孢子萌发，产生芽管，芽管直接侵入，并产生大量菌丝，随后侵入生长点，随生长点分化而蔓延，造成系统发病，如粟白发病。

此类病害多数可用洗涤沉淀法进行检验。当种子上带孢子数多时，有的亦可以肉眼检验，如小麦腥黑穗病等。

3. 病原物潜伏于颖或种皮内 这种类型是指病菌以菌丝体方式潜伏于种子的颖或种皮内，或颖与种皮之间进行病害传播。例如，稻瘟病、稻胡麻叶斑病、稻恶苗病等病菌以菌丝体潜伏于颖内；大麦坚黑穗病、大麦条纹病、皮大麦网斑病等病菌以菌丝体潜伏于颖与种皮之间；裸大麦网斑病则以菌丝体潜伏于果皮与种皮之间；油菜黑胫病、黄麻炭疽病、棉炭疽病等以菌丝体存在于种皮内。

这一类病菌大多数是以菌丝体直接侵入种子，后潜伏于这些部位；有的则先以冬孢子落在健粒上，然后冬孢子萌发为菌丝体而侵入。关于这类病菌的侵染过程，有的可侵入生长点，引起系统侵染，如大麦坚黑穗病、条纹病；有的在种子发芽时，菌丝体虽可侵害幼苗，但不侵入生长点，只能引起局部侵染，如红麻炭疽病等。

这类病害可用保湿萌芽、分离培养等方法进行检验。

4. 病原物潜伏于种皮组织内 这一类型的病原物多数以菌丝体的方式侵入种皮以内的组织，而不在表层。例如，麦类黑胚病的菌丝体可深入果皮、种皮或胚的内外，水稻恶苗病的菌丝体可潜存于胚乳之中，马铃薯晚疫病、马铃薯疮痂病等则均以菌丝体深入薯肉组织内部，四季豆炭疽病的休眠菌丝体均潜伏于种皮或子叶内等。

这一类型的病害发生，尤其是早期侵入发病后，种子上常可表现出不同程度的症状。如甘薯黑斑病病菌的菌丝侵入薯肉组织后，在薯块表面出现黑褐色、近圆形、中央略凹陷的病斑，薯肉呈墨绿色，并有苦、臭味；麦粒受黑胚病病菌侵害后，种胚常呈黑褐色等。这一类型病菌的侵染过程：播种带菌种子后，随着种子萌发，病菌菌丝体侵入，引起幼苗发病，然后在病组织或病残体上产生孢子，经风、雨传播进行再侵染，分生孢子又被传至花器或穗部，最后侵入颖片组织和胚乳内。

对此类病害，常用分离培养、保湿萌芽、肉眼观察等方法进行检验。

5. 病原物潜伏于种子胚内 此类病原物一般都以菌丝体潜伏于种子胚内，以传播病害。如大麦、小麦散黑穗病病菌及玉米干腐病病菌存在于胚中，玉米霜霉病病菌和甘薯霜霉病病菌都可存在于胚和胚乳中。

这种类型带病种粒在外表上与健粒并无差别，如大麦、小麦散黑穗病病菌，播种后仍能正常萌发、生长，菌丝体随着生长点向上扩展，引起系统侵染，最后形成孢子，侵染正在生长发育中的种胚。

此类病害检验较为困难，一般采用种植检验、染色检验等方法。

（二）病原细菌的侵染和传播

种子受病原细菌侵染所造成的影响一般分为3种类型：①种子发育不良。如小麦种子受小麦黑颖病病菌侵害后，麦粒秕瘦、皱缩，粒重降低，甚至完全不能形成麦粒等。②种子腐烂。棉铃受棉花角斑病病菌侵染后，先在铃上产生水渍状病斑，病原细菌由此穿透幼铃进入种子原基，使幼嫩种子腐烂。③种子变色。如菜豆被细菌性疫病病菌和细菌性晕斑病病菌侵染后，在菜豆荚上形成红褐色、水渍状、略凹陷的病斑。

病原细菌的侵入途径主要有两种：自然孔口与伤口。它们与病毒不同，可以通过植物的自然孔口侵入；也不同于真菌，没有直接穿过表皮角质层的机制。在自然孔口中，多数从气孔侵入，少数从水孔或皮孔侵入。例如，棉花角斑病、菜豆细菌性疫病等病菌都从气孔侵入；十字花科黑腐病病菌往往从水孔侵入；水稻白叶枯病的病菌、马铃薯黑胫病的病菌除从伤口侵入外，前者还可以从水孔侵入，后者尚能从皮孔侵入。伤口可在自然条件下造成，也可由机械作用（农事操作、风雨侵袭）和昆虫造成。

植物病原细菌侵入后就在植物组织中扩展，一般分为两种类型：一类在薄壁组织中扩展，如叶斑型（如棉花角斑病病菌）、软腐型（如姜细菌性瘟病病菌）和肿瘤型（如根癌病病菌）。另一类在维管束中扩展（马铃薯环腐病病菌、玉米细菌性萎蔫病病菌）。

带有细菌的种子和块茎等是十分重要的初侵染来源，由于植物病原细菌不像真菌那样具有休眠器官，故往往直接潜伏在种子、块茎、苗木和未被分解的病株残体上存活和越冬，作为翌年的初侵染来源。同时，由于病菌裂殖生殖，具有高速度的繁殖能力，如果营养充足、环境适宜，可导致该病害的大流行，造成重大的损失。一般来说，病原细菌对种子的侵染及传播的类型有两种。

1. 病原细菌黏附在种子表面　黄麻细菌性斑点病、马铃薯青枯病、棉花角斑病的病原细菌黏附在种子表面、块茎和种子周围的棉绒上，特别是一些蔬菜细菌性病害的病原细菌，常常附于种子的表面，在干燥的条件下长期保持休眠状态。带有棉花角斑病病菌的种子发芽时，子叶即被侵染而形成病斑，再从子叶病斑上溢出细菌，侵染到幼苗的基部或真叶。病苗或成株各部分的病斑上，常有菌脓溢出，借风、雨和昆虫传播引起再侵染，最后侵染棉铃和种子。

2. 病原细菌潜伏在种子内部　这一类型的病原细菌常潜伏于颖壳内、胚乳或胚的内外，如水稻白叶枯病的病原细菌多数潜伏于颖壳内，少数可在胚乳和胚的内外。这些细菌侵入的途径都由花梗和花柄等维管束经过胎座而到达种子内部，或由种子的珠孔侵入。也有病原细菌潜存于维管束中，如甘薯瘟病、马铃薯环腐病和玉米细菌性萎蔫病等。病薯播种后，细菌沿着维管束向上、向下侵染，引起黄化、卷叶等症状。

细菌性病害可采用噬菌体检验法、保湿萌芽检验法等。

（三）病毒的侵染和传播

植物病毒在种子上的带毒部位有3种类型。

1. 种子外部传带病毒　病毒颗粒污染种子外部，如番茄、西瓜、甜瓜及黄瓜等作物的病毒病，主要是果肉带毒污染种子所致。这一类型的种子传毒与植物发病的关系取决于其体外存活期长短。病汁液在 20～22 ℃下能保持侵染力的最长时间称为病毒的体外存活期。不同的植物病毒，其体外存活期也不同。例如，烟草花叶病毒的体外存活期为 1 年以上，黄瓜花叶病毒的体外存活期只有 1 周左右。

2. 种胚外部传带病毒　这一类型的种传病毒比较少，一般病毒存在于种皮或胚乳中，而不存在于胚中。种皮带病毒的有烟草花叶病毒、南方菜豆病毒等。胚乳带病毒的有小麦条纹花叶病毒等。

3. 种胚内部传带病毒　种传病毒一般都是这一类型。种子萌发时，病毒即从胚的内部传到幼苗上，如大麦条纹花叶病毒等。种胚传染病毒主要有花粉传染和胚珠传染，在受精时传入胚中。此外，亲本植株的病毒可直接转移而侵染发育的胚。

对于病毒病，可采用血清学检验、隔离种植检验及接种指示植物检验等。

（四）病原线虫的侵染和传播

自然界的线虫种类很多，大多数线虫都生活于土壤和水中，其中有 5 个属中的 12 种是种子传播的。在种传线虫中，长针线虫属、剑线虫属和毛刺线虫属 3 个属的线虫还是种传病毒的媒介。有不少种传线虫与种传真菌也有协同作用，甚至有助于种传细菌、真菌病害的发生。

线虫通过种子传播的方式大致有 3 种。

（1）以幼虫潜藏在谷物中、禾本科牧草种子的外壳下面，或在种子的微小凹陷处，特别是种脐部位或者种子损伤处。

（2）线虫通过感染母株而引起种子传带。

（3）线虫以虫瘿混于种子间，或者有线虫孢囊的土壤混入种子间。例如，小麦线虫病的虫瘿混于种子之间，水稻干尖线虫病以成虫和幼虫潜藏在颖壳和稻粒之间，薯类中的甘薯茎线虫病以卵、成虫和幼虫潜藏在种薯内，花生根结线虫病则在荚果壳内进行传播。

种传线虫可采用肉眼、过筛、相对密度和漏斗分离等检验方法。

（五）种子害虫的侵染和传播

人们通常将危害各种植物的昆虫和螨类称为害虫，种子害虫包括田间侵入的害虫和收获后侵入的仓虫，其种类虽然没有病害那么多，但由于一种害虫危害多种作物种子，如四纹豆象危害小豆、菜豆、豇豆、鹰嘴豆、木豆、扁豆、大豆和绿豆等种子，所以种子虫害并不比种传病害轻。种子害虫通常以卵、幼虫、蛹和成虫形式混于种子间、黏附于种子表面，或在种子内部进行传播。

任务二　种子健康检验的基本方法

•【知识目标】

了解种子病原物和害虫的检验方法和程序，掌握结果表示与报告的方法。

•【技能目标】

能够利用种子病原物和害虫检验的基本方法进行种子健康检验，学会计算结果与填写报告。

种子健康检验的方法主要有未经培养检验（包括直接检验、吸胀种子检验、洗涤检验、剖粒检验、染色检验、比重检验法和软X射线检验等）和培养后检验（包括吸水纸法、砂床法、琼脂皿法等），但基本上都按照以下步骤进行。

一、试验样品

根据测定方法的要求，可把整个送验样品或其中一部分作为试验样品。当要求把送验样品的一部分作为试样时，则应按净度分析中实验室分样程序规定的方法进行分取。如遇特殊情况，要求送验样品大于净度分析中送验样品所规定的数量时，须预先通告扦样员。

通常试验样品不得少于400粒或相当质量的净种子，必要时，可设重复。

二、仪器设备

体视显微镜（60倍）、显微镜（400倍）、培养箱（光、温控制）、近紫外灯、冷冻冰箱、高压消毒锅、超净工作台、离心机、振荡器、培养皿等。

三、检验方法和程序

（一）未经培养的检验（不能说明病原菌的生活力）

1. 直接检验 适用于较大的病原体或杂质外表有明显症状的病害。如麦角、线虫瘿、虫瘿、黑穗病孢子、螨类等。必要时，可应用双目显微镜对试样进行检查，取出病原体或病粒，称其质量或计算其粒数。

（1）肉眼检验。从送验样品中取出一半种子作为试样，放在白纸或玻璃板上，用肉眼或5～10倍的放大镜检查，取出病原体、害虫或病粒、虫蛀粒，称其质量或计其粒数，按下列公式计算病害感染率、虫害种子百分率及每千克种子中害虫的头数。

$$病害感染率=\frac{病粒或病原体的质量（g）}{试验样品的质量（g）}\times 100\%$$

$$虫害种子百分率=\frac{被虫蛀食或损伤的种子数}{供检种子粒数}\times 100\%$$

$$种子害虫数（头/kg）=\frac{拣出害虫头数}{供检试样质量（g）}\times 1\,000$$

此法适用于有较大病原体或种子外表有明显症状的病害，如小麦赤霉病、水稻稻瘟病、马铃薯晚疫病等；适用于害虫自由活动在种子堆中或种子受害虫损伤后有明显特征的虫害测定。

（2）过筛检验。过筛检验主要用于检查混杂在种子内较大的病原体，如菌瘿、虫瘿、菟丝子、病核、线虫瘿和杂草种子等。利用病原体与种子大小、形状的不同，通过一定的筛孔将病原体筛出来，然后进行分类称量。

方法是：将送验样品分出一半作为试样，用规定孔径的筛子过筛。不同作物所用筛孔规格见表11-1。取筛子按孔径大小叠好（孔径上层大，下层小），将试样倒入上层筛内，筛理2 min，最好用电动筛选器进行。然后将各层筛上物倒入白瓷盘内，用肉眼或10～15倍放大镜检查。最下层的细小筛出物倒于黑底玻璃板上，用50～60倍双目放大镜检查。最后计算病、虫害感染率和每千克种子中害虫头数。

表 11-1　各种作物种子所用筛孔规格

样品种类	筛层数	各层孔径规格/mm	孔形
花生米、大豆、玉米、蓖麻籽等	3	3.5，2.5，1.5	圆形
水稻、麦类、高粱、大麻籽等	2	2.5，1.5	圆形
谷子、油菜籽、芝麻、亚麻籽等	2	2.0，1.2	圆形

资料：张春庆等，2006，种子检验学。

2. 吸胀种子检验　为使子实体、病症或害虫更容易被观察到或促进孢子释放，把试验样品浸入水中或其他液体中，种子吸胀后检查其表面或内部，最好用双目显微镜。

3. 洗涤检验　用于检查附着在种子表面的病菌孢子或颖壳上的病原线虫。

分取样品两份，每份 5 g，分别倒入 100 mL 三角瓶内，加无菌水 10 mL，如使病原体洗涤更彻底，可加入 0.1%润滑剂（如磺化二羧酸酯），置振荡机上振荡，光滑种子振荡 5 min,粗糙种子振荡 10 min。将洗涤液移入离心管内，在 1 000～1 500 r/min 离心 3～5 min。用吸管吸去上清液，留 1 mL 的沉淀部分，稍加振荡。用干净的细玻璃棒将悬浮液分别滴于 5 片载玻片上。盖上盖玻片，用 400～500 倍的显微镜检查，每片检查 10 个视野，并计算每视野平均孢子数，据此可计算病菌孢子负荷量，按下式计算：

$$N = \frac{n_1 \times n_2 \times n_3}{n_4}$$

式中：N——每克种子的孢子负荷量；

n_1——每视野平均孢子数；

n_2——盖玻片面积上的视野数；

n_3——1 mL 水的滴数；

n_4——供试样品的质量。

4. 剖粒检验　取试样 5～10 g（小麦等中粒种子 5 g，玉米、豌豆等大粒种子 10 g）用刀剖开或切开种子的被害或可疑部分，检查害虫。

5. 染色检验

（1）高锰酸钾染色法。适用于检查隐蔽的米象、谷象。取试样 15 g，除去杂质，倒入铜丝网中，于 30 ℃水中浸泡 1 min，再移入 1%高锰酸钾溶液中染色 1 min。然后用清水洗涤，倒在白色吸水纸上用放大镜检查，粒面上带有直径 0.5 mm 的斑点即害虫籽粒。计算害虫含量（头/kg）。

（2）碘或碘化钾染色法。适用于检验豌豆象。取试样 50 g，除去杂质，放入铜丝网中或用纱布包好，浸入 1%碘化钾或 2%碘酒溶液中 1.0～1.5 min。取出放入 0.5%的氢氧化钠溶液中浸泡 30 s，取出用清水洗涤 15～20 s，立即检验，如豆粒表面有直径 1～2 mm 的圆斑点，即为豆象感染。计算害虫含量（头/kg）。

6. 比重检验法　取试样 100 g，除去杂质，倒入饱和食盐溶液中（盐 35.9 g 溶于 1 000 mL水中），搅拌 10～15 min，静置 1～2 min，将悬浮在上层的种子取出，结合剖粒检验。计算害虫含量（头/kg）。

7. 软 X 射线检验　用于检查种子内隐匿的虫害（如蚕豆象、玉米象、麦蛾等），通过照片或直接从荧光屏上观察。

（二）培养后的检验

试验样品经过一定时间培养后，检查种子内外部和幼苗上是否存在病原菌或其症状。常用的培养基有 3 类。

1. 吸水纸法 吸水纸法适用于许多类型种子的种传真菌病害的检验，尤其是对于许多半知菌，有利于分生孢子的形成和致病真菌在幼苗上的症状的发展。

（1）稻瘟病病菌（*Pyriculana oryzae* Cav.）。取试样 400 粒种子，将培养皿内的吸水纸用水湿润，每个培养皿播 25 粒种子，在 22 ℃下用 12 h 黑暗和 12 h 近紫外光照的交替周期培养 7 d。在 12～50 倍放大镜下检查每粒种子上的稻瘟病分生孢子。一般这种真菌会在颖片上产生小而不明显、灰色至绿色的分生孢子，这种分生孢子成束地着生在短而纤细的分生孢子梗的顶端。菌丝很少覆盖整粒种子。如有怀疑，可在 200 倍显微镜下检查分生孢子来核实。典型的分生孢子是倒梨形，透明，基部钝圆具有短齿，分两隔，通常具有尖锐的顶端，大小为（20～25）μm×（9～12）μm。

（2）水稻胡麻叶斑病病菌（*Drechslera oryzae* Subram et Jain）。取试样 400 粒种子，将培养皿里的吸水纸用水湿润，每个培养皿播 25 粒种子。在 22 ℃下用 12 h 黑暗和 12 h 近紫外光照的交替周期培养 7 d。在 12～50 倍放大镜下检查每粒种子上的胡麻叶斑病的分生孢子。一般在种皮上形成分生孢子梗和淡灰色气生菌丝，有时病菌会蔓延到吸水纸上。如有怀疑，可在 200 倍显微镜下检查分生孢子来核实。其分生孢子为月牙形，（35～170）μm×（11～17）μm，淡棕色至棕色，中部或近中部最宽，两端渐渐变细变圆。

（3）十字花科的黑胫病病菌（*Leptosphaeria maculans* Ces. et de Not.）即甘蓝黑腐病病菌（*Phoma lingam* Desm.）。取试样 1 000 粒种子，每个培养皿垫入 3 层滤纸，加入5 mL 0.2%（*m/V*）的 2，4-二氯苯氧基乙酸钠盐（2，4-滴钠盐）溶液，以抑制种子发芽。沥去多余的 2，4-滴钠盐溶液，用无菌水洗涤种子后，每个培养皿播 50 粒种子。在 20 ℃用 12 h 光照和12 h黑暗交替周期培养 11 d。经 6 d 后，在 25 倍放大镜下检查长在种子和培养基上的甘蓝黑腐病松散生长的银白色菌丝和分生孢子器原基。经 11 d 后，第 2 次检查感染种子及其周围的分生孢子器。记录已长有甘蓝黑腐病分生孢子器的感染种子。

2. 砂床法 适用于某些病原体的检验。用砂时应去掉砂中杂质并通过 1 mm 孔径的筛子，将砂粒清洗，高温烘干消毒后，放入培养皿内加水湿润，种子排列在砂床内，然后密闭保持高温，培养温度与纸床相同，待幼苗顶到培养皿盖时进行检查（经 7～10 d）。

3. 琼脂皿法 主要用于发育较慢的致病真菌、潜伏在种子内部的病原菌，也可用于检验种子外表的病原菌。

（1）小麦颖枯病病菌（*Septoria nodorum* Berk.）。先数取试样 400 粒，经 1%（*m/m*）的次氯酸钠消毒 10 min 后，用无菌水洗涤。在含 0.01%硫酸链霉素的麦芽或马铃薯左旋糖（果糖）琼脂的培养基上培养，每个培养皿播 10 粒种子于琼脂表面，在 20 ℃黑暗条件下培养 7 d。用肉眼检查每粒种子上缓慢长成圆形菌落的情况，该病菌菌丝体为白色或乳白色，通常稠密地覆盖着感染的种子。菌落的背面呈黄色或褐色，并随其生长颜色变深。

（2）豌豆褐斑病病菌（*Ascochyta pisi* Lib）。先数取试样 400 粒，经 1%（*m/m*）的次氯酸钠消毒 10 min 后，用无菌水洗涤。在含麦芽或马铃薯葡萄糖琼脂的培养基上培养，每个培养皿播 10 粒种子于琼脂表面，在 20 ℃黑暗条件下培养 7 d。用肉眼检查每粒种子外部盖满的大量白色菌丝体。对有怀疑的菌落可放在 25 倍放大镜下观察，根据菌落边缘的波状菌丝来确定。

(三) 其他方法

1. 漏斗分离检验 这一方法主要用于检验种子外部所携带的线虫，如水稻干尖线虫。其检验原理是种传线虫在水中和有空气的条件下会活化，具有趋水性和向地性，会钻出种子游进水中，用显微镜检查水中的线虫。方法是将种子用2层纱布包好，放入备好的漏斗内，漏斗需10～15 cm口径，下口接约10 cm长的橡皮管一根，用弹簧夹夹住，然后加水使种子浸没，放在20～25 ℃的环境中浸10～24 h，用离心管接取浸出液，在离心机内2 000 r/min离心5 min，取下部沉淀液置于玻片上镜检线虫。

2. 整胚检验 大麦散黑穗病病菌（*Ustilago nuda* Rostr.）可用整胚检验。

两次重复，每次重复试验样品为100～120 g（根据千粒重推算含有2 000～4 000粒种子）。先将试验样品放入1 L新配制的5%（*V/V*）NaOH溶液中，在20 ℃下保持24 h。用温水洗涤，使胚从软化的果皮里分离出来。在1 mm网孔的筛子里收集胚，再用网孔较大的筛子收集胚乳和稃壳。将胚放入乳酸苯酚（甘油、苯酚和乳酸各1/3）和水的等量混合液里，使胚和稃壳能进一步分离。将胚移置盛有75 mL清水的烧杯中，并在通风柜里保持在沸点大约30 s，以除去乳酸苯酚，并将其洗净。然后将胚移到新配制的微温甘油中，再放在16～25倍放大镜下，配置适当的台下灯光，检查大麦散黑穗病所特有的金褐色菌丝体，每次重复检查1 000个胚。

测定样品中是否存在细菌、真菌或病毒等，可用生长植株进行检查，可在供检的样品中取出种子进行播种，或从样品中取得接种体，以供对健康幼苗或植株的一部分进行感染试验。应注意植株从其他途径传播感染，并控制各种条件。

四、结果表示与报告

以供检的样品质量中感染种子数的百分率或病原体数目来表示结果。

填报结果要填报病原菌的学名，同时说明所用的测定方法，包括所用的预措方法，并说明用于检查的样品或部分样品的数量。

拓展阅读

常见种子病害的检验

不同作物不同病害的检验方法是不同的，要根据种子病害的传播方式和病原菌的特点进行检验。下面介绍几种作物种子病害的检验方法。

一、麦类

1. 大麦、小麦散黑穗病 属花器侵染。病原菌潜伏在胚部，外表无症状。可用分离培养检验、整胚检验和种植检验。

2. 小麦腥黑穗病 病粒由于内含厚垣孢子，常常形成较短小的菌瘿，种子外表常常携带病菌孢子。可用洗涤检验、肉眼检验。

3. 小麦矮腥黑穗病 是一种危险性很大的病害，是我国对外检疫的重要对象之一，检疫方法同小麦腥黑穗病。

4. 小麦秆黑粉病 种子黏附厚垣孢子传播。可以用洗涤检验。

5. 麦类赤霉病 病粒颜色苍白，有时略带青灰色，腹沟或表皮带有淡红色粉状物，可以用肉眼检验和分离培养检验。

6. 小麦线虫病 病粒具线虫虫瘿，比健粒小而硬，内包白色絮状物。可以用肉眼检验，结合解剖镜检。

7. 麦类全蚀病 主要是种子夹杂病害残株进行传播。可以对种子夹杂的残屑组织进行分离培养检验或种植检验。有“黑脚”，即茎基部有黑色病斑，且根组织中有菌丝，可以经乳酚油（苯酚 10 g、乳酸 10 mL、甘油 20 mL、蒸馏水 10 mL）透明后检查。

8. 小麦颖枯病 分生孢子器生于寄生组织内部或表面，分生孢子也可以黏附于病粒表面。可以用洗涤检验和分离培养检验。

9. 小麦黑胚病 病原菌以菌丝体潜伏于种子内部，致使胚部成黑褐色，分生孢子也可以附着于种子表面越冬。可以用肉眼检验和洗涤检验。

10. 麦类麦角病 病粒呈紫黑色长角形菌核，称作麦角。可以用过筛检验和肉眼检验。

11. 大麦条纹花叶病 为病毒危害，麦粒瘦小干缩，可以用隔离种植检验。

12. 大麦条纹病 病粒皱缩无明显症状，菌丝沿糊粉层扩展，而不侵入内部，可采用分离培养检验、萌芽检验和种子检验。

二、玉米

1. 玉米干腐病 籽粒皱缩，重病粒基部或全粒上有许多小黑点。此病以病粒携带病菌和分生孢子传播。可以用萌芽检验，种子上产生白色茸毛状菌层，以后产生小黑点。

2. 玉米丝黑穗病 此病以厚垣孢子黏附在种子上进行传播。检查方法有洗涤检验和萌芽检验。

3. 玉米小斑病与圆斑病 病粒上常常有一层黑霉，种子发黑。可以用分离培养检验和萌芽检验。

4. 玉米黑穗病 此病主要以厚垣孢子黏附在种子上进行传播。可以用洗涤检验。

5. 玉米细菌萎蔫病 是对外检疫对象。籽粒通常皱缩和颜色加深，种子内部或外部带菌进行传播。可以用肉眼检验和隔离种植检验。

三、水稻

1. 稻瘟病 轻病粒无明显病症，重病粒谷壳上呈椭圆形病斑，中间灰白色，有的整个病斑呈黑褐色。主要通过谷粒内携带菌丝进行传播。可以用萌芽检验（产生灰绿色霉层）、分离培养检验和洗涤检验。

2. 水稻白叶枯病 是细菌性病害，目前仍是对内检验对象。谷粒上一般没有明显症状，以谷粒和病草传播。可以用噬菌体检验，萌发结合喷菌现象检验。

3. 水稻胡麻叶斑病 病粒上常常有黑褐色圆形或椭圆形病斑。早期感病的病粒水选时上浮，病粒内携带菌丝体或分生孢子附在种子上传播。可以用肉眼检验、分离培养检验和萌芽检验。

4. 水稻恶苗病 轻病粒在基部或尖端变为褐色，重病粒全为红色，一般颖壳接缝处有淡红色粉状霉。种子胚乳、颖壳可带菌丝，孢子也可以黏附在种子表面传播。可以用肉眼检验、分离培养检验和洗涤检验。

5. 稻曲病 病粒为墨绿色或橄榄色，比健粒大 3～4 倍，中心为白色肉质菌丝组织。病害以病粒和黏附在健粒上的厚垣孢子传播。可以用肉眼检验和洗涤检验。

6. 水稻条纹叶枯病 病粒没有明显症状，主要以病粒中携带的菌丝进行传播。可以用分离培养检验和萌芽检验。

7. 水稻一柱香病 种子内带菌或外黏附病菌。可以用种植检验。

8. 稻粒黑粉病 病粒部分或全部被破坏，露出黑色粉末，常常在外颖线处开裂伸出红色或白色舌状物或内外颖间开裂伸出黑色角状物。可以用肉眼检验、洗涤检验、萌芽检验。

9. 水稻干尖线虫病和茎线虫病 成虫潜伏于谷粒的颖壳和米粒之间。可以用漏斗分离检验。

四、棉花

1. 棉花炭疽病 棉籽受害后种皮上有褐色病斑，棉绒变为灰褐色。主要以黏附在棉籽内外的菌丝体及分生孢子传播。可以用萌芽检验和洗涤检验，萌芽检验时常常在种子上形成橘红色黏质物。

2. 棉花红腐病 病铃的棉纤维腐烂成为僵瓣。主要以分生孢子附于棉种短绒上或以菌丝潜伏在种子内部进行传播。可以用分离培养检验、萌芽检验和洗涤检验。

3. 棉花轮纹斑病 病粒没有明显症状，病害除土壤传播外，还可以通过种子带菌传播。可以用洗涤检验和萌芽检验。

4. 棉花枯萎病 是一种危险性病害，是对内对外的检疫对象，可以通过种子带菌进行远距离传播，采用分离培养检验。具体方法是种子用硫酸脱绒后在流水下冲洗 24 h，然后取出，置于灭菌的琼脂培养基上，21～24 ℃下培养 15 d，剪下种芽，镜检种子是否有镰刀菌。如果有，可以在普通培养基上分离纯化菌种，再进行病原菌鉴定；如不能确定，可以在无菌幼苗上进一步接种检验。

5. 棉花黄萎病 是一种对内对外的检疫性病害，和枯萎病一样，可以通过种子进行远距离传播。检验此病可以用分离培养检验。具体做法是种子先用浓硫酸脱绒 5～10 min，然后流水冲洗 24 h，再在琼脂培养基上培养 10～15 d 后，用低倍镜检验种子有无轮生孢子梗及分生孢子存在。

6. 棉花角斑病 是一种细菌性病害。病菌多数附在棉籽表面的绒毛上进行传播。可以用培养、萌芽检验结合镜检。

五、大豆

1. 大豆紫斑病 感病种子呈深浅不同的紫斑，重病粒有时龟裂。有时病斑呈黑色及褐色，病菌主要以菌丝体潜伏在种内传播。可以用肉眼检验和萌芽检验。萌芽检验是在 25 ℃下 3～4 d，产生黑灰色粉质霉。

2. 大豆赤霉病 病粒常被白色菌丝缠绕而腐烂，表面生有白色或粉红色状物。可以用肉眼检验、萌芽检验和分离培养检验。

3. 大豆炭疽病 病粒有暗褐色病斑。可以用萌芽检验、分离培养检验和肉眼检验。

4. 大豆灰斑病 病粒上的病斑轻者产生褐色斑点，重者呈圆形或不规则形，边缘暗褐色，中部为灰色。可以用肉眼检验、分离培养检验和萌芽检验。

5. 大豆枯萎病 轻病粒仅脐部变褐，重病粒脐部及周围变褐，豆粒皱缩干瘪。可以用肉眼检验、分离培养检验和萌芽检验。

6. 大豆芽枯病 是病毒引起的，以种子带毒为主。可以采用隔离种植检验。

7. 大豆褐纹病 病菌可以通过种子携带传播。可以用分离培养检验和萌芽检验。

8. 大豆霜霉病 病粒的全部或大部均黏附有块状的灰白色霉层。病菌以卵孢子通过种子传播。可以用洗涤检验。

9. 大豆菟丝子 是一种寄生杂草，能随种子远距离传播。可以用过筛检验、肉眼检验。

六、花生

1. 花生根结线虫病 荚果上有褐色凸起，凸起松软。可以用肉眼检验结合镜检。

2. 花生黑斑病和褐斑病及黑霉病 都是以分生孢子附在荚果表面传播。可以用洗涤检验、培养萌芽检验。

3. 花生茎腐病 侵染来源主要是病株残体，其次是带病的种仁。可以用培养萌芽检验。

技能训练

种子健康检验技术

一、实训目的

掌握禾本科、豆科、十字花科、伞形科和菊科种子病虫害检验技术。

二、材料用具

1. 材料 作物种子送验样品。

2. 用具 双目显微镜、体视显微镜、培养箱、冰箱、冷冻冰箱、近紫外灯、高压消毒锅、超净工作台、离心机、振荡器、玻璃器皿（培养皿、烧杯、烧瓶、载玻片、漏斗）等。

三、方法步骤

1. 禾本科

（1）水稻胡麻叶斑病。

试验样品：400 粒种子。

方法：将培养皿里的吸水纸用水湿润。每个培养皿播 25 粒种子。

培养：在 22 ℃用 12 h 黑暗和 12 h 光照交替处理培养 7 d。

检查：在 12～50 倍放大镜下检查每粒种子上的胡麻叶斑病的分生孢子，可在种子上产生真菌的分生孢子梗，也可在种子上产生淡灰色气生菌丝，并全部或部分覆盖其上，偶尔也会蔓延到吸水纸上。如有怀疑，可在 200 倍显微镜下检查分生孢子来核实。其分生孢子为月牙形，大小为（35～170）μm×（11～17）μm，淡棕色至棕色，中部或近中部最宽，向两端渐渐变细变圆。

（2）稻瘟病。

试验样品：400 粒种子。

方法：将培养皿里的吸水纸用水湿润。每个培养皿播 25 粒种子。

培养：在 22 ℃用 12 h 黑暗和 12 h 光照交替处理培养 7 d。

检查：在 12～50 倍放大镜下检查每粒种子上的稻瘟病分生孢子。一般这种真菌会在颖片上产生小而不明显的灰色至绿色的分生孢子，这种分生孢子成束地着生在短而纤细的分生孢子梗的顶端。菌丝很少覆盖整粒种子。如有怀疑，可在 200 倍显微镜下检查分生孢子来核实。典型的分生孢子是倒梨形，透明，基部钝圆具有短齿，分两隔，通常具有尖锐的顶端，大小为（20～25）μm×（9～12）μm。

（3）大麦散黑穗病。

试验样品：两次重复，每重复为 100～120 g（根据千粒重推算含 2 000～4 000 粒种子）。

方法：先将试验样品放入 1 L 新配制的 5%（*V/V*）NaOH 溶液中，在 20 ℃下保持24 h。用温水洗涤，使胚从软化的果皮里分离出来。在 1 mm 网孔的筛子里收集胚，再用网孔较大的筛子收集胚乳和稃壳。将胚放入乳酸苯酚（甘油、苯酚和乳酸各 1/3）和水的等量混合液里，使胚和稃壳能进一步分离。将胚移置盛有 75 mL 清水的烧杯中，并放在通风柜里，保持在沸点大约 30 s，以除去乳酸苯酚，并将其洗净。然后将胚移到新配制的微温甘油中。

检查：放在 16～25 倍放大镜下，配置适当的台下灯光，检查大麦散黑穗病所特有的金褐色菌丝体，每次重复检查 1 000 个胚。

（4）小麦颖枯病菌。

试验样品：400 粒种子。

方法：经 1%（*m/m*）的次氯酸钠消毒 10 min 后，用无菌水洗涤。在含 0.01%硫酸链霉素的麦芽或马铃薯左旋糖琼脂的培养基上培养，每个培养皿播 10 粒种子于琼脂表面。

培养：20 ℃黑暗条件下培养 7 d。

检查：用肉眼检查每粒种子上缓慢长成圆形菌落的情况，该病菌菌丝体为白色或乳白色，通常稠密地覆盖着感染的种子。菌落的背面呈黄色或褐色，并随其生长颜色变深。

2. 豆科

（1）豌豆褐斑病。

试验样品：400 粒种子。

预先处理：次氯酸钠。

方法：在含麦芽或马铃薯葡萄糖琼脂的培养基上培养。在每个培养皿的琼脂表面播 10 粒种子。

培养：放在 20 ℃黑暗中培养 7 d。

检查：培养后第 7 天肉眼观察，白色菌丝长势旺，常常覆盖感染种子。对可疑的菌落可放在 25 倍放大镜下观察，根据菌落边缘是否有波浪状菌丝确定。

（2）菜豆炭疽病。

试验样品：400 粒种子。

预先处理：次氯酸钠。

方法：将 350 mm×450 mm 双层纸巾预先浸湿，每重复散播 50 粒种子于纸上，盖上一层同样大小湿润的纸巾，并沿纵长折叠两次，然后用聚乙烯薄膜覆盖，以便在培养期间保持湿润。

培养：放在 20 ℃黑暗中培养 7 d。

检查：经 7 d 后，剥去种皮，观察到子叶上有轮廓清晰的黑斑，在 25 倍放大镜下观察，记录有黑色的分隔菌丝的分生孢子盘的种子数。

3. 十字花科

十字花科的黑胫病。

试验样品：1 000 粒种子。

方法：每个培养皿垫有 3 层滤纸，加入 5 mL 0.2%的 2，4-二氯苯氧基乙酸钠盐溶液，以抑制种子发芽。沥去多余的 2，4-滴钠盐溶液，用无菌水洗涤种子后，每个培养皿播 50 粒种子。

培养：在 20 ℃，每天 12 h 光照和 12 h 黑暗的交替处理下培养 11 d。

检查：第 6 天在 25 倍放大镜下，能观察到在种子和培养基上的黑胫病松散生长的银白色菌丝和分生孢子器原基。第 11 天在感染种子及其周围第 2 次观察到分生孢子器。记录已长有黑胫病分生孢子器的感染种子数。

4. 伞形科

（1）胡萝卜链格孢菌。

试验样品：400 粒种子。

方法：在培养皿中放入 3 层吸水纸，用无菌蒸馏水浸湿吸水纸，然后沥去多余水分，每培养皿播 10 粒种子。

培养：20 ℃黑暗条件下培养 3 d，然后于−20 ℃下过夜，最后再放在 20 ℃下，黑暗与光照每天各 12 h 交替处理条件下培养 7 d。

检查：在 30～80 倍放大镜下检查每粒种子，分生孢子通常是倒棍棒形，长达 450 μm。初期为浅橄榄色，随着发育变为褐色，并出现灰白色喙嘴，其长度达孢子体的 3 倍。在种子表面长出单个或小群体的分生孢子梗。随着菌丝体的生长，从菌丝或菌丝束中也长出分生孢子梗。

（2）胡萝卜根生链格孢子。

试验样品：400 粒种子。

方法：在培养皿中放入 3 层吸水纸，用无菌蒸馏水浸湿吸水纸，然后沥去多余水分，每培养皿播 10 粒种子。

培养：20 ℃黑暗条件下培养 3 d，然后于−20 ℃下过夜，最后再放在 20 ℃下，黑暗与光照每天各 12 h 的交替处理条件下培养 7 d。

检查：在 30～80 倍放大镜下检查每粒种子，分生孢子通常呈椭圆形或桶形，单生或呈 2 个或 3 个的链生，有长达 75 μm 非典型喙嘴，橄榄色至灰黑色，有光泽，从种子表面长出的分生孢子梗一般为单生，但多数是从菌丝或菌丝束上产生的。

5. 菊科

向日葵种子灰霉葡萄孢。

试验样品：400 粒种子。

方法：在培养皿垫两层滤纸，加入 5 mL 3%的麦芽提取物，沥去多余液体，每个培养皿播 5 粒种子。

培养：放在 20 ℃黑暗中培养 9 d。

检查：于第 5 天、第 7 天和第 9 天肉眼检查每粒种子。记录种根软腐、布满灰色菌丝体的感染种子。如有怀疑，可在 200 倍显微镜下检查，根据菌丝有隔、呈带状，分生孢子梗有枝、簇生状来确定。

四、作业

（1）分小组或单独按照方法步骤完成实训，并完成实训报告。

（2）对实训结果进行分析，找出操作过程中出现的问题并分析其原因。

五、考核标准

学生能够独立进行操作，学会正确计算结果。

思维导图

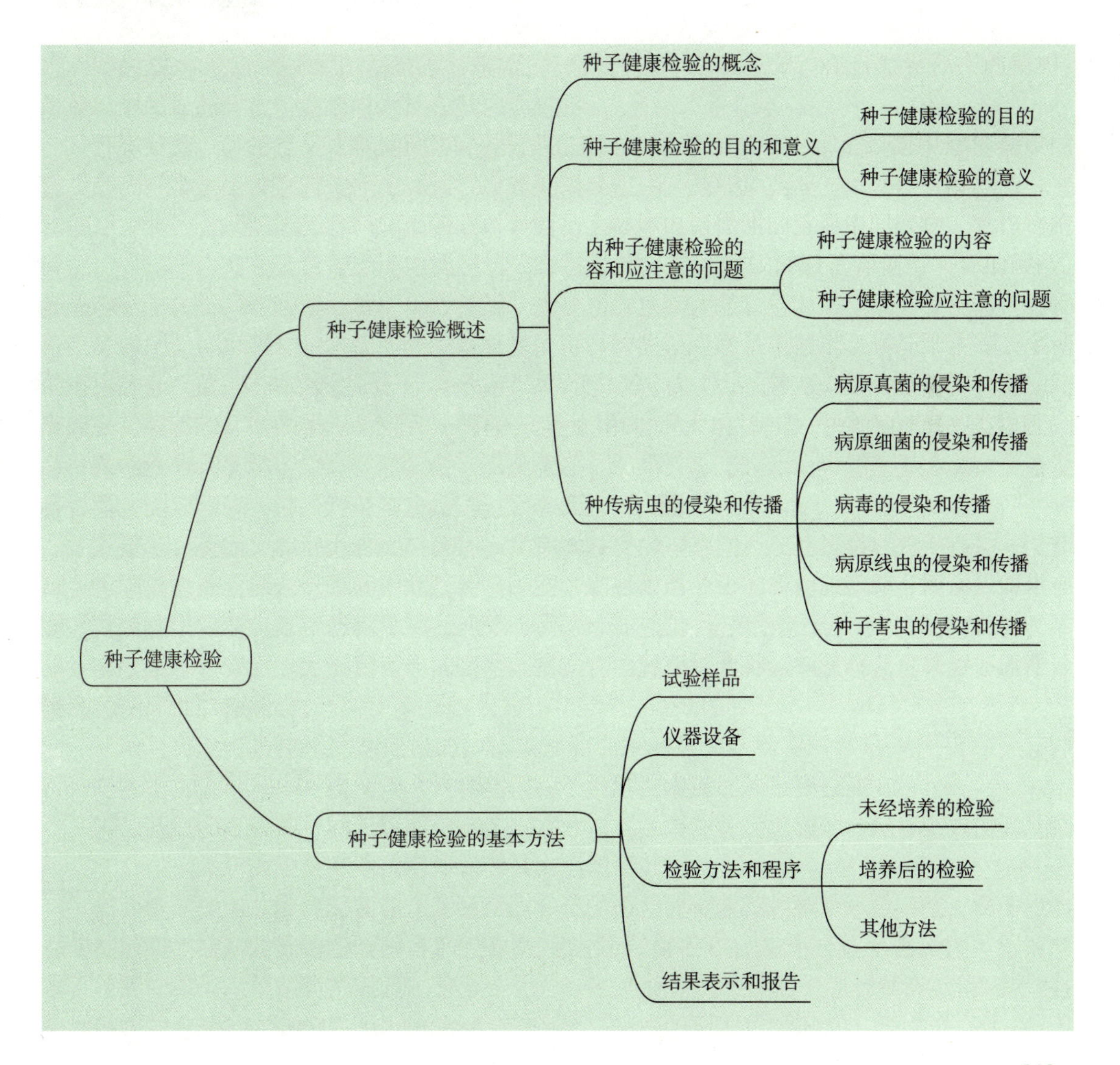

复习思考

1. 种子健康检验的目的是什么？
2. 种传病害的侵染和传播途径是什么？
3. 种传真菌、细菌、病毒的检验方法有哪些？
4. 种子害虫的检验方法有哪些？
5. 吸水纸法如何检测稻瘟病？

附录

附录一　种子质量标准要求

一、粮食作物种子

附表 1　禾谷类种子质量要求/%

作物名称	种子类别		质量指标：纯度（品种纯度）不低于	质量指标：净度（净种子）不低于	质量指标：发芽率不低于	质量指标：水分不高于	国标
水稻	常规种	原种	99.9	98.0	85	13.0（籼） 14.5（粳）	GB 4404.1—2008
		大田用种	99.0				
	不育系、恢复系、保持系	原种	99.9	98.0	80	13.0	
		大田用种	99.5				
	杂交种	大田用种	96.0	98.0	80	13.0（籼） 14.5（粳）	
玉米	常规种	原种	99.9	99.0	85	13.0	
		大田用种	97.0				
	自交系	原种	99.9	99.0	80	13.0	
		大田用种	99.0				
	单交种	大田用种	96.0	99.0	85	13.0	
	双交种	大田用种	95.0				
	三交种	大田用种	95.0				
小麦	常规种	原种	99.9	99.0	85	13.0	
		大田用种	99.0				
大麦	常规种	原种	99.9	99.0	85	13.0	
		大田用种	99.0				

（续）

作物名称	种子类别		质量指标				国标
			纯度（品种纯度）不低于	净度（净种子）不低于	发芽率不低于	水分不高于	
高粱	常规种	原种	99.9	98.0	75	13.0	GB 4404.1—2008
		大田用种	98.0				
	不育系、恢复系、保持系	原种	99.9	98.0	75	13.0	
		大田用种	99.0				
	杂交种	大田用种	93.0	98.0	80	13.0	
粟、黍	常规种	原种	99.8	98.0	85	13.0	
		大田用种	98.0				
苦荞麦	原种		99.0	98.0	85	13.5	GB 4404.3—2010
	大田用种		96.0				
甜荞麦	原种		95.0	98.0	85	13.5	
	大田用种		90.0				
燕麦	原种		99.0	98.0	85	13.0	GB 4404.4—2010
	大田用种		97.0				

注：1. 长城以北和高寒地区的水稻、玉米、高粱种子水分允许高于13.0%，但不能高于16.0%，若在长城以南（高寒地区除外）销售，水分不能高于13.0%。

2. 稻杂交种质量指标适用于三系和两系稻杂交种子。

3. 在农业生产中，粟俗称谷子，黍俗称糜子。

附表2 豆类种子质量要求/%

作物种类	种子类别	质量指标				国标
		品种纯度不低于	净度（净种子）不低于	发芽率不低于	水分不高于	
大豆	原种	99.9	99.0	85	12.0	GB 4404.2—2010
	大田用种	98.0				
蚕豆	原种	99.9	99.0	90	12.0	
	大田用种	97.0				
赤豆（红小豆）	原种	99.0	99.0	85	13.0	
	大田用种	96.0				
绿豆	原种	99.0	99.0	85	13.0	
	大田用种	96.0				

注：长城以北和高寒地区的大豆种子水分允许高于12.0%，但不能高于13.5%。长城以南的大豆种子（高寒地区除外）水分不得高于12.0%。

附表3　马铃薯种薯库房检查块茎质量要求

项目	允许率/（个/100个）	允许率/（个/50 kg）			国标
	原原种	原种	一级种	二级种	
混杂	0	3	10	10	GB 18133—2012
湿腐病	0	2	4	4	
软腐病	0	1	2	2	
晚疫病	0	2	3	3	
干腐病	0	3	5	5	
普通疮痂病[a]	2	10	20	25	
黑痣病[a]	0	10	20	25	
马铃薯块茎蛾	0	0	0	0	
外部缺陷	1	5	10	15	
冻伤	0	1	2	2	
土壤和杂质[b]	0	1%	2%	2%	

注：[a]表示病斑面积不超过块茎表面积的1/5。

[b]表示允许率按质量百分比计算。

附表4　马铃薯种薯田间检查植株质量要求/%

项目		允许率[a]				国标
		原原种	原种	一级种	二级种	
混杂		0	1.0	5.0	5.0	GB 18133—2012
病毒	重花叶	0	0.5	2.0	5.0	
	卷叶	0	0.2	2.0	5.0	
	总病毒病[b]	0	1.0	5.0	10.0	
青枯病		0	0	0.5	1.0	
黑胫病		0	0.1	0.5	1.0	

注：[a]表示所检测项目阳性样品占检测样品总数的百分比。

[b]表示所有有病毒症状的植株。

附表5　马铃薯种薯收获后检测质量要求/%

项目	允许率				国标
	原原种	原种	一级种	二级种	
总病毒病（PVY和PLRV）	0	1.0	5.0	10.0	GB 18133—2012
青枯病	0	0	0.5	1.0	

二、经济作物种子

附表 6　棉花种子（包括转基因种子）质量要求/%

作物种类	种子类型	种子类别	质量指标 纯度 不低于	净度 不低于	发芽率 不低于	水分 不高于	国标
棉花常规种	棉花毛籽	原种	99.0	97.0	70	12.0	GB 4407.1—2008
		大田用种	95.0				
	棉花光籽	原种	99.0	99.0	80	12.0	
		大田用种	95.0				
	棉花薄膜包衣籽	原种	99.0	99.0	80	12.0	
		大田用种	95.0				
棉花杂交种亲本	棉花毛籽		99.0	97.0	70	12.0	
	棉花光籽		99.0	99.0	80	12.0	
	棉花薄膜包衣籽		99.0	99.0	80	12.0	
棉花杂交一代种	棉花毛籽		95.0	97.0	70	12.0	
	棉花光籽		95.0	99.0	80	12.0	
	棉花薄膜包衣籽		95.0	99.0	80	12.0	

附表 7　黄麻、红麻和亚麻种子质量要求/%

作物种类	种子类别	质量指标 纯度 不低于	净度 不低于	发芽率 不低于	水分 不高于	国标
圆果黄麻	原种	99.0	98.0	80	12.0	GB 4407.1—2008
	大田用种	96.0				
长果黄麻	原种	99.0	98.0	85	12.0	
	大田用种	96.0				
红麻	原种	99.0	98.0	75	12.0	
	大田用种	97.0				
亚麻	原种	99.0	98.0	85	9.0	
	大田用种	97.0				

附表 8　油菜、向日葵、花生和芝麻种子质量要求/%

作物名称	种子类别		质量指标				国标
			纯度不低于	净度不低于	发芽率不低于	水分不高于	
油菜	常规种	原种	99.0	98.0	85	9.0	GB 4407.2—2008
		大田用种	95.0				
	亲本	原种	99.0	98.0	80	9.0	
		大田用种	98.0				
	杂交种	大田用种	85.0	98.0	80	9.0	
向日葵	常规种	原种	99.0	98.0	85	9.0	
		大田用种	96.0				
	亲本	原种	99.0	98.0	90	9.0	
		大田用种	98.0				
	杂交种	大田用种	96.0	98.0	90	9.0	
花生	原种		99.0	99.0	80	10.0	
	大田用种		96.0				
芝麻	原种		99.0	97.0	85	9.0	
	大田用种		97.0				

附表 9　糖用甜菜多胚种子质量要求

种子类别			发芽率不低于/%	净度不低于/%	三倍体率不低于/%	水分不高于/%	粒径/mm	国标
二倍体	原种		80	98.0		14.0	≥2.5	GB 19176—2010
	大田用种	磨光种	80	98.0		14.0	≥2.0	
		包衣种	90	98.0		12.0	2.0～4.5	
多倍体	原种		70	98.0		14.0	≥3.0	
	大田用种	磨光种	75	98.0	45（普通多倍体）或	14.0	≥2.5	
		包衣种	85	98.0	90（雄性不育多倍体）	12.0	2.5～4.5	

附表 10　糖用甜菜单胚种子质量要求

种子类别		单粒率不低于/%	发芽率不低于/%	净度不低于/%	三倍体率不低于/%	水分不高于/%	粒径/mm	国标
原种		95	80	98.0		12.0	≥2.0	GB 19176—2010
大田用种	磨光种	95	80	98.0	95	12.0	≥2.0	
	包衣种	95	90	99.0	95	12.0	≥2.0	
	丸化种	95	95	99.0	98	12.0	3.5～4.75	

注：1. 二倍体单胚种子不检三倍体率项目。

2. 本表中三倍体率指标系指雄性不育多倍体品种。

三、瓜类作物种子

附表 11　瓜类种子质量要求/%

作物种类	种子类别		质量指标				国标
			品种纯度不低于	净度（净种子）不低于	发芽率不低于	水分不高于	
西瓜	亲本	原种	99.7	99.0	90	8.0	GB 16715.1—2010
		大田用种	99.0				
	二倍体杂交种	大田用种	95.0	99.0	90	8.0	
	三倍体杂交种	大田用种	95.0	99.0	75	8.0	
甜瓜	常规种	原种	98.0	99.0	90	8.0	
		大田用种	95.0		85		
	亲本	原种	99.7	99.0	90	8.0	
		大田用种	99.0				
	杂交种	大田用种	95.0	99.0	85	8.0	
哈密瓜	常规种	原种	98.0	99.0	90	7.0	
		大田用种	90.0	99.0	85		
	亲本	大田用种	99.0	99.0	90	7.0	
	杂交种	大田用种	95.0	99.0	90	7.0	
冬瓜	原种		98.0	99.0	70	9.0	
	大田用种		96.0		60		
黄瓜	常规种	原种	98.0	99.0	90	8.0	
		大田用种	95.0				
	亲本	原种	99.9	99.0	90	8.0	
		大田用种	99.0		85		
	杂交种	大田用种	95.0	99.0	90	8.0	

注：1. 三倍体西瓜杂交种发芽试验通常需要进行预先处理。

2. 二倍体西瓜杂交种销售可以不具体标注二倍体，三倍体西瓜杂交种销售则需具体标注。

3. 哈密瓜是厚皮甜瓜的一种。本表所指的是产于我国西北地区、作物种类标注为哈密瓜的种子。

四、叶菜类作物种子

附表 12　白菜类种子质量要求/%

作物种类	种子类别		质量指标				国标
			品种纯度不低于	净度（净种子）不低于	发芽率不低于	水分不高于	
结球白菜	常规种	原种	99.0	98.0	85	7.0	GB 16715.2—2010
		大田用种	96.0				
	亲本	原种	99.9	98.0	85	7.0	
		大田用种	99.0				
	杂交种	大田用种	96.0	98.0	85	7.0	
不结球白菜	常规种	原种	99.0	98.0	85	7.0	
		大田用种	96.0				

附表 13 甘蓝类种子质量要求/%

作物种类	种子类别		质量指标				国标
			品种纯度不低于	净度（净种子）不低于	发芽率不低于	水分不高于	
结球甘蓝	常规种	原种	99.0	99.0	85	7.0	GB 16715.4—2010
		大田用种	96.0				
	亲本	原种	99.9	99.0	80	7.0	
		大田用种	99.0				
	杂交种	大田用种	96.0	99.0	80	7.0	
球茎甘蓝	原种		98.0	99.0	85	7.0	
	大田用种		96.0				
花椰菜	原种		99.0	98.0	85	7.0	
	大田用种		96.0				

附表 14 茄果类种子质量要求/%

作物种类	种子类别		质量指标				国标
			品种纯度不低于	净度（净种子）不低于	发芽率不低于	水分不高于	
茄子	常规种	原种	99.0	98.0	75	8.0	GB 16715.3—2010
		大田用种	96.0				
	亲本	原种	99.9	98.0	75	8.0	
		大田用种	99.0				
	杂交种	大田用种	96.0	98.0	85	8.0	
辣椒（甜椒）	常规种	原种	99.0	98.0	80	7.0	
		大田用种	95.0				
	亲本	原种	99.9	98.0	75	7.0	
		大田用种	99.0				
	杂交种	大田用种	95.0	98.0	85	7.0	
番茄	常规种	原种	99.0	98.0	85	7.0	
		大田用种	95.0				
	亲本	原种	99.9	98.0	85	7.0	
		大田用种	99.0				
	杂交种	大田用种	96.0	98.0	85	7.0	

附表 15　绿叶菜类种子质量要求/%

作物种类	种子类别	质量指标				国标
		品种纯度不低于	净度（净种子）不低于	发芽率不低于	水分不高于	
芹菜	原种	99.0	95.0	70	8.0	GB 16715.5—2010
	大田用种	93.0				
菠菜	原种	99.0	97.0	70	10.0	
	大田用种	95.0				
莴苣	原种	99.0	98.0	80	7.0	
	大田用种	95.0				

五、绿肥种子

附表 16　绿肥种子质量要求/%

作物种类		种子类别	质量指标				国标
			品种纯度不低于	净度（净种子）不低于	发芽率不低于	水分不高于	
紫云英		原种	99.0	97.0	80	10.0	GB 8080—2010
		大田用种	96.0				
苕子	毛叶苕子	原种	99.0	98.0	80	12.0	
		大田用种	96.0				
	光叶苕子	原种	99.0	98.0	80	12.0	
		大田用种	96.0				
	蓝花苕子	原种	99.0	98.0	80	12.0	
		大田用种	96.0				
草木樨	白香草木樨	原种	99.0	96.0	80	11.0	
		大田用种	94.0				
	黄香草木樨	原种	99.0	96.0	80	11.0	
		大田用种	94.0				

附录二　农作物种子质量检验机构考核管理办法

第一章　总　则

第一条　为了加强农作物种子质量检验机构（以下简称“种子检验机构”）管理，规范种子检验机构考核工作，保证检验能力，根据《中华人民共和国种子法》，制定本办法。

第二条　本办法所称考核，是指省级人民政府农业农村主管部门（以下简称“考核机关”）依据有关法律、法规、标准和技术规范的规定，对种子检验机构的检测条件、能力等资质进行考评和核准的活动。

第三条　从事下列活动的种子检验机构，应当经过考核合格：

（一）为行政机关作出的行政决定、司法机关作出的裁判、仲裁机构作出的仲裁裁决等出具有证明作用的数据、结果的；

（二）为社会经济活动出具有证明作用的数据、结果的；

（三）其他依法应当经过考核合格的。

第四条　省级人民政府农业农村主管部门负责本行政区域内种子检验机构的考核、监管、技术指导等工作。

农业农村部负责制定种子检验机构考核相关标准，监督、指导考核工作。具体工作由全国农业技术推广服务中心承担。

第五条　种子检验机构考核应当遵循统一规范、客观公正、科学准确、公开透明的原则，采取文件审查、现场评审和能力验证相结合的方式，实行考核要求、考核程序、证书标志、监督管理统一的制度。

种子检验机构考核的申请、受理、公示、证书打印等通过中国种业大数据平台办理。

第二章　申请与受理

第六条　申请考核的种子检验机构应当具备下列条件：

（一）依法成立并能够承担相应法律责任的法人或者其他组织；

（二）具有与其从事检验活动相适应的检验技术人员和管理人员；

（三）具有不少于100米^{2}的固定工作场所，工作环境满足检验要求；

（四）具备与申请检验活动相匹配的检验设备设施；

（五）具有有效运行且保证其检验活动独立、公正、科学、诚信的管理体系；

（六）符合有关法律法规或者标准、技术规范规定的特殊要求。

第七条　申请种子检验机构考核的，应当向考核机关提交下列材料，并对所提交材料的真实性负责：

（一）申请书（按附录A格式填写）；

（二）满足检验能力所需办公场所、仪器设备等说明材料；

（三）检验技术人员和管理人员数量与基本情况说明材料；

（四）质量管理体系文件，包括质量手册、程序文件、作业指导书等材料；

（五）检验报告2份（按附录B要求制作）。

第八条 办公场所、仪器说明材料包括场所面积、结构，仪器名称、数量、型号、功能等。

人员说明材料主要包括人员数量、姓名及接受教育程度和工作经历。

第九条 质量手册包括以下内容：

（一）种子检验机构负责人对手册发布的声明及签名；

（二）公正性声明、质量方针声明；

（三）种子检验机构概况、范围、术语定义、组织机构；

（四）资源管理、检验实施和质量管理及其支持性程序等。

第十条 程序文件是质量手册的支持性文件，包括以下内容：

（一）公正性和保密程序；

（二）人员培训管理程序；

（三）仪器设备管理维护程序；

（四）仪器设备和标准物质检定校准确认程序；

（五）合同评审、外部服务和供应管理程序；

（六）样品管理程序；

（七）数据保护程序、检验报告和 CASL（中国合格种子检验机构，China Accredited Seed Laboratory）标志使用管理程序；

（八）文件控制程序；

（九）记录控制和质量控制程序；

（十）内部审核、申诉投诉处理、不符合工作控制、纠正和预防措施控制、管理评审等程序。

第十一条 作业指导书包括扦取和制备样品的工作规范、使用仪器设备的操作规程、指导检验过程及数据处理的方法细则等。

第十二条 考核机关对申请人提出的申请材料，应当根据下列情况分别作出处理：

（一）申请材料不齐全或者不符合法定形式的，当场或在 5 个工作日内一次告知申请人需要补正的全部内容，逾期不告知的，自收到申请材料之日起即为受理，业务办理系统中将自动显示为受理状态；

（二）申请材料存在可以更正的错误的，允许申请人即时更正；

（三）申请材料齐全、符合法定形式，或者申请人按照要求提交全部补正材料的，予以受理。

第三章 考 核

第十三条 考核机关受理申请后应当组织考核，进行能力验证和现场考评。

能力验证时间由考核机关和申请人商定。能力验证合格后，考核机关应当及时组织现场考评。

第十四条 能力验证采取比对试验法，应根据申请检验项目的范围设计。

能力验证的样品由考核机关组织制备，制备应按照已实施标准或规范性文件要求执行。

申请人应当在规定时间内完成项目检验，并报送检验结果。

第十五条 考核机关应当建立考评专家库。

考评专家可以从全国范围内遴选，应当具备副高以上专业技术职称或四级主任科员以上职级，从事种子检验或管理工作 5 年以上，熟悉考核程序和技术规范。

第十六条 考核机关应当从考评专家库中抽取不少于 3 名专家组成专家组，并指定考评组组长。考评专家组实行组长负责制，对种子检验机构开展现场考评，制作考评报告。

第十七条 现场考评应当包括以下内容：

（一）质量管理体系文件、能力验证结果、检验报告的规范性和准确性；

（二）办公场所、检验场所和仪器设备设施条件；

（三）废弃物处理情况；

（四）检验操作情况。

第十八条 质量管理体系文件、检验报告应当完整、真实、有效、适宜，符合相关标准或规程。

检验报告和能力验证的结果应当准确。

第十九条 办公场所应满足开展检测工作的基本需求。

检验场所应当有预防超常温度、湿度、灰尘、电磁干扰或其他超常情况发生的保护措施；有关规定对环境控制条件有要求的，应当安装适宜的设备进行监测、控制和记录。

第二十条 仪器设备、电气线路和管道布局应当合理，符合安全要求。

互有影响或者互不相容的区域应当进行有效隔离。需要限制活动的区域应明确标示。

第二十一条 仪器设备应当满足扦样、样品制备、检验、贮存、数据处理与分析等工作需要，有完善的管理程序和档案，重要设备由专人管理；用于检验的仪器设备，还应当达到规定的准确度和规范要求。

仪器设备档案应当包括以下内容：

（一）仪器设备名称，制造商名称、型号和编号或者其他唯一性标识、放置地点；

（二）接收、启用日期和验收记录；

（三）制造商提供的资料或者使用说明书；

（四）历次检定、校准报告和确认记录；

（五）使用和维护记录；

（六）仪器设备损坏、故障、改装或者修理记录。

第二十二条 标准样品、标准溶液等标准物质的质量应当稳定，有安全运输、存放、使用、处置的规范程序和防止污染、损坏的措施。

危害性废弃物管理、处理应当符合国家有关规定。

第二十三条 检验操作程序、数据处理应当符合有关国家标准、行业标准或规范性文件规定。

第二十四条 考评专家组在现场考评中发现有不符合考评要求的，应当书面通知申请人限期整改，整改期限不得超过 30 个工作日。逾期未按要求整改，或整改后仍不符合要求的，相应的考评项目应当判定为不合格。

第二十五条 考评专家组应当在考核结束后 2 个工作日内出具考核报告。考核报告经专家组成员半数以上通过并由专家组全体成员签字后生效。对考核报告有不同意见的，应当予以注明。

第二十六条 考核机关应当自受理申请之日起 20 个工作日内完成考核，申请人整改和能力验证时间不计算在内。能力验证时间不得超过45个工作日。

第四章　审查与决定

第二十七条　考核机关根据考核报告结论作出考核决定。对符合要求的，考核机关应当在中国种业大数据平台公示考核结果，公示时间不得少于7个工作日；经公示无异议的或异议已得到妥善处理的，考核机关应颁发种子检验机构合格证书。对不符合要求的，书面通知申请人并说明理由。

第二十八条　合格证书有效期为6年。合格证书应当载明机构名称、证书编号、检验范围、有效期限、考核机关。

证书编号格式为“×中种检字××××第×××号”，其中“×”为省、自治区、直辖市简称，“××××”为年号，“×××”为证书序号。

检验范围应当包括检验项目、检验内容、适用范围等内容。

第二十九条　考核合格的种子检验机构，由考核机关予以公告。

第五章　变更与延续

第三十条　有下列情形之一的，种子检验机构应当向考核机关申请办理变更手续：

（一）机构名称或地址发生变更的；

（二）检验范围发生变化的；

（三）依法需要办理变更的其他事项。

机构名称或地址发生变更的，当场办理变更手续。

第三十一条　种子检验机构新增检验项目或者变更检验内容的，应当按照本办法规定申请考核。考核机关应当简化程序，对新增项目或变更检验内容所需仪器、场所及检验能力进行考核。

第三十二条　合格证书有效期届满后需要继续从事本办法第三条规定活动内容的，应当在有效期届满6个月前向考核机关提出延续申请。

第六章　监督管理

第三十三条　种子检验机构从事本办法第三条第一项、第二项检验服务，应当在其出具的检验报告上标注CASL标志。

第三十四条　省级以上农业农村主管部门根据需要对考核通过的种子检验机构进行现场检查或能力验证，种子检验机构应当予以配合，不得拒绝。

第三十五条　在合格证书有效期内，种子检验机构不再从事检验范围内的种子检验服务或者自愿申请终止的，应当向考核机关申请办理合格证书注销手续。

第三十六条　合格证书有效期届满，未申请延续或依法不予延续批准的，考核机关应当予以注销。

第三十七条　考评专家在考核活动中，有下列情形之一的，考核机关可以根据情节轻重，作出告诫、暂停或者取消其从事考核活动的处理：

（一）未按照规定的要求和时间开展考核的；

（二）与所考核的种子检验机构有利害关系或者可能对公正性产生影响，未进行回避的；

（三）透露工作中所知悉的国家秘密、商业秘密或者技术秘密的；

（四）向所考核的种子检验机构谋取不正当利益的；

（五）出具虚假或者不实的考核结论的。

第三十八条　种子检验机构有下列情形之一的，省级以上农业农村主管部门责令其暂停对外开展种子检验工作：

（一）拒绝接受监督检查的；

（二）监督检查不合格的；

（三）未按本办法规定办理变更手续的。

被暂停开展检验活动的种子检验机构在3个月内实施了有效整改，经考核机关确认后，可以恢复对外开展种子检验活动。

第三十九条　种子检验机构有下列情形之一的，由考核机关撤销资格：

（一）以欺骗、贿赂等不正当手段骗取合格证书的；

（二）伪造检验记录、数据或者出具虚假结果和证明的；

（三）超出检验范围出具标注CASL标志检验报告的；

（四）超过暂停规定期限仍不能确认恢复检验工作的；

（五）以种子检验机构的名义向社会推荐或者以监制等方式参与种子经营活动，经督促仍不改正的或者造成恶劣影响的；

（六）连续两次能力验证结果不合格的。

被撤销资格的种子检验机构，3年内不得申请考核。

第七章　附　　则

第四十条　种子检验机构合格证书和CASL标志的格式由农业农村部统一规定（按附录C格式和附录D格式制作）。

第四十一条　本办法自2019年10月1日起施行。原农业部2008年1月2日发布，2013年12月31日修订的《农作物种子质量检验机构考核管理办法》和《农业部关于印发〈农作物种子质量检验机构考核准则〉等文件的通知》（农农发〔2008〕16号）同时废止。

附录：A. 农作物种子质量检验机构资格考核申请书

B. 农作物种子质量检验报告

C. 农作物种子质量检验机构合格证书格式

D. 农作物种子质量检验机构合格标志

附录 A

农作物种子质量检验机构资格考核
申　请　书

机构名称：________________________________

申请日期：________________________________

中华人民共和国农业农村部制

填写须知

1. 填写本申请书前请阅读《农作物种子质量检验机构考核管理办法》等有关规定。
2. 本申请书所选“□”内打“√”。
3. 本申请书须经申请机构负责人签名。
4. 本申请书的检验项目范围按照有关标准或规范性文件的要求填写。
5. 本申请书的自查情况主要填写申请机构近年来的管理体系运行及技术能力状况。
6. 本申请书亦适用于扩项申请、复查申请。

一、申请机构概况

机构名称			
挂靠法人名称			
机构地址			
邮政编码		联系电话	
电子邮件		传真	
负责人		联系电话	
联系人		职务	
固定电话		移动电话	
总体状况	人员		
	场所		
	仪器		

二、申请类型和检验项目范围

（一）申请类型

□首次

□扩项（证书号：　　　　　　　　　有效期截至：　　　　　　　）

□复查（证书号：　　　　　　　　　有效期截至：　　　　　　　）

（二）申请检验项目范围

序号	检验项目	检验内容	适用范围	备注
⋮	⋮	⋮	⋮	⋮

三、申请机构基本条件

（一）机构法律地位

法律地位	本机构于______年____月通过________批准或注册设立。
	□独立法人　　　　□非独立法人
法人情况	法人名称：
	□统一社会信用代码：
	法定代表人：　　　　　　　　　　固定电话：

（二）检验人员

序号	姓名	性别	年龄	职称	现任职务/岗位	文化程度	所学专业
⋮	⋮	⋮	⋮	⋮	⋮	⋮	⋮

（三）检验场所

序号	名称	用途	面积（m^2）

（四）仪器设备

序号	仪器名称	型号	数量	技术指标		溯源方式	主要用途	使用日期	备注
				测量范围	准确度等级或不确定度				
⋮	⋮	⋮	⋮	⋮	⋮	⋮	⋮	⋮	⋮

（五）管理体系文件

管理体系文件已按照有关标准要求进行编制，具体内容详见随本申请书递交的下列材料：

□质量手册

□程序文件

□作业指导书

□记录、表格、报告式样等

四、 申请机构声明

1. 本机构自愿申请农作物种子质量检验机构资格考核认定。

2. 本机构已基本满足相应的条件和要求。

3. 本机构愿意向考核机关提供检验机构考核认定所需的任何资料和信息，遵守国家有关种子检验机构考核管理的规定和要求，为文件审查和现场评审工作提供方便。

4. 保证申请材料信息真实、准确。

负责人签名：

日　期：

（申请机构公章）

注：二维码应包含申请单位的完整名称和统一社会信用代码，二维码为黑白两色，大小 3cm×3cm。

附录 B

（×）中种检字（××××）第×××号

注：二维码包含报告编号和报告查询网址。

农作物种子质量
检验报告

检验项目________________

委托单位________________

送样日期________________

检验类别________________

单位名称（加盖印章）

注意事项

1. 检验报告无编制、审核、批准人签字及单位公章无效，检验报告自批准之日生效。

2. 复制检验报告未重新加盖单位公章无效。

3. 检验报告涂改无效。

4. 对检验报告若有异议，应于检验报告收到之日起十五日内向本中心提出，逾期不予处理。

5. 一般委托检验只对送检样品负责。

6. 未经本中心同意，该检验报告不得用于商业性宣传。

检验报告

检验项目			
联系人		送样日期	
委托单位			

待测样品信息				
序号	样品编号	样品原编号	样品名称	样品描述

对照样品信息				
序号	样品编号	样品原编号	样品名称	样品描述

检验依据	
所用主要仪器设备	

检验结果及结论							
序号	待测样品		对照样品		比较位点数	差异位点数	结论
	样品编号	名称	样品编号	名称			

编制人（签字）：　　　　审核人（签字）：　　　　批准人（签字）：

签发日期：　年　月　日

单位（公章）：

检验机构联系方式：

地址：	
邮编：	
电话：	
传真：	
Email：	

附录C

农作物种子质量检验机构合格证书格式

中华人民共和国农作物种子质量检验机构

合 格 证 书

CHINA ACCREDITED SEED LABORATORY CERTIFICATE

证书编号：×中种检字××××第×××号

检验机构名称：

依据《中华人民共和国种子法》和《农作物种子检验机构考核管理办法》的规定，你单位经考核合格，特发此证。

批准的检验项目范围见证书附表，准许在检验报告上使用CASL标志和证书编号。

有效日期：××××年××月××日

发证日期：××××年××月××日

考核机关（盖章）

附表

农作物种子质量检验机构合格证书附表

检验项目范围

证书编号：×中种检字××××第×××号　　　　　　　　　　第×页　共×页

序号	检验项目	检验内容	适用范围	备注
1				
2				
3				
⋮	⋮	⋮	⋮	⋮

注：1. 检验项目表述采用《农作物种子检验规程》的内容，包括扦样、净度、发芽、生活力、水分、品种真实性、品种纯度、转基因等内容。类似项目可以一起表述，如净度、品种真实性和品种纯度等。

2. 检验内容主要是描述该检验项目特性的方法。

3. 适用范围是项目适用的作物，对于适用范围较广的，可采用作物种类分类方法进行描述，标为禾谷类种子、豆类种子、油料类种子、瓜菜花卉类种子等。

附录 D

农作物种子质量检验机构合格标志

合格标志图案和规格如下，颜色为绿色：

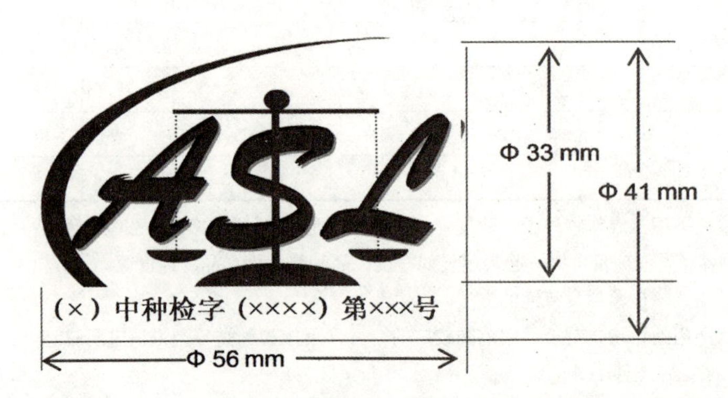

合格标志由 CASL 四个英文字母的图形和检验机构合格证书编号两部分组成，证书编号位于 CASL 图形下方。CASL 分别由“中国合格种子检验机构”（China Accredited Seed Laboratory）相应英文单词的第一个大写字母组成；证书编号为“×中种检字××××第×××号”，其中“×”为省、自治区、直辖市简称，“××××”为年号，“×××”为证书序号。

附录三　农作物种子检验员考核管理办法

第一条　为了加强对农作物种子检验员（以下简称种子检验员）管理，根据《中华人民共和国种子法》（以下简称《种子法》），制定本办法。

第二条　本办法所称种子检验员是指《种子法》第四十四条和第四十五条规定的种子质量检验机构（以下简称检验机构）中从事农作物种子质量检验工作的人员。

种子检验员分为扦样员、室内检验员和田间检验员。扦样员负责样品扦取，室内检验员负责净度、发芽率、水分等项目检测，田间检验员负责品种真实性和品种纯度的田间和小区种植鉴定。

第三条　种子检验员应当具备以下条件，并经省级人民政府农业行政主管部门考核合格：

（一）具有农学、生化或者相近专业中等专业技术学校毕业以上文化水平；

（二）从事种子检验技术工作三年以上。

第四条　检验机构的种子检验员由该机构登记或者注册所在地省级人民政府农业行政主管部门负责考核管理。

第五条　申请种子检验员资格，应当向省级人民政府农业行政主管部门（以下简称考核管理机关）提交以下材料：

（一）种子检验员资格申请表；

（二）学历证明复印件；

（三）受聘检验机构出具从事种子检验技术工作年限证明。

第六条　考核管理机关对申请材料进行审查，符合第三条规定条件的，发给受理通知书，并通知申请者在规定时间参加考核，不符合条件的，书面通知申请者并说明理由。

第七条　考核管理机关每年至少组织一次种子检验员资格的考核工作。

第八条　种子检验员资格考核，包括专业知识和操作技能考核。

专业知识考核内容包括基础知识和专业技术知识。

基础知识包括《种子法》及有关法律、法规，种子基础知识，种子质量管理与控制知识等。

专业技术知识根据检验员类别确定：扦样员重点考核种子批的划分、扦样方法、分取方法、样品管理等；室内检验员重点考核种子检验理论知识、种子检验规程、种子质量标准等；田间检验员重点考核田间检验方法、品种特征特性、田间标准等。

专业知识考核合格后进行操作技能考核。扦样员技能考核内容包括样品扦取和分取、扦样器和分样器的使用、样品处置等；室内检验员包括检验仪器设备的操作与使用，净度、发芽、品种纯度等质量指标的检验技术操作等；田间检验员包括品种真实性的鉴别等。

第九条　专业知识考核采用闭卷书面考试，试题由考核管理机关从题库中抽取。

操作技能考核采用现场跟踪考评，由考核管理机关组织考评小组按照考核岗位和考核大纲的要求进行。考评小组由不少于五人的相关专家组成。专家应当具有高级技术职称，从事种子检验技术工作五年以上。

种子检验员考核大纲和题库由农业部统一编制。

第十条 专业知识考试和操作技能考评均采用百分制评分，成绩达到80分为合格。

考核合格，考核管理机关应当在十五日内发给种子检验员证。

第十一条 种子检验员证应当注明检验员姓名、受聘检验机构、检验员类别、证号等内容。证号为“中种检字第××××××号”，号码为六位，前两位为考核管理机关代码，由农业部规定，后四位为序号，由考核管理机关确定。

第十二条 种子检验员证是种子检验员具备从事种子质量检验技术工作资格的证明，在全国范围内有效。

因工作调动到另一检验机构工作的，应当由调入地的检验机构按照第四条考核管理权限的规定，申请变更种子检验员证，证号不变。考核管理机关发生变化的，由调入地的考核管理机关将变更情况通知原考核管理机关。

第十三条 已经取得某一类别资格的种子检验员，增加其他类别资格的，经考核合格后，由考核管理机关在种子检验员证变更记录栏中记载，证号不变。

第十四条 种子检验员应当妥善保管种子检验员证，不得涂改、倒卖、出借或者转让。

丢失、损毁种子检验员证的，应当及时向受聘检验机构报告，由受聘检验机构报请考核管理机关补发，种子检验员证证号不变。

第十五条 种子检验员从事种子质量检验技术工作，应当严格执行国家有关法律、法规、技术规程和标准，遵守检验机构的有关规定，提供准确、清晰、明确、客观的检验数据。

第十六条 考核管理机关和检验机构应当对种子检验员进行业务培训，提高其检验技术水平。

第十七条 考核管理机关对种子检验员证每两年审查一次，主要审查种子检验员检验知识和检验能力保持等内容。

第十八条 考核管理机关应当建立种子检验员档案，记录种子检验员考核、审查、培训和检验员证颁发、变更等内容。

第十九条 对在检验工作中成绩突出的种子检验员，考核管理机关可以给予表彰奖励。

种子检验员出具虚假检验数据或者结果的，依法给予行政处分；情节严重的，由考核管理机关取消其种子检验员资格，收回种子检验员证。

第二十条 种子检验员有下列情形之一的，受聘检验机构应当收回种子检验员证，并上报考核管理机关予以注销：

（一）无正当理由未按规定参加定期审查的；

（二）审查未通过并在规定期限内再次审查仍未通过的；

（三）死亡或者丧失行为能力的；

（四）受到刑事处罚的；

（五）连续两年未从事种子检验工作或者因工作调动、辞职等原因不再从事种子检验工作的。

第二十一条 申请者伪造学历或资历证明、违反考核纪律的，考核管理机关不予受理或者确认其成绩无效。已经取得检验员证的，考核管理机关取消其资格，收回其证书。申请者两年内不得重新申请种子检验员资格。

第二十二条 种子检验员证颁发、注销、变更等情况应当公开，由考核管理机关定期公布。

省级农业行政主管部门应当于每年一月底前将本机关上一年度种子检验员考核管理情况报农业部备案。

第二十三条 种子检验员证由农业部统一印制。

第二十四条 农作物种子生产、经营单位的种子质量检验人员的考核参照本办法第八、九、十条规定执行，考核合格的，由考核管理机关出具资格证明。

第二十五条 本办法自 2005 年 5 月 1 日起施行，原有种子检验员证可以延用至 2006 年 5 月 1 日。

附录四　农作物种子检验员考核大纲

第一章　总　　则

第一条　为了保证农作物种子检验员（以下简称种子检验员）具备应有的知识和技能，确保检测数据准确、客观，根据《农作物种子检验员考核管理办法》的有关规定，制定本考核大纲。

第二条　农业部委托农业部全国农作物种子质量监督检验测试中心负责组织命题、建立和管理考核题库、制作考试试卷、编写考核大纲学习读本等工作。

考核题库实行专人专机管理，严格保密，及时更新。

第三条　农业部委托全国农业技术推广服务中心负责种子检验员专业知识考试、操作技能考评、定期审查的具体工作，以及种子生产、经营企业种子质量检验人员的考核工作。

省级人民政府农业行政主管部门可以委托所属的种子管理机构负责前款规定的工作。

负责前二款工作的机构以下简称考核机构。

第四条　考核工作应当遵循公开、公正、公平的原则，坚持标准、严密组织、严格管理，确保工作质量。

第二章　专业知识考试

第五条　专业知识考试范围包括基础知识和专业技术知识，主要测试申请种子检验员资格的人员（以下简称应试者）从事种子质量检验工作的基本素质，特别是运用有关专业知识分析解决实际工作问题的能力。

第六条　基础知识考试内容包括：

（一）有关法律法规知识

种子法律法规框架，种子法确立的主要制度。

种子生产者和销售者的质量责任和义务，种子质量监督，有关种子质量的法律责任。

种子标签含义，标注基本原则，标注项目，标注内容规范要求，制作要求，违反标签标注规定的法律责任。

种子质量监督抽查含义，基本原则，组织管理和工作纪律，实施程序（包括抽查计划和方案的确定、扦样、检验和结果报送），结果后处理，种子企业在监督抽查中的权利和义务。

种子质量检验在质量纠纷和贸易出证等方面的应用，种子质量仲裁检验、委托检验的受理范围、检验要求和检验程序。

种子检验员资格考核的适用范围，组织管理，考核内容、考核方式和考核程序，监督管理。

种子质量检验机构职责权限，检验机构资质考核，检验机构能力验证，出具虚假检验证明的法律责任。

标准的分级和性质，标准体系，标准的表述与理解，种用标准，假劣种子的认定，生产、经营假劣种子的法律责任。

法定计量单位，量值传递（量值溯源），商品贸易种子计量要求。

与种子质量有关的国际组织和国际标准，国际种子检验协会（ISTA）与国际种子检验规程、种子检验室认可标准，经济合作与发展组织（OECD）与种子认证方案，国际植物新品种保护联盟（UPOV）与品种特异性、一致性和稳定性检测指南，国际种子贸易联盟（ISF）与国际种子贸易争端解决规则。

（二）职业道德知识

职业道德基本知识，职业道德规范的主要内容，职业道德教育的形式和途径，职业道德检查和奖惩。

（三）种子基础知识

种子的含义，种子的植物学分类，种子形态构造，种子化学成分，种子休眠，种子寿命与劣变，种子萌发，种子生产过程以及生产、加工、包装和贮藏的技术要求。

（四）种子质量管理与控制知识

质量管理体系的基本知识和要求，质量管理体系的建立、实施与审核，质量检验的含义、分类和作用，质量检验计划的内容和编制，质量检验工作的组织实施。

种子质量构成，种子物理质量与遗传质量的概念和区分，种子物理质量的特点、监控模式和实施方式，种子遗传质量的特点、监控模式和实施方式。

第七条 扦样员专业技术知识考试内容包括：

扦样目的，样品定义，扦样原则，种子扦样员职责，种子批的封口与标志、划分与异质性测定，扦样器的构造和使用方法，扦取送验样品程序，扦样单内容与填写，分样器的构造和使用方法，分取试样程序，样品保存与管理。

第八条 室内检验员专业技术知识考试内容包括：

种子检验的内容和程序，检验方法确认的内涵和主要途径，检测工作的质量控制，容许差距的使用，原始记录和种子检验报告的格式、内容、数据修约和填写要求。

净度分析目的，净度含义，净种子定义，净度分析程序，结果计算与表示；其他植物种子数目测定目的，测定程序，结果计算与表示。

种子水分含义和特性，仪器设备，测定程序，结果计算与表示；种子重量含义，仪器设备，重量测定程序，结果计算与表示。

发芽率、生活力和活力含义与区别；发芽试验目的与原则，仪器设备，发芽条件与发芽床，休眠破除处理和发芽程序，幼苗构造、正常幼苗与不正常幼苗鉴定标准，结果计算与表示；种子生活力测定目的，仪器设备，测定程序，有生活力与无生活力种子的鉴定标准，结果计算与表示；种子活力测定目的，适用范围，仪器设备，主要测定方法及其程序，结果计算与表示。

品种真实性与品种纯度鉴定目的，真实性和纯度的含义，检测方法的适用范围及其评价；电泳检测技术、分子检测技术；转基因种子检测技术流程和主要检测方法。

种子健康测定目的，种子健康测定的主要方法，主要种传病原菌的特定检测方法。

第九条 田间检验员专业技术知识考试内容包括：

种子生产的方法和程序，种子田生产质量要求（田间标准），品种特征特性；田间检验目的和原则，检验时期与检验项目，田间检验方法，田间检验报告。

小区种植鉴定目的，分类及其作用，品种描述与标准样品，小区设计和管理，鉴定方法，品种纯度标准与容许差距，结果计算与表示。

第十条 考试试题类型分为客观性试题和主观性试题。客观性试题包括选择题、判断题、填空题；主观性试题包括简答题（包括计算题、辨析题）、论述题。

第十一条 考试试题从考核题库中统一提取，试卷按照下列结构随机生成：

（一）内容比例：基础知识约占30%，专业技术知识约占70%；

（二）题型比例：客观性试题约占60%，主观性试题约占40%；

（三）难易比例：较难试题约占10%，中等难度试题约占30%，较容易试题约占60%。

第十二条 考试方式为闭卷笔试，考试时限为180分钟。

同时报考两个、三个类别资格的应试者，分别参加相应类别的专业知识考试。

第三章 操作技能考评

第十三条 操作技能考评在专业知识考试合格的基础上进行，主要测试应试者在种子检验操作和检验结果鉴定等方面的能力。

第十四条 扦样员操作技能考评内容包括：

（一）种子批的划分与扦样频率的确定；

（二）送验样品扦取与扦样器的使用；

（三）送验样品分取与分样器的使用；

（四）样品处置（包括标志和封缄）；

（五）扦样单填写。

每位扦样员考评三项，其中第（二）和（三）项属必考项目。

第十五条 室内检验员操作技能考评内容包括：

（一）检验仪器设备调试、校准、操作；

（二）分样操作；

（三）净度分析操作；

（四）发芽试验操作；

（五）水分测定操作；

（六）品种纯度室内鉴定操作；

（七）原始记录的填写、数据修约；

（八）检验结果（含幼苗鉴定、电泳胶片）的评定；

（九）其他测定操作。

每位室内检验员考评四项，其中第（七）和（八）项属必考项目。

第十六条 田间检验员操作技能考评内容包括：

（一）种子生产田的检验频率确定；

（二）小区鉴定方案的设计；

（三）品种真实性鉴定；

（四）异作物和杂株的识别；

（五）检验结果的填写。

每位田间检验员考评三项，其中第（一）和（四）项属必考项目。

第十七条 考评以现场操作、比对试验、现场鉴定为主，必要时可以采用影像资料识别等方式。

第十八条 考评时出现下列情形之一的，为考评不通过：

（一）扦样员不会使用扦样器和分样器的或者操作不正确的；

（二）室内检验员不能正确鉴别正常幼苗与不正常幼苗的；

（三）田间检验员不能正确识别杂株的。

第十九条 考核机构依据第十四条至第十八条的规定确定具体的考评内容、考评方式、评分标准和考评时限。

考核工作实行回避制度，对可能影响考评结果公正性的，可以要求有关人员回避。

考评采用专家现场独立评分，去掉一个最高分和一个最低分，其余评分的算术平均值为应试者的最后得分。

第二十条 考评小组进行操作技能考评时应当按照下列程序进行：

（一）对应试者进行身份确认；

（二）向应试者宣读考评规则和操作技能考评题目以及指导语；

（三）应试者进行现场操作；

（四）考评小组跟踪现场，除观察和检查外，适用时可以采用提问和聆听等方式；

（五）考评专家填写考评表，并签字确认；

（六）统计评分结果。

第二十一条 考评专家应当对应试者进行全面、客观、公正评定，对考评结果的客观性、真实性负责。

考评专家在考评过程中不得有提示、暗示等有损公正性的行为。

第四章　定期审查

第二十二条 定期审查内容包括持证种子检验员应当掌握的国家有关种子质量管理方面的政策法规、技术标准、种子检验新知识和新方法，以及从事种子检验工作量、工作表现等。

持证检验员在两年内接受继续教育的时间累计不得少于40小时；扦样员、田间检验员从事种子检验技术工作量累计不得少于100小时，室内检验员不得少于600小时。

第二十三条 定期审查采用书面审查形式。考核机构对持证种子检验员提供的下列材料进行审查：

（一）受聘检验机构所出具两年内持证检验员的检验工作量、表彰奖励和处罚情况的证明；

（二）接受继续教育的证书或证明文件；

（三）两年内从事种子检验工作的总结。

第二十四条 考核机构依据第二十二条和第二十三条对持证检验员提出定期审查的初审结论，及时报送农业行政主管部门审核，并按规定在种子检验员证上记录审查结论。

审查未通过的种子检验员可以在规定期限内申请再次审查，再次审查申请只能提起一次。

第五章　考核纪律

第二十五条 考核机构应当制定考务规则，严格考场纪律，遵守保密制度，确保考核工作的严肃性、公正性。

考核机构应当在考试结束后将试卷收回，并建立答卷、考评表档案保管制度，答卷和考评表保存至考核后一年。

任何单位和个人不得以任何方式擅自印发、出版和刊登历次考试考评试题。

第二十六条 考核机构工作人员和考评专家有下列情形之一的，应当取消其监考或者考务工作的资格，由所在工作单位给予处分：

（一）泄露或者暗示考试考评内容的；

（二）包庇、纵容或者协助应试者作弊的；

（三）偷换、涂改试卷、答卷和应试者成绩的；

（四）其他违纪行为的。

第二十七条 应试者有下列行为之一的，给予警告，经警告仍不改正的，其考试或者考评成绩无效：

（一）以旁窥、交头接耳、互打手势，或者使用手机等方式传接信息的；

（二）在考场内吸烟、喧哗，或者有其他扰乱考场秩序行为影响他人考试的；

（三）其他违反考场纪律行为的。

第二十八条 应试者有下列行为之一的，其考试或者考评成绩无效：

（一）由他人冒名代替或者互以对方身份参加考试或者考评的；

（二）夹带、偷看与考试内容相关资料，或者利用具有文字存储功能的电子产品、通信工具等规定以外的其他物品、手段作答的；

（三）相互交换试卷、答卷（含答题纸、草稿纸等），或者抄袭、协助他人抄袭试题答案的；

（四）有串通作弊或者参与有组织作弊行为的；

（五）其他作弊行为的。

第六章 附　　则

第二十九条 本考核大纲自公布之日起施行。

附录五　农作物种子质量纠纷田间现场鉴定办法

第一条　为了规范农作物种子质量纠纷田间现场鉴定（以下简称现场鉴定）程序和方法，合理解决农作物种子质量纠纷，维护种子使用者和经营者的合法权益，根据《中华人民共和国种子法》（以下简称《种子法》）及有关法律、法规的规定，制定本办法。

第二条　本办法称现场鉴定是指农作物种子在大田种植后，因种子质量或者栽培、气候等原因，导致田间出苗、植株生长、作物产量、产品品质等受到影响，双方当事人对造成事故的原因或损失程度存在分歧，为确定事故原因或（和）损失程度而进行的田间现场技术鉴定活动。

第三条　现场鉴定由田间现场所在地县级以上地方人民政府农业行政主管部门所属的种子管理机构组织实施。

第四条　种子质量纠纷处理机构根据需要可以申请现场鉴定；种子质量纠纷当事人可以共同申请现场鉴定，也可以单独申请现场鉴定。

鉴定申请一般以书面形式提出，说明鉴定的内容和理由，并提供相关材料。口头提出鉴定申请的，种子管理机构应当制作笔录，并请申请人签字确认。

第五条　种子管理机构对申请人的申请进行审查，符合条件的，应当及时组织鉴定。有下列情形之一的，种子管理机构对现场鉴定申请不予受理：

（一）针对所反映的质量问题，申请人提出鉴定申请时，需鉴定地块的作物生长期已错过该作物典型性状表现期，从技术上已无法鉴别所涉及质量纠纷起因的；

（二）司法机构、仲裁机构、行政主管部门已对质量纠纷做出生效判决和处理决定的；

（三）受当前技术水平的限制，无法通过田间现场鉴定的方式来判定所提及质量问题起因的；

（四）纠纷涉及的种子没有质量判定标准、规定或合同约定要求的；

（五）有确凿的理由判定纠纷不是由种子质量所引起的；

（六）不按规定缴纳鉴定费的。

第六条　现场鉴定由种子管理机构组织专家鉴定组进行。

专家鉴定组由鉴定所涉及作物的育种、栽培、种子管理等方面的专家组成，必要时可邀请植物保护、气象、土壤肥料等方面的专家参加。专家鉴定组名单应当征求申请人和当事人的意见，可以不受行政区域的限制。

参加鉴定的专家应当具有高级专业技术职称、具有相应的专门知识和实际工作经验、从事相关专业领域的工作五年以上。

纠纷所涉品种的选育人为鉴定组成员的，其资格不受前款条件的限制。

第七条　专家鉴定组人数应为 3 人以上的单数，由一名组长和若干成员组成。

第八条　专家鉴定组成员有下列情形之一的，应当回避，申请人也可以口头或者书面申请其回避：

（一）是种子质量纠纷当事人或者当事人的近亲属的；

（二）与种子质量纠纷有利害关系的；

（三）与种子质量纠纷当事人有其他关系，可能影响公正鉴定的。

第九条 专家鉴定组进行现场鉴定时，可以向当事人了解有关情况，可以要求申请人提供与现场鉴定有关的材料。

申请人及当事人应予以必要的配合，并提供真实资料和证明。不配合或者提供虚假资料和证明，对鉴定工作造成影响的，应承担由此造成的相应后果。

第十条 专家鉴定组进行现场鉴定时，应当通知申请人及有关当事人到场。专家鉴定组根据现场情况确定取样方法和鉴定步骤，并独立进行现场鉴定。

任何单位或者个人不得干扰现场鉴定工作，不得威胁、利诱、辱骂、殴打专家鉴定组成员。

专家鉴定组成员不得接受当事人的财物或者其他利益。

第十一条 有下列情况之一的，终止现场鉴定：

（一）申请人不到场的；

（二）需鉴定的地块已不具备鉴定条件的；

（三）因人为因素使鉴定无法开展的。

第十二条 专家鉴定组对鉴定地块中种植作物的生长情况进行鉴定时，应当充分考虑以下因素：

（一）作物生长期间的气候环境状况；

（二）当事人对种子处理及田间管理情况；

（三）该批种子室内鉴定结果；

（四）同批次种子在其他地块生长情况；

（五）同品种其他批次种子生长情况；

（六）同类作物其他品种种子生长情况；

（七）鉴定地块地力水平；

（八）影响作物生长的其他因素。

第十三条 专家鉴定组应当在事实清楚、证据确凿的基础上，根据有关种子法规、标准，依据相关的专业知识，本着科学、公正、公平的原则，及时作出鉴定结论。

专家鉴定组现场鉴定实行合议制。鉴定结论以专家鉴定组成员半数以上通过有效。专家鉴定组成员在鉴定结论上签名。专家鉴定组成员对鉴定结论的不同意见，应当予以注明。

第十四条 专家鉴定组应当制作现场鉴定书。现场鉴定书应当包括以下主要内容：

（一）鉴定申请人名称、地址、受理鉴定日期等基本情况；

（二）鉴定的目的、要求；

（三）有关的调查材料；

（四）对鉴定方法、依据、过程的说明；

（五）鉴定结论；

（六）鉴定组成员名单；

（七）其他需要说明的问题。

第十五条 现场鉴定书制作完成后，专家鉴定组应当及时交给组织鉴定的种子管理机构。种子管理机构应当在5日内将现场鉴定书交付申请人。

第十六条 对现场鉴定书有异议的，应当在收到现场鉴定书15日内向原受理单位上一级种子管理机构提出再次鉴定申请，并说明理由。上一级种子管理机构对原鉴定的依据、方法、过程等进行审查，认为有必要和可能重新鉴定的，应当按本办法规定重新组织专家鉴定。

再次鉴定申请只能提起一次。

当事人双方共同提出鉴定申请的，再次鉴定申请由双方共同提出。当事人一方单独提出鉴定申请的，另一方当事人不得提出再次鉴定申请。

第十七条 有下列情形之一的，现场鉴定无效：

（一）专家鉴定组组成不符合本办法规定的；

（二）专家鉴定组成员收受当事人财物或者其他利益，弄虚作假的；

（三）其他违反鉴定程序，可能影响现场鉴定客观、公正的。

现场鉴定无效的，应当重新组织鉴定。

第十八条 申请现场鉴定，应当按照省级有关主管部门的规定缴纳鉴定费。

第十九条 参加现场鉴定工作的人员违反本办法的规定，接受鉴定申请人或者当事人的财物或者其他利益，出具虚假现场鉴定书的，由其所在单位或者主管部门给予行政处分；构成犯罪的，依法追究刑事责任。

第二十条 申请人、有关当事人或者其他人员干扰田间现场鉴定工作，寻衅滋事，扰乱现场鉴定工作正常进行的，依法给予治安管理处罚或者追究刑事责任。

第二十一条 委托制种发生质量纠纷，需要进行现场鉴定的，参照本办法执行。

第二十二条 本办法自 2003 年 8 月 1 日起施行。

参考文献

毕辛华，戴心维，1993. 种子学[M]. 北京：中国农业出版社 .

杜红，梅四卫，2013. 种子检验技术[M]. 北京：中国农业出版社 .

谷茂，2002. 作物种子生产与管理[M]. 北京：中国农业出版社 .

国际种子检验协会，1996. 国际种子检验规程[M]. 颜启传，等，译 . 北京：中国农业出版社 .

胡晋，2004. 作物种子繁育员[M]. 北京：中国农业出版社 .

胡晋，2015. 种子检验学[M]. 北京：科学出版社 .

胡晋，王建成，2016. 种子检验技术[M]. 北京：中国农业大学出版社 .

黄惠栋，1992. 农业试验统计[M]. 上海：上海科学技术出版社 .

黄亚军，1984. 芸薹属种子品种鉴定[J]. 种子（3）：198.

霍志军，2012. 种子生产与管理[M]. 2 版 . 北京：中国农业大学出版社 .

荆宇，钱庆华，2011. 种子检验[M]. 北京：化学工业出版社 .

潘显政，农业部全国农作物种子质量监督检验测试中心，2006. 农作物种子检验员考核学习读本[M]. 北京：中国工商出版社 .

钱庆华，荆宇，2018. 种子检验[M]. 2 版 . 北京：化学工业出版社 .

屈长荣，邵冬，2019. 种子检验技术[M]. 天津：天津大学出版社 .

全国林木种子标准化技术委员会，2000. 林木种子检验规程：GB 2772—1999. [S]. 北京：中国标准出版社.

全国农作物种子标准化技术委员会，1996. 农作物种子检验规程：GB/T 3543. 1～3543. 7—1995. [S]. 北京：中国标准出版社 .

全国农作物种子标准化技术委员会，2008. 经济作物种子：GB 4407. 1～4407. 2—2008. [S]. 北京：中国标准出版社 .

全国农作物种子标准化技术委员会，2008. 粮食作物种子：GB 4404. 1—2008，GB 4404. 2～4404. 4—2010. [S]. 北京：中国标准出版社 .

全国农作物种子标准化技术委员会，2012. 瓜菜作物种子：GB 16715. 1～16715. 5—2010. [S]. 北京：中国标准出版社 .

王立军，胡凤新，2009. 种子贮藏加工与检验[M]. 北京：化学工业出版社 .

王新燕，2008. 种子质量检测技术[M]. 北京：中国农业大学出版社 .

薛全义，2008. 作物生产综合训练[M]. 北京：中国农业大学出版社 .

颜启传，1982. 水稻杂交种及其三系种子鉴定研究简报[J]. 浙江农业大学学报（2）：220.

颜启传，2001a. 种子检验原理和技术[M]. 杭州：浙江大学出版社 .

颜启传，2001b. 种子学[M]. 北京：中国农业出版社 .

杨念福，2016. 种子检验技术[M]. 2 版 . 北京：中国农业大学出版社 .

张春庆，王建华，2006. 种子检验学[M]. 北京：高等教育出版社 .

张红生，胡晋，2010. 种子学[M]. 北京：科学出版社 .

郑光华，2004. 种子生理研究[M]. 北京：科学出版社 .

支巨振，2000. GB/T 3543. 1～3543. 7—1995《农作物种子检验规程》实施指南[M]. 北京：中国农业出版社 .

读者意见反馈

亲爱的读者：

感谢您选用中国农业出版社出版的职业教育规划教材。为了提升我们的服务质量，为职业教育提供更加优质的教材，敬请您在百忙之中抽出时间对我们的教材提出宝贵意见。我们将根据您的反馈信息改进工作，以优质的服务和高质量的教材回报您的支持和爱护。

地　　址：北京市朝阳区麦子店街 18 号楼（100125）

中国农业出版社职业教育出版分社

联系方式：QQ（1492997993）

教材名称：　　　　　　　　　　　ISBN：

个人资料

姓名：____________________所在院校及所学专业：____________________

通信地址：____

联系电话：____________________电子信箱：____________________

您使用本教材是作为：□指定教材□选用教材□辅导教材□自学教材

您对本教材的总体满意度：

从内容质量角度看□很满意□满意□一般□不满意

改进意见：____

从印装质量角度看□很满意□满意□一般□不满意

改进意见：____

本教材最令您满意的是：

□指导明确□内容充实□讲解详尽□实例丰富□技术先进实用□其他__________

您认为本教材在哪些方面需要改进？（可另附页）

□封面设计□版式设计□印装质量□内容□其他____________________

您认为本教材在内容上哪些地方应进行修改？（可另附页）

____

____

本教材存在的错误：（可另附页）

第______页，第______行：______________应改为：______________

第______页，第______行：______________应改为：______________

第______页，第______行：______________应改为：______________

您提供的勘误信息可通过 QQ 发给我们，我们会安排编辑尽快核实改正，所提问题一经采纳，会有精美小礼品赠送。非常感谢您对我社工作的大力支持！

欢迎访问“全国农业教育教材网”http：//www.qgnyjc.com（此表可在网上下载）

欢迎登录“中国农业教育在线”http：//www.ccapedu.com 查看更多网络学习资源

图书在版编目（CIP）数据

种子检验技术 / 王立军，杨振华主编 . —北京：中国农业出版社，2021.11（2022.7 重印）
高等职业教育农业农村部“十三五”规划教材　高等职业教育“十四五”规划教材
ISBN 978-7-109-28572-9

Ⅰ. ①种…　Ⅱ. ①王… ②杨…　Ⅲ. ①种子－检验－高等职业教育－教材　Ⅳ. ①S339.3

中国版本图书馆 CIP 数据核字（2021）第 148016 号

种子检验技术
ZHONGZI JIANYAN JISHU

中国农业出版社出版
地址：北京市朝阳区麦子店街 18 号楼
邮编：100125
责任编辑：吴　凯　　文字编辑：李瑞婷
版式设计：王　晨　　责任校对：周丽芳
印刷：北京通州皇家印刷厂
版次：2021 年 11 月第 1 版
印次：2022 年 7 月第 1 版北京第 2 次印刷
发行：新华书店北京发行所
开本：787mm×1092mm　1/16
印张：16.75
字数：400 千字
定价：48.00 元
